U0192066

本书的出版得到了全国重点马克思主义学院建设、
上海市高校思政课教指委建设立项资助

教育与传播·"近思"文献读本

丛书主编：**肖 巍**

大数据与人类未来

BIG DATA AND HUMAN FUTURE

张贵红 ——— 编

天津出版传媒集团

天津人民出版社

图书在版编目(ＣＩＰ)数据

大数据与人类未来 / 张贵红编. -- 天津 : 天津人
民出版社, 2023.6(2024.4 重印)
(马克思主义学院望道书系 / 肖巍主编. 教育与传
播·"近思"文献读本)
ISBN 978-7-201-12657-9

Ⅰ.①大… Ⅱ.①张… Ⅲ.①数据处理—研究②未来
学—研究 Ⅳ.①TP274②G303

中国国家版本馆 CIP 数据核字(2023)第 033308 号

大数据与人类未来
DASHUJU YU RENLEI WEILAI

出　　版	天津人民出版社
出 版 人	刘锦泉
地　　址	天津市和平区西康路35号康岳大厦
邮政编码	300051
邮购电话	(022)23332469
电子信箱	reader@tjrmcbs.com

策划编辑	王　康
责任编辑	王佳欢
特约编辑	郭雨莹
装帧设计	明轩文化·王　烨

印　　刷	天津新华印务有限公司
经　　销	新华书店
开　　本	710毫米×1000毫米 1/16
印　　张	18.75
插　　页	2
字　　数	230千字
版次印次	2023年6月第1版 2024年4月第2次印刷
定　　价	78.00元

总　序

　　中国特色社会主义进入新时代,中国与世界的关系在已发生历史性变化的基础上又面临许多新变化新课题。中国积极推进"四个全面"战略布局,努力为促进世界可持续发展提供新动力新方案,积极推进全球治理体系和治理方式的变革。与此同时,为了保证中国发展坚持正确的方向,国家领导人发表了很有针对性也很有分量的讲话,并论证了新时代意识形态工作的极端重要性。在这些论述的指导和鼓舞下,意识形态领域出现了令人振奋的新气象。但是如何构建反映中国改革开放和现代化潮流、符合中国特色社会主义建设和发展需要的意识形态,仍然是我们要认真对待并积极做好的事情。

　　在当代中国,社会主义意识形态必须正视若干挑战:

　　一是由资本主导的现代生产生活方式的挑战。资本是这个世界上最强势的"物化"力量,科学技术的巨大成就标榜的所谓"价值中立""工具理性"和效用(功利)主义,往往使人们丧失了对为什么要这样做的价值追问。物质日益丰富和技术更新换代、生活标准的提高、消费观念的刷新,极大地改变了人们的生活方式和消费习惯,通过各种手段刺激起来的消费欲望也在吞噬着劳动的快乐,湮没了人的审美情趣和精神向往,导致出现相当普遍的价值迷失现象。

　　二是数字技术和网络传播方式的挑战。数字技术发展和网络传播方式的增多大大拓展了人们的视野,丰富了人们的精神生活,激活了人们的参与热情,也促使人们对公共话题的思维方式和表达方式发生了很大变化。信息选择多样性和价值取向多元化,在相当程度上冲击了主流意识形态的导向和控制力,弱化了大众尤其是青年人对主流意识形态的认同。网络强大的渗透功能也为各种势力的价值观传播提供了技术条件,"互联网+"时代意识形态建设和社会主义核心价值观广泛践行的难度不可低估。

三是全球化及其"逆袭"带来的外来思想挑战。冷战终结,直接导致人们对于苏联解体大相径庭的认知和解释,反映了价值观层面的严重困惑。在全球化跌宕起伏的过程中,西方价值观凭借着先进技术和话语权优势,通过各种政策主张有所表现而产生了不小的影响,但由于安全、气候、移民、核控等一系列全球治理问题陷入困境,地方性的民族认同和文化认同遭遇前所未有的危机,催生了新型民粹主义、民族主义和激进主义的思想温床,甚至出现了某些极端势力。

四是与我国发展转型改革开放不适应的各种社会思潮挑战。我国社会基本矛盾已经发生变化,发展不平衡不充分问题尤为突出,利益多元化和价值观疏离也已是不争的事实。文化保守主义刻意强调某些与现代化精神格格不入的东西,并把它们当作抑制现代病、克服人心不古的"良药";历史虚无主义否定历史进程的必然性,否定中国现代化艰难探索和中国革命的伟大意义,否定中国共产党执政的合法性;发展转型还遇到创新能力、改革动力、政策执行力不足的困扰,出现了明里暗里否定改革开放的思潮,以及令人担忧的蔓延之势。

新时代中国特色社会主义致力于解决各种"发展以后的问题",但相对于经济建设、制度建设作为国家建设的"硬件"比较"实",文化建设、意识形态建设作为国家建设的"软件"仍然比较"虚",意识形态建设能否取得实效,就要看其是否既能反映"发展以人民为中心"这个原则,又能用主流意识形态引领各种社会思潮,最大限度地满足人民群众,尤其是青年人的获得感、幸福感、安全感。实现意识形态的"最大公约数",还要靠我们一起努力。

当代中国的意识形态建设毫无疑问要坚持社会主义方向,同时要体现中国特色,弘扬中国精神,还要拥有时代情怀,开阔全球视野。

　　这样的意识形态建设是自主的。中国特色社会主义实践蕴涵着丰富的思想内容,包括以人为本、发展优先、社会和谐、国家富强、天下为怀。这些内涵构成了充满自信的"法宝",并以此增强主旋律思想的生命力、凝聚力、感召力,防止在与各种社会思潮的互动碰撞中随波逐流、进退失据,拥有中国特色社会主义建设者所应具备的思想素质和自信心,为实现中华民族伟大复兴提供值得期待的价值观愿景。

　　这样的意识形态建设是包容的。在改革开放和社会转型的过程中,各种思想思潮都有其存在的合理性,或将与主流意识形态长期共存,有交流交融也有交锋。我们必须充分了解它们的来龙去脉,以我为主、为我所用,积极加以引导,最大限度地凝聚思想共识,最大限度地发挥各方面的积极性。我们还应遵循"古为今用,洋为中用"的原则,有选择地吸纳、消化古今中外一切优秀成果,服务于意识形态建设这个目标。

　　这样的意识形态建设是中道的。各种社会思想思潮既有个性,又有共性。有个性,就有比较;有共性,就可以借鉴。这就要求我们在比较借鉴的基础上,取长补短,举一反三,中道取胜,同时警惕极端的、偏激的思想干扰。思想引领既要坚决,又要适度,避免"不及"与"过头"。既不能放弃原则,一味求和,害怕斗争,又不能草木皆兵,反应过度;既保持坚定的思想立场,也讲求对话交流的艺术。

　　这样的意识形态建设是创新的。与我国协调推进"四个全面"战略布局相适应,宣传思想工作切不能墨守成规,包括理论资源、话语体系、表达方式、传播手段等都要主动求"变",主动利用现代传播手段,打造主流思想传播的新理念、新形象、新渠道、新载体。这就对在讲好中国故事的同时提供中国方案提出了更高的创新要求,即通过教育引导、舆论宣传、文化熏陶、实践养成、制度保障,使之有机融入意识形态工作的方方面面。

　　新时代中国特色社会主义的伟大实践正在"给理论创造、学术繁荣提供强大动力和广阔空间"。为此,我们推出这套意识形态建设基本文献读本

（选编），并设定若干主题，包括当代国外经济、社会、政治、文化、科技、生态等理论和方法，以及与意识形态建设有关的领域的思想资源。我们尽量从二战后，特别是冷战终结以来的具有代表性的著述中选取资源，分门别类地加以筛选、整理。希望读者一卷在手，就能够比较便捷地对这些领域的观念沿革、问题聚焦和思想贡献有一个大概的了解。这套读本是复旦大学马克思主义学院学科建设的资助项目，同时也获得了上海市研究生思想政治理论课教学指导委员会的支持。这套丛书不单是关于意识形态建设的文献选编，也可以作为马克思主义理论学科建设、思想政治理论课教学、马克思主义学院研究生培养的参考用书，还可以作为人文社会科学相关学科、专业研究生教学和研究的通识教育读本。

是为序。

肖　巍

2019 年秋于复旦大学光华楼

目 录

Contents

三、大数据生活

四、大数据经济

五、大数据政治

六、大数据社会

七、大数据政策

版权说明

选编说明

本书拟从意识形态建设角度对有关大数据的文献进行汇编。

为了全面展示大数据技术对人类生活的影响，本书的编选考虑了历史维度和社会维度。历史维度包括在大数据技术兴起之前，一些关心信息技术未来的思想家对当代大数据的预测和大数据思维的理论萌芽，同时关注一些与大数据相关的研究领域中凸显出来的大数据思维；社会维度包括从人类生存状态、经济、政治和社会等方面，考量大数据对人类的全方位影响。为此，本书将有关内容分为七个部分：大数据预言、大数据思维、大数据生活、大数据经济、大数据政治、大数据社会，以及大数据政策。

大数据预言。在信息技术开始广泛兴起的20世纪七八十年代，许多思想家开始预测未来新技术的发展方向，其中贝尔和托夫勒是典型代表，他们分别在自己的经典著作中，预见了大数据技术的端倪。贝尔从知识的计量方面思考了现在的知识爆炸。托夫勒则从记忆技术层面预见了数据存储技术。20世纪90年代,关心信息技术的学者,已经能准确把握大数据背后的理论形态了,尼葛洛庞帝预言了信息将改变我们的生存方式。安德森的长尾理论是一种典型的大数据技术的应用。

大数据思维。这一部分首先选了一篇《什么是大数据?》,将大数据的一些基本概念与思想方法展示出来。然后选择了两篇与大数据思维相关的经典文献:舍恩伯格论大数据思维和凯利论蜂群思维。如果说舍恩伯格是从大数据技术带来的全数据、混杂性和相关关系三个经典思维方式进行论述,那么凯利的蜂群思维就是对大数据技术背后的运作原理进行了剖析。随后的三篇文章分析了大数据对科学方法、学术研究和社会科学的影响。

大数据生活。大数据正深刻地影响着我们的生活,思想家们首先关注到的是大数据带给我们的生活难题,尤其是价值与伦理问题。这里,我们再次节选了舍恩伯格的一篇文章,关注大数据时代的信息遗忘权。而洛尔则直面大数据时代的隐私难题,并提出了解决方案。莫罗佐夫的文章分析了我们现在的数据化带来的各种危机。科普大师格雷克则试图让我们在信息过载的状态下积极寻找生活的意义。托普乐观地展示出大数据带给我们的健康革命。

大数据经济。大数据作为一种通用技术,对经济的影响是极为深远的。安德森讲述了大数据技术的经济价值如何在免费中体现。布林约尔松指出物质时代的稀缺经济已经被数字化时代的丰富经济所代替。桑斯坦以维基百科为例深入分析了信息的聚合与协商的机制。安德森分析了新技术如何颠覆传统制造业。

大数据政治。大数据对政治的影响,已经远远超过传统信息技术的影响,从2016年特朗普与剑桥分析公司的合作中就能够让人发现大数据的强大魔力。因为大数据政治本身的特殊性,直接分析大数据政治的作品还不多,彭特兰的数据新政非常出色地分析了数据技术的政治效应。另外,我们选择了三篇关于信息政治的文献,可以为大数据政治的理论提供理论支撑,如查德威克论互联网政治的八个主题、桑斯坦的网络共和国,以及舍基对信息承诺与协议的分析。

　　大数据社会。这一部分从社会结构和社会发展角度分析大数据的社会影响。卡斯泰尔以信息流空间为基础,分析了新技术对社会结构的冲击。舍基则为我们展示了数据累积如何成为全新的社会资源。卡斯泰尔分析了信息社会中的自我概念和网络社会新结构。凯利则依赖其敏锐的思想,预见了大数据的技术优势,并提出足以取代资本主义的数字社会主义。

　　大数据政策。前面几部分要么关注历史与未来维度,要么强调理论分析,而对生活中的我们来说,我们更关心大数据技术带给我们哪些机会、其发展现状如何,以及近期有哪些发展热点。为此,最后一部分内容选了三篇政策性的文献,以期能为我们当前的生活与工作提供参考。联合国秘书长执行办公室的文章分析了大数据时代的机会、挑战及其应用。中国信息通信研究院的选文用数据为我们展示了大数据产业的当前状况。中国工业和信息化部推出的《大数据产业发展规划(2016—2020年)》则为我们透露了当前大数据产业的重点发展领域。

　　需要说明的是,本书所选取的作品大多数都出现在1990年之后,以显示大数据技术作为新兴技术的特征。限于现有的篇幅和资料来源限制,许多文献没有中译本,或者遗漏了部分重要的书籍。同时,由于是文献汇编,我们对偏技术性的内容和文中的部分表述进行了删减或个别语词的微调,每篇选文都指明了出处,便于读者查阅。我们选取的内容必然还有各种不足,敬请大家多加指点。

一

大数据预言

1.贝尔*：
知识的计量

增长的形式

近年来，我们已经习惯于知识"总量"是按指数率增加的说法。最初的粗略计算——把知识增长作为未来存储和回收问题来加以预报的最初警报——出现于 1944 年，当时，美以美教会大学图书馆员弗里蒙特·里德计算出美国科研图书馆的规模平均每 16 年增长 1 倍。里德以 10 个具有代表性的大学为例，说明从 1831 年（当时每个大学的图书馆里平均大约有 7000 册书）至 1938 年，它们的藏书每 22 年增长 1 倍；以较大的美国大学从 1831 年以后增长的数字来看，它们的图书大约为 16 年增长 1 倍。里德选择耶鲁大学为例来说明这个问题在未来可能会是什么情况：

> 看来，耶鲁大学图书馆在18世纪初期阶段大概拥有1000册书。如果由此开始，它不断以每16年增加1倍的速度发展，那么到1938年，它的图

---

*　丹尼尔·贝尔（Daniel Bell）是 20 世纪美国批判社会学和文化保守主义思潮的代表人物。他曾任《新领袖》杂志主编、《幸福》杂志编委和撰稿人，曾在哥伦比亚大学和哈佛大学担任社会学教授，还从事一些与未来研究和预测有关的活动，担任过美国文理学院"2000 年委员会"主席、美国总统"80 年代议程委员会"委员等职。他还剖析了大众传媒在新教伦理向享乐主义、现代主义向后现代主义的反文化蜕变过程中的社会作用。代表作有：《意识形态的终结》《资本主义文化矛盾》《美国的马克思主义社会主义》《后工业社会的来临》《第三次技术革命》等。

书应会增加到大约260万册。实际上,它到1938年已经拥有图书274.8万册,这就惊人地接近于"标准的"增长率……只用一点时间便可计算出,耶鲁大学图书馆在1849年大概拥有125英里长的书架,它的目录卡——如果它那时候有目录卡的话——大约占160个卡片盒。到1938年,它的274.8万册书大概要占8英里长的书架,各处所有类型的目录卡占有总数大约1万个卡片盒。1938年为这个图书馆服务的职员在200名以上,其中大概有一半是编目员。[①]

里德推测——这在当时似乎是想入非非的——如果耶鲁大学图书馆藏书继续以"不高于该馆最保守的速度"增长的话,将会发生怎样的情况呢? 他估计到2040年耶鲁大学图书馆将会有:

大约2亿册书,占有长6000英里以上的书架。它的目录卡档案——如果那时候还有目录卡的话——将占有差不多75万个卡片盒,这会占地8英亩以上。它每年将增加1200万部书的新资料,为这些新资料编目将需要6000名以上的编目员。[②]

德里克·普赖斯把里德所发现的美国科研图书馆的发展情况,推到了几乎包括科学知识在内的全部领域。普赖斯在他出版的第一本探讨这个问题的书籍《巴比伦以来的科学》中,把科学杂志和学术论文的发展描绘为知识的两个重要标志。科学杂志和学术论文是17世纪末科学革命的创新,它们促使新思想能较快地在越来越多的热衷于科学的人中沟通。保存下来的最早杂志是《伦敦皇家学会哲学学报》,于1665年第一次出版,接着大约有三四种类似的杂志在欧洲其他国家的科学院出版。此后,杂志的数目不断增加,到19世纪初,总数已达到100种左右,到19世纪中期达到1000种,到1900年

---

① 弗里蒙特·里德:《学者和未来的科研图书馆》,纽约,1944年。
② 弗里蒙符·里德:《学者和未来的科研图书馆》,纽约,1944年。

达到 1 万种左右。普赖斯最后说：

> 如果我们……从1665年起到今天按照时间延伸的顺序进行计算，那么一目了然地看到，科学期刊数量的激增非常有规则地从一种发展到10万种左右，这在任何人为的或者自然的统计中都是罕见的。1750年，世界上大约有10种科学杂志，从这以后，每半个世纪增加10倍，这显然是非常精确的。①

普赖斯在其以后的著作中，还坚持主张论文的统计数是科学知识的一个有关指标。他在 1965 年出版的一篇文章中写道：

> 对于一个科学家本人来说，出版著作是一种具有神秘权力的、永恒的和公开的、表达其发明的文献档案。只有在极少数的特殊情况下，人们才不得不考虑那种没有最终文献成果的纯科学工作。这包括例如亨利·卡文迪什的病态事例；卡文迪什进行了艰苦的研究，但他的大量发现并未出版，所以整个世纪这些发现默默无闻，直到这些有价值的结果为其他人独立发现几年之后，它们才由克拉克·马克斯韦尔发掘出来。这种未出版的著作，或者因为是国家机密而不许出版的著作，也是对科学的贡献吗？我认为，一般说来说它们不是贡献，是公允的。科学并不是缺乏沟通的科学！
>
> …………
>
> 因此，我们的定义主张科学是那些发表在科学杂志、论文、报告和书籍中的材料。简言之，是那种体现在文献中的材料。十分方便的是这种文献较之人们所接触的任何其他东西都更易于确定含义、划定范围和进行统计。由于它对科学家的重要作用，所以它在许多世纪以来通过

---

① 德里克·普赖斯：《巴比伦以来的科学》，纽黑文，1961年。

索引、分类、理论杂志和补充体系而加以条理化……所有这些文献都可以，而且实际上在许多情况下都已经进行统计、分类并按照年代序列加以研究。例如，包括在《世界科学期刊目录》——所有提供参考书目的图书管理员都熟悉的一种工具书——里面的科学期刊上发表的论文，都可以定为研究文献的主要组成部分。①

到 1830 年，当时世界上大约有 300 种杂志出版，这显然使科学界人士再也不可能与新的知识并驾齐驱，所以出现了一种新的方法，一种提要性杂志，它把每篇文章都加以摘要，以便使感兴趣的人能够决定哪篇可全文阅读。但正如普赖斯所指出的，提要性杂志的数量也在沿着同样的轨道增加，每半个世纪增加 10 倍。因此，提要性杂志的数目到 1950 年达到大约 300 种的巨大数字。

普赖斯一直力图根据这些数字得出一个"指数增长规律"。他认为，最明显的结论是新杂志的数目一直按指数增长，而不是线性增长。"其中的常数实际上大约 15 年增加 1 倍，50 年内相当于增加到 10 倍，在一个半世纪内增加到 1000 倍……"

如果这一点属实，那么值得注意的是，不仅我们发现了这样的迅速增长，而且这种特殊的曲线应该是指数性的，应该是数量越大、增长越快的数学结果。普赖斯问道："为什么会出现这样的情况，即任一时间的杂志都按照与它们的总数成比例的速度，而不是按照任何特殊的固定速度产生出更多的杂志呢？"他说这必然是由于"科学发现或论文之出版，具有某种情况使它们按照这种方式行事。似乎每一次进展都按照一种合理的不变递增率产生出一系列新的进展，所以递增的数目完全与任一既定时间内科学发现的总量大小成比例"。

普赖斯论证说，这种适用于科学杂志数目的"按指数增长的规律"，也适用于这些杂志上的科学论文实际数。以 1918 年至今刊载于《物理学提要》上

---

① 德里克·普赖斯：《科学学》，载约翰·R.普拉特编：《对人类本性的新看法》，芝加哥，1965年。

的论文为例,他认为其总数一直在沿着一条按指数增长的曲线发展,其精确度的变化不超过总数的 1%。在 20 世纪 60 年代开始时,刊登于这些提要杂志上的物理学论文大约有 18 万篇,这个数字甚至比每 15 年增加 1 倍多的速度稳步倍增。普赖斯以 1951 年以来的大约 30 次这样的分析为基础得出结论:"似乎没有道理怀疑,任何正常的、日益发展的科学领域内的文献在按指数增加,每间隔大约 10 年到 15 年的时间增加 1 倍。"

肯尼斯·O.梅后来通过对数学出版物的研究,确认了普赖斯为物理学所概述的这个总的格局,但发现"数学的增长速度只及普赖斯发现的增长速度的一半"。普赖斯所引用的倍增间隔时间,"相当于每年增长大约 5% 到 7%,而我们发现数学每年大约增长 2.5%,每 28 年左右增加 1 倍"。

差别产生于对出发点的选择。正像梅所指出的:"在得出结论认为数学的发展速度不同于其他科学之前,应该注意,尽管普赖斯在谈论'文献'时指的似乎是全部文献,但实际上他的资料都是各个领域在一定时间后的文献,就提要活动的开始时间来看:物理学是在 1900 年,化学 1908 年,生物学 1927 年,数学是在 1940 年。"

梅教授对《数学发展年鉴》的研究一直回溯到 1868 年,对它的研究一直持续到 1940 年,同时还研究了从 1941 年到 1965 年的《数学评论》。他还指出,在数学领域内,由于不断忽视 1900 年甚至 1940 年以前的文献,人们便可能得到一系列类似于普赖斯所发现的较高的增长曲线。梅得出结论:"如果普赖斯等人把他们统计系列之前的文献考虑进去,看来他们很可能会得到低得多的发展速度。这个分析证实了这样的推论,即全部科学文献一直在以每年大约增长 2.5% 的速度积累着,一个世纪增加 4 倍左右。"[①]

增长的限度

任何按指数形式出现的增长到了某个时候都必然趋于平伏,否则就会发

---

① 肯尼斯·O.梅:《数学文献的数量增长》,《科学》,第 154 卷。

展到荒唐的程度。例如,已经公布的电气工业的数字表明,如果开始时大约在 1750 年——富兰克林进行电灯实验的时代——该行业里仅有一个人,那么按指数增加的结果,在 1925 年该行业就已雇用 20 万人;到 1955 年,该行业甚至会有 100 万人;按照这个速度,到 1990 年时,全部劳动人口势必都将由这一个领域所雇用。到了某个时候,必然出现一种饱和状态。在知识增长的计量中,也正像表现出相似特点的其他领域一样,问题在于这种饱和状态的定义和对于达到这种饱和状态的日期的估计。

我们所阐述的指数特点,接近某种上限的情况,是一个 S 形的或者是∽形的曲线,在它的中间点上下的速度往往是相当对称的。正因为如此,所以容易进行预测,因为人们设想中间点以上的速度和中间点以下的速度是相对称的,尔后便趋于平缓。实际上,正是该曲线的美妙形态,诱使许多统计学家几乎都相信它是描绘人类行为的"哲人之石"。

饱和现象在应用于人类人口发展总规律方面,是 18 世纪 30 年代首先由统计学家、社会物理学的创始人阿道尔夫·奎蒂莱特在他对马尔萨斯的评论中提出来的。一个典型的人口发展曲线总是缓慢地从渐近极小值开始增长、迅速倍增、然后慢慢地趋向定义不当的渐近极大值,尔后通过弯曲点变成∽形。1838 年,奎蒂莱特的一位同事、数学家 P.F.维尔赫尔斯特,设法给同样的总结论提出一个数学图形,他企图找到一个"减速函数",把马尔萨斯的几何级数曲线变成∽形曲线或者他所谓的逻辑曲线,从而构成真正的"人口发展规律",并且表明一个限度,在这个限度之上人口便不再增长。

维尔赫尔斯特作了一系列假设:增长速度不可能是不变的;它一定是当前人口的某种线性函数;一旦这种速度开始下降,或者出现饱和状态,它将随着人口增长而更多地下降。因此,增长因素和停滞因素是互成比例的,由于曲线的"对称性",所以人们可以计划或预测未来。

1924 年,数理生物学家雷蒙德·珀尔看到了维尔赫尔斯特的论文,提出了维尔赫尔斯特——珀尔定律。在设法画出一条∽形人口增长曲线的过程中,珀尔认为增长速度决定于当时的人口,决定于在现有土地上存在的、"尚未利用的供养人口的储备"。珀尔在此以前就提出过说明在封闭环境里果蝇总数增长的方程式。

············

在使用∽形曲线分析时的关键问题，是它只在某种"封闭系统"中才有效，这种系统或者以固定的资源、以自然规律，或者以一种绝对概念为基础。换句话说，"上限条件"迫使曲线趋于平缓。在人类总数中或在社会中，我们并没有一个"封闭系统"，所以利用这种曲线来进行预测时总会有风险。然而把这种模式作为测定一种社会现实的"基线"或假设时，总是有一定价值的。

············

普赖斯建议："既然我们知道逻辑曲线病态后果的一些情况，并且知道在科学技术的若干部门在实际上会发生这些问题，那就让我们重新探讨一下整个科学的增长曲线问题。"普赖斯最后发现，在知识按指数增长"中断"之后，曲线（在绷紧肌肉跳跃之后！）可能"或者朝逐步上升的方向，或者朝激烈波动的方向"运动。但是究竟什么方向，我们不知道。那么我们处在什么地方呢？"逐步上升"的概念或者上升曲线的复原，可能按照某些自然规律运行，有着肯定的轨道。从这个意义上说，它在"包络曲线"预测的标题下在技术预测中找到了一席之地。不过谈论"激烈的波动"，对于说明可计量的变化却并无帮助，因为这种波动并没有肯定的特点。

总之，我们看到增长线所表示的科学知识的"总"计量，迄今至少于事无补，它只不过是一些比喻，或者可以提醒我们注意那些由于这种增长而在未来可能面临的问题。以这些绘制出来的曲线为基础来制定社会政策，完全会把人引入歧途。为了探讨这些问题，我们必须转而对知识发展的特点进行不太"精确的"，但从社会学来看却是更加有意义的观察。

选自［美］丹尼尔·贝尔：《后工业社会的来临——对社会预测的一项探索》，高铦、王宏周、魏章玲等译，高铦校，新华出版社，1997年，第194~200页、203~204页。

2.托夫勒*：
社会记忆力的革命

今天，在我们为第三次浪潮文明建设新的信息领域时，我们为无生命的环境输入的不是生命，而是智慧。

导致这一进化发展的关键当然要推计算机。电子记忆加上能使机器知道如何处理储存数据的程序编制。

…………

这些高度集中的庞然大物，给人们的印象是如此深刻，以至于它们很快就成为社会神话的标准组成部分。电影制片商、动画片画家、科学幻想小说作家都用它来象征未来，经常把计算机描写成无所不能的大脑，广泛集中了超人的智慧。

…………

但是不论我们愿意干什么，有一点是绝对清楚的，即我们正在从根本上改变信息领域。我们不仅改变了第二次浪潮传播工具的集中性，我们还给社会制度增添了全新的通信阶层。新兴的第三次浪潮信息领域无疑使第二次浪潮时代由群体化的传播工具——邮局、电话统治着的社会，相形见绌。

---

　　* 阿尔温·托夫勒(Alvin Toffler)是著名未来学家，最具影响力的社会思想家之一，出生于纽约，毕业于纽约大学，1970年出版《未来的冲击》，1980年出版《第三次浪潮》，1990年出版《权力的转移》未来三部曲，对当今社会思潮有广泛而深远的影响。

提高人类的智慧

在深刻变革信息领域的同时，我们注定要改变自己的思想——改变我们思考问题、综合情况、预测行动后果的方法。我们将改变识字在我们生活中的作用，我们甚至会改变自己大脑的物质组成和化学性质。

哈尔德关于计算机和集成电路块与人们交谈能力的意见，看来并不那么玄乎。目前的"声音数据输入"终端装量已经能够识别并对一千个词汇作出反应。很多公司，从大型企业国际商业机器公司或者日本电气公司，到中型公司赫里斯蒂克有限公司或森迪格兰姆公司，都正在竞相扩大词汇，简化技术和大刀阔斧地减价。什么时候计算机对人类语言能够运用自如？一般估计已从 20 年降到 5 年以内。无论从经济还是文化方面来说，这个发展的意义，都是相当惊人的。

今天数以百万计的人由于半文盲而被排除在劳动市场之外，甚至对从事极为简单工作的人，也要求他们能够阅读表格，识别开关、工资单、工作说明以及其他种种。在第二次浪潮时代，阅读能力是办公室工作的最低要求。

但是不识字并不等于天生愚蠢。我们知道，全世界有许多文盲能掌握很多高度纯熟的技术，如在农业、建筑、狩猎、音乐等方面表现杰出。很多不识字的人有惊人的记忆力，能流畅地讲几种语言——有些事情甚至受过大学教育的美国人也做不了。但是在第二次浪潮社会中，文盲在经济上注定要倒霉。

识字当然要比职业本领的含义更广泛，它是通向神妙想象世界和享乐的大门。在一个智能环境中，当机器、器具甚至墙壁都能设计得会说话，识字就不会像以往 300 年的传统那样与工资袋的厚薄成正比了。航空公司预订机座的职员、股票市场的职员、机器操纵者和修理工，可以很好地依靠听觉而不是闻读来完成工作，因为机器上有声音，告诉他们工作的每一个步骤应该怎么做，以及如何更换一个损坏的零件。

计算机不是超人，它会损坏，也会出错，有时甚至是很危险的错误。它并不神奇，肯定不是我们环境中的"精灵"或"鬼魂"。但是由于它的这些功能，至今仍然是人类最了不起的和令人不安的成就，因为它提高了我们的脑力活动，就像第二次浪潮的技术减轻了我们的体力劳动一样，而且我们还不知道，它要把我们的心灵最终引向何处。

当我们逐渐熟悉智能环境，并且一学会走路就学着和它熟悉起来，我们将能非常熟练、自然而然地使用计算机，这种情况今天还是很难想象的。计算机将帮助我们大家，而不仅仅只限于帮助部分"高级技术人员"更深入地思考自我和世界。

今天，当我们遇到问题时，会立即去寻找产生问题的原因。但是即使是思想非常深邃的人，也常常不得不相对地以有限的原因来解释问题。因为即使是最优秀的人才，也很难同时考虑太多的变化因素。因此，当我们面对十分复杂的问题——如为什么一个少年犯罪？为什么通货膨胀如此严重？城市化会对附近一条河流的生态造成什么影响？——我们只注意到其中两个或三个因素，而忽略其他很多重要得多的因素，这些被忽略的，可能是个别因素，也可能是问题关键所在。

更糟糕的是，每个专家小组都典型地坚持认为"他们自己的"理由最重要，而排斥其他的意见。面对严重的城市衰老问题、住房问题，有些专家把它们归咎于住房拥挤和住房条件日趋恶化，运输专家认为这是因为缺少大型运输工具，负责福利工作的专家认为儿童日托站或其他福利措施不足，负责安全的专家认为巡逻警察太少，经济专家则认为税收太高影响了企业家投资的积极性，等等。每个人都认为，所有这些问题相互有关，并且彼此影响，形成一个恶性循环的体系。但是没有一个人在寻找解决问题答案时，愿意把很多复杂的因素都考虑进去。

城市老化问题只是很多严重问题之一，彼得·里德纳在《空间社会》一书中巧妙地将这一严重问题称之为"相互交织在一起的问题"。他警告说，我们将面临越来越多的危机。这些危机"找不到起因，无法进行有效的分析"，但要求"多方面相互关联的分析"，这些危机不是由很容易区分的因素构成的，而是由上百个既独立又交叉的因素相互重叠影响下产生的。

由于计算机能够记忆和把大量的起因互相联系起来，所以它能帮助我们以比寻常更深刻的水平来对付这类问题。它能筛选大量资料，并找到微妙的解决方案。它能把"瞬息即逝的"因素组合成比较大的更有意义的整体。在固定设想和模式下，它能探索出各种可供选择的决定可能造成的后果，而且比一般的分析更为系统、更为完整。它甚至能够通过识别新的和迄今尚不为人们注意的人与资源之间的关系，对某个问题的解决提出富于想象力的建议。

在可以预见的几十年内，人类的智慧、想象力和直观，继续要比机器远为重要。可是计算机能够加深我们对因果关系的认识，提高我们对事物相互关系的了解，以及帮助我们把周围相互没有关系的数据综合成有意义的"整体"。计算机是校正瞬息即变文化的有效工具。

智能环境可能最终不仅开始改变我们分析问题和综合情况的方法，并且将开始改变我们大脑的物质组成和化学性质。由大维·克利奇、玛丽安·迪蒙、马克·罗森茨威格、爱德华·贝内特以及其他专家们进行的实验已经表明，将一些动物放在一个"浓缩了的"环境中，它们的大脑皮层变大，神经胶质的细胞增多，神经元变大，神经活动更为积极，脑子的供血比另一组受控制的动物更多。那么能否通过改变我们的环境，使我们的大脑复杂化和智能化，从而使我们变得更聪明一些呢？

著名的世界神经精神医学专家、纽约精神研究所主任唐纳尔特·克莱因推测："克利奇的研究表明，早年丰富和富于反应的环境，对智能的发展具有多方面的影响。如果在所谓'愚蠢'的环境中长大——刺激性小、贫乏、不富于反应——很快就懂得冒险不得，这种环境不容许犯错误，而且实际上鼓励谨小慎微，保守，不好提问或者干脆消极被动，这对脑力发展毫无好处。"

另一方面，孩子在灵敏的、富于反应的环境中长大，这个环境既复杂又充满刺激，可能会得到不同的效果。如果孩子能利用环境为他们做事，他们就会在较年轻的时期就不那么依靠父母。他们具有一种解决问题、胜任工作的意识。他们好奇，善于钻研，富有想象力，对生活采取解决问题的态度。所有这些,都可能促成脑力的变化。在这个问题上,我们能做的,只是猜测而已。但是智能环境能使我们发展新的神经元和大脑皮层,这也不是不可能的。一个比较灵敏的环境,能造就比较灵敏的人。

但是所有这一切,仅仅为我们初步提示新的信息领域变革的巨大意义,因为传播工具的非群体化和随之而来的计算机的兴起,改变了我们的社会记忆力。

社会记忆力的革命

所有的记忆,都可分为纯个人的记忆和社会共有的记忆。个人记忆随着个人的死亡而消失,而社会记忆却永久存在。我们能够储存和回收共有记忆的能力是惊人的,这正是人类进化结晶的奥妙。我们创立、储存和利用社会记忆方法的任何重大改革,都会深深触及我们命运的根源。

在人类历史上出现过两次社会记忆的革命。今天在建设新的信息领域时,我们也处于另一场这样变革的边缘。

在原始社会,人类被迫把他们储存的共有记忆和个人记忆放在同一个地方,这就是储存在个人的大脑中。部落的长老、圣人及其他人,以历史、神话、口头传说、传奇故事等形式,把记忆保存下来,并且用语言、歌咏、颂歌等形式传给他们的子孙,如怎样取火,诱捕小鸟的最好方法,怎样扎木伐、捣芋头,怎样削尖犁杖和饲养耕牛。所有这些积累起来的经验,都储存在人类大脑的中枢神经和神经胶质及神经元中。

只要这种情形依然存在,那么社会记忆的范围就必然有限。不论长一辈人的记忆如何惊人,歌曲和课文如何容易记忆,人类大脑可供储存记忆的空间总是有限的。

第一次社会记忆的革命后,第二次浪潮文明冲破记忆的障碍。它传播了群体文化,保存了系统的业务记录,建造了上千个图书馆和博物馆,发明了档案柜。一句话,它把社会记忆扩展到人们大脑之外,找到了新的储存方法,这样就冲破了原来的局限。由于积累起来的知识储存总量增加了，又加速了发明和社会变革的进程，使第二次浪潮文明成为比历史上任何时期都急剧变化和不断发展的文化。

今天，我们正向一个完全新的社会记忆阶段跃进。传播工具的急剧非群体化，新的传播工具的发明，卫星绘制全球地图，医院采用电子传感器观察病人，公司档案计算机化。所有这一切，都说明我们能把文明活动的微末细节都精确地记录下来。

除非我们毁灭地球和随之而灭亡的社会记忆，否则我们不久将获得几乎能保持全部文明记录的能力。第三次浪潮文明，将拥有关于自己并受自己支配的有条理的信息。这一点，在 25 年前几乎是不能想象的。

但是向第三次浪潮社会记忆的转变，并不仅仅限于量的变化。就像已经发生过的那样，我们还正在向人类记忆输入生命。

当社会记忆储存在人类头脑中时，它不断地被侵蚀、更新和变动，不断地以一种新的方式组合、再组合。它是积极的、能动的。它确确实实是充满着活力，是有生气的。

当工业文明把很多社会记忆从人类头脑中取出来时，记忆变成了客观对象，体现在人工制品、书籍、工资单、报纸、照片和电影中。但是一旦符号被写在纸上，复制在照片上，摄入电影中，印刷在报纸上，就变成消极静止的东西了。只有当这些符号再一次被人脑吸收时，这些东西才变活了，并且以一种新的方法操纵和重新组合。第二次浪潮文明在急剧地扩大社会记忆的同时，实际上也将社会记忆冻结了起来。

第三次浪潮信息领域之所以成为历史性的大事，不仅是因为它极度地扩大了社会记忆，还把它起死回生。因为计算机能处理它储存的数据，这样就出现了一个史无前例的现象：社会记忆变得既丰富又活泼。这两者的结合，证明是有推进力的。

这种情势将释放出新的文化能量。因为计算机不仅能帮助我们将"瞬息即变的文化"组成或合成为现实的、有条理的模式，它也开拓了可能的极限。

图书馆、档案柜都不能思考，更不用说用非传统的方式来思考了。但是相比之下，我们可以要求计算机"思考难以想象的和以前没有想到的事情"。这样就有可能出现大量新的理论、新的思想、新的观念、新的艺术见解、新的技术进展、新的经济和政治的创见。老实说，在此以前，这些事情都是难以置信和不能想象的。这样，它促进了历史变革，向第三次浪潮多样化的社会挺进。

在过去所有社会中，信息领域为人与人之间的交流提供了工具。第三次浪潮使这些工具成倍地增加了，但它也同时第一次在历史上为机器与机器之间的通信交流，甚至更令人惊讶的是，它为人和周围智能环境的交往提供强大的设施。当我们高瞻远瞩这一雄伟的图景，信息领域的革命显然至少和技术领域、能源体系及社会技术基础的革命一样，具有激动人心的变化。

建设新文明的工作，将在各个方面集中全力奔腾向前。

选自［美］阿尔温·托夫勒：《第三次浪潮》，朱志焱、潘琪、张焱译，新华出版社，1996年，第185页、186页、189~195页。

3.尼葛洛庞帝*：
乐观的年代

后信息时代

长期以来，大家都热衷于讨论从工业时代到后工业时代或信息时代的转变，以至于一直没有注意到我们已经进入了后信息时代（Post-Information age）。

工业时代可以说是原子的时代，给我们带来了机器化大生产的观念，以及在任何一个特定的时间和地点以统一的标准化方式重复生产的经济形态。信息时代，也就是电脑时代，显现了相同的经济规模，但时间和空间与经济的相关性减弱了。无论何时何地，人们都能制造比特，例如，我们可以在纽约、伦敦和东京的股市之间传输比特，仿佛它们是三台近在咫尺的机床一样。

在信息时代中，大众传媒的覆盖面一方面变得越来越大，另一方面又变得越来越小。像有线电视新闻网、《今日美国报》（*USA Today*）这种新形态的传播媒介拥有更广大的观众和读者，其传播的辐射面变得更为宽广；而针对特定读者群的杂志、录像带的销售和有线电视服务则是窄播的例子，所迎合

＊　尼古拉斯·尼葛洛庞帝（Nicholas Negroponte），曾任美国麻省理工学院教授、《连线》杂志的专栏作家，也是多媒体实验室的创办人，积极倡导利用数字化技术促进社会生活的转型，被西方媒体推崇为电脑和传播科技领域最具影响力的人物之一。代表作有：《数位革命》（1995）、《数字化生存》（1996）等。

的是特定的较小人群的口味,所以大众传媒在这段时间内变得既大又小。

在后信息时代中,大众传播的受众往往只是单独一人。所有商品都可以订购,信息变得极端个人化。人们普遍认为,个人化是窄播的延伸,其受众从大众到较小和更小的群体,最后终于只针对个人。当传媒掌握了我的地址、婚姻状况、年龄、收入、驾驶的汽车品牌、购物习惯、饮酒嗜好和纳税状况时,它也就掌握了"我"——人口统计学中的一个单位。

这种推理完全忽略了窄播和数字化之间的差异。在数字化生存的情况下,我就是"我",不是人口统计学中的一个"子集"(subset)。

"我"包含了一些在人口学或统计学上不具丝毫意义的信息和事件。你无法从我的岳母住在哪里、昨晚我和谁共进晚餐,以及今天下午我要搭乘几点的班机到弗吉尼亚州的里士满去这类事情中,找出关联性或统计学上的意义,并且从中发展出适当的窄播服务。

但是这些与我有关的信息却决定着我想要的新闻服务可能和某个不知名的小镇或某个没什么名气的人有关,而且我也想知道(今天)弗吉尼亚的天气状况如何。古典人口统计学不会关注数字化的个人,假如你把后信息时代看成超微的人口统计学或高度集中化的窄播,那么这种个人化和汉堡王(Burger King)广告词中所标榜的"按你喜欢的方式享受汉堡"(Have It Your Way)没什么两样。

真正的个人化时代已经来临了。这回我们谈的不只是要选什么汉堡作料那么简单。在后信息时代里,机器与人就好比人与人之间因经年累月而熟识一样:机器对人的了解程度和人与人之间的默契不相上下,它甚至连你的一些怪癖(比如总是穿蓝色条纹的衬衫),以及生命中的偶发事件,都能了如指掌。

举个例子,你的电脑会根据酒店代理人所提供的信息,提醒你注意某种葡萄酒或啤酒正在大减价,而明天晚上要来做客的朋友,上次来的时候很喜欢喝这种酒。电脑也会提醒你,出门的时候,顺道在修车厂停一下,因为车子的信号系统显示该换新轮胎了。电脑也会为你推荐有关一家新餐馆的评论,因为你十天以后就要去餐馆所在的那个城市,而且你过去似乎很赞同写这篇报道的这位美食评论家的意见。电脑所有这些行动的根据,都是把你当成"个人",而不是把你当成可能购买某种牌子的浴液或牙膏的群体中的一分子。

没有空间的地方

后信息时代将消除地理的限制,就好像"超文本"挣脱了印刷篇幅的限制一样。数字化的生活将越来越不需要仰赖特定的时间和地点,现在甚至连传送"地点"都开始有了实现的可能。

假如我从我波士顿起居室的电子窗口(电脑屏幕)一眼望出去,能看到阿尔卑斯山(Alps),听到牛铃声声,闻到(数字化的)夏日牛粪味儿,那么在某种意义上我几乎已经身在瑞士了。假如我不是驾驶着原子(构成的汽车)进城上班,而是直接从家里进入办公室的电脑,以电子形式办公,那么我确切的办公地点到底在哪儿呢?

将来,休斯敦(Houston)的医生将可以通过电信和虚拟现实的技术,为远在阿拉斯加(Alaska)的病人做精细的手术。尽管在近期内,脑外科手术仍需要医生和病人在同时同地才能进行,但是脑力劳动者的许多活动,由于较少时空的依附性,将能更快地超越地理的限制。

今天,许多作家和理财专家发现,到南太平洋或加勒比海的小岛上写稿或理财,不仅可行而且更有吸引力。但是像日本这样的一些国家却要花更长的时间,才能摆脱对时空的依赖,原因是本土文化抗拒这种趋势。举个例子,日本之所以不肯实行夏时制的主要原因之一是,那里的上班族一定要"天黑"以后才能下班回家,而且普通工作人员一定要上班比老板早来,下班比老板晚走。

在后信息时代中,由于工作和生活可以是在一个或多个地点,于是"地址"的概念也就有了崭新的含义。

当你在美国联机公司、电脑服务公司或奇迹公司开户的时候,你知道自己的电子邮件地址是什么,但不知道它实际的位置在哪里。如果你享受的是美国联机公司的服务,则你的互联网络地址是你的标识符(ID)再加上 @aol.

com——这个地址可以通行于世界各地。你不知道 @aol.com 究竟在何处,而且传送信息到这个地址的人也不知道这个地址在哪里，或你现在人究竟在哪里。这个地址不像街道坐标,反而更像社会保险号码,是个虚拟的地址。就我来说,我碰巧知道自己的电子邮件地址的实际位置。那是一部已经用了十年之久的惠普 Unix 机,就放在离我办公室不远的小房间里。但是当人们发送讯息给我的时候,他们写给我而不是给那个房间。他们可能推测我人在波士顿(通常都并非如此)。事实上,我经常与他们不在同一时区,因此不光空间改变,连时间也改变了。

非同步的交流方式

面对面的谈话或两人在电话上的交谈都是实时的、同步的交流,我们做"电话迷藏"(telephone tag)的游戏也是为了要找到同步沟通的机会。具有讽刺意味的是,我们这么做往往是为了彼此交流意见,但实际上意见的交换完全不需要同步进行,采用非实时的信息传递方式,其效果毫不逊色。从历史上看,非同步的交流方式,例如写信,倾向于采取一种比较正式的、无法即兴发挥的形式。但是随着语音邮件(voice mail)和电话应答机(answering machine)的出现,情况已经大为改观。

有些人声称,他们简直无法想象他们(而且我们所有的人)过去家中没有电话应答机、办公室也没有语音邮件的时候,日子是怎么过的。应答机和语音邮件的好处不在于录音,而在于离线的信息处理(off-line processing)和时间的转换(time shifting)。你可以留下口信,而不是非要在线上对话不可。事实上,电话应答机的设计有点落伍,它不应该只在你不在家或你不想接电话时才发挥作用,而是应该随时都能为你接听电话,让打来电话的人可以选择只留口信而不必直接通话。

电子邮件之所以有如此巨大的吸引力，原因之一是它不像电话那么扰人。你可以在空闲的时候再处理电子邮件,因此你现在可能会亲自处理一些过去在靠电话办公的公司里永远通不过秘书这一关的信息。

电子邮件获得空前的流行，因为它既是非同步传输，又能让电脑看得懂。后者尤其重要，因为界面代理人可以运用这些比特来排定讯息的优先次序，并以不同的方式来发送这些讯息。发出讯息的人是谁，以及讯息的内容是什么，都会决定你看到的讯息的次序，就好像公司里为你筛选电话信息的秘书会让你6岁的女儿直接和你通话，而让某个公司的首席执行官在电话线上等着。即使在工作忙碌的时候，个人的电子邮件仍然可能在成堆的待复邮件中排在优先的位置。

我们的日常通信很多都不需要同步进行或实时处理。我们经常受到干扰，或被迫准时处理些并不真的那么紧急的事情。我们遵守有规律的生活节奏，不是因为我们总是在8点59分结束晚餐，而是因为电视节目再过1分钟就要开始了。将来我们的曾孙可以理解为什么我们要在某个特定的时间，到剧院去欣赏演员的集体表演，但他们将无法理解我们在自己家中也非要同步收视电视信号的经验，除非他们能透视这种经验背后古怪的经济模式。

随选信息的天下

在数字化的生活中，实时广播将变得很少见。当电视和广播也数字化之后，我们不但能轻易转换比特的时间，而且也不需要再依照我们消费比特的次序和速率来接收比特。比如，我们可以在不到1秒钟的时间里，利用光纤传送1小时的视频信号（有些实验显示，传送1小时VHS品质的视频信号可能只需要1%秒的瞬间）。换一种方式，如果我们采用的是细电线或窄频无线电，我们可能就要花6个小时来传送10分钟的个人化新闻节目。前者把比特一举发射到你的电脑之中，后者则是涓涓细流。

可能除了体育比赛和选举等少数例外之外，科技的发展方向是未来的电视和广播信号都将采用非同步传输的方式，不是变成点播式的，就是利用"广捕"（broadcatching）方式。"广捕"这个词是1987年斯图尔特·布兰德（Stewart Brand）在他那本关于媒体实验室的书中提出的。"广捕"指的是比特流的放送。通常是把一串携带了庞大信息的比特放送到空中或导入光纤。接收端的电脑捕捉到这些比特,检验它们,然后丢弃其中的大部分,只留下少数它认为你可能以后会用得着的比特。

未来的数字化生活将会是"随选信息"(on-demand information)的天下。当我们需要某种信息的时候,我们可以直截了当地要求,或含蓄地暗示。因此,靠广告商支持的电视节目制作需要一番全然不同的新思考。

1983年,当我们在麻省理工学院开始创办媒体实验室时,人们觉得"媒体"是个贬义词,是一条通往最低层次的美国大众文化的单行线。如果媒体(media)这个词的第一个字母大写时,它(Media)几乎就等同于大众传媒(mass media)。拥有广大的受众会带来大笔的广告收入,用来支付庞大的节目制作费用。无线的广播电视媒体更进一步确立了广告的正当性,因为频谱是公众资产,信息和娱乐就应该"免费"为观众所享有。

向广告说再见

另一方面,杂志采用的是私人发行网络,成本由广告商和读者共同分担。作为显然是非同步传输信息的媒体,杂志提供了宽泛得多的经济和人口统计学模式,而且事实上可能为电视的未来扮演先导的角色。在读者定位较窄的市场中繁衍成长并不一定会损害内容,而且杂志还把一部分的成本负担转嫁到读者身上,有些专业杂志根本就没有广告成本负担会更多的转嫁到需要杂志的人身上。

未来的数字化媒体会更经常地采用论次计费的方式,而不只是建立在要么什么都有、要么什么也没有的基础上,它会更像报纸和杂志一样,由消费者和广告商一起分担成本。在某些情况下,消费者可以选择接收不含广告的材料,只是得掏更多的钱。在另外一些情况下,广告则变得非常个人化,以致我们几乎分辨不清什么是新闻,什么是广告了。这时,我们可以说,广告就是新闻。今天,媒体的经济模式几乎都是把信息和娱乐大力"推"到公众面前;未来的媒体则会同样或者更多地注重于"拉"力:你和我都入了网,可以像在图书馆或录像带出租点一样,找出我们想要的资料。我们可以直接提出要求,或是由界面代理人替我们提出来。

这种没有广告的随选模式,将把节目内容的制作变得好像具有丰富声响和画面效果的好莱坞电影一样,风险更大,而回报也更丰厚,经常会出现大起大落。如果你成功了,金钱就会滚滚而来。如果钱来了,那太棒了;如果失败了,真糟糕,但是这回风险不见得会由宝洁公司(Procter & Gamble)这样的广告商来承担。因此,未来的媒体公司将会比今天投下更大的赌注,同时那些小公司会投下比较小的赌注,分得一部分的观众份额。

未来的黄金时段(prime time),将不再因为代表了人口统计学上一群潜在的豪华汽车或洗涤灵购买者而占尽风光。是不是黄金时段,完全取决于我们眼中所见的品质。

············

数字化生存的四大特征

我天性乐观,然而每一种技术或科学的馈赠都有其黑暗面,数字化生存也不例外。

未来十年中,我们将会看到知识产权被滥用,隐私权也受到侵犯,我们会亲身体验到数字化生存造成的文化破坏, 以及软件盗版和数据窃取等现象。最糟糕的是,我们将目睹全自动化系统剥夺许多人的工作机会,就像过去工厂被改头换面一样,很快地,白领阶层的工作场所也会全然改观。工作上的终身雇佣观念已经开始消失。

随着我们越来越少地使用原子,而越来越多地使用比特,就业市场的本质将发生巨变。这一变革发生的时间,恰好与印度和中国的二十多亿劳动大军开始上网的时间同步(这一点毫不夸张)。美国皮奥里亚(Peoria)的个体软件设计人员,面对的竞争对手可能在韩国浦项(Pohang)。马德里(Madrid)的数字排版工人也会直接面对来自印度马德拉斯(Madras)的竞争。美国公司已经开始在硬件发展和软件生产两方面到俄罗斯和印度进行"外购"(out-sourcing)了。这样做不是为了寻找廉价劳工,而是要网罗愿意比本国人更勤奋地工作、更有效率,也更守纪律的高级技术人才。

当工商业越来越全球化、互联网络也不断壮大时,完全数字化的办公室也将出现。早在政治走向和谐、关贸总协定谈判就原子的关税和贸易(在加利福尼亚州销售爱维养矿泉水的权利)达成协议之前,比特就已经变得没有国界,比特的存储和运用都完全不受地理的限制。事实上,在数字化未来中,时区可能要比贸易区扮演更重要的角色。我可以想象,有些软件计划将会24小时不停地在全世界接力开发,从东方到西方,从一个人手上传到另一个人手上,或是由一个小组交接给另一个小组,当其他人进入梦乡时,会有人接着干。微软公司将需要在伦敦和东京设立办事处,以便三班倒加速开发软件。

当我们日益向数字化世界迈进时,会有一群人的权利被剥夺,或者说,他们感到自己的权利被剥夺了。如果一位50岁的炼钢工人丢了饭碗,和他那25岁的儿子不同的是,他也许完全缺乏对数字化世界的适应能力。而在今天假如有位秘书丢掉了工作,至少他还熟悉数字化世界,因此拥有可以转换的工作技能。

比特不能吃,在这个意义上比特无法解除饥饿。电脑没有道德观念,因此也解决不了像生存和死亡的权利这类错综复杂的问题。但是不管怎样,数字化生存的确给了我们乐观的理由。我们无法否定数字化时代的存在,也无法阻止数字化时代的前进,就像我们无法对抗大自然的力量一样。数字化生存有四个强有力的特质,将会为其带来最后的胜利。

这四个特质是:分散权力、全球化、追求和谐和赋予权力。

沙皇退位,个人抬头

对数字化生存带来的分权效应,感受最深的莫过于商业及电脑业自身。所谓的"管理信息系统"(MIS, management information system)沙皇,过去总是高坐在开着冷气、用玻璃隔着的阴森森的房间里发号施令,如今却披上了皇帝的新衣,几乎销声匿迹。少数人所以还能苟延残喘,经常是因为他们的级别太高,无人能炒他们的鱿鱼,公司董事会不是与外界脱节,就是在睡大觉，也可能两样全占。

看看"思考机器公司"（Thinking Machines Corporation）的例子。这家由电子工程天才丹尼·希利斯（Danny Hillis）一手创办的伟大而富于想象力的超级电脑公司，只存在了十年就寿终正寝。在短短的十年里，思考机器公司向全世界推出了大规模并行处理（parallel）的电脑架构。它的衰落不是由于它所谓的"联结机器"（Connection machine）管理不当和工程失误造成的。思考机器公司之所以化为泡影，是因为并行处理可以被分开来做；同样的大规模并行处理的体系结构，突然之间，已经由于低成本、批量生产的个人电脑的相互联结而成为可能。

虽然这对思考机器公司来说，不是什么好消息，但对我们所有人而言，无论从表面上还是深刻的寓意上，都是条重要的讯息。因为这意味着未来的企业，只要在内部普及个人电脑，并且在需要的时候，把这些电脑联结起来共同处理计算消耗较大的问题，就可以用一种新的、可升级的方式满足自身的电脑需求。电脑确实既可以为个人服务，也可以为群体服务。我看到同样的分权心态正逐渐弥漫于整个社会之中，这是由于数字化世界里的年轻公民的影响所致。传统的中央集权的生活观念将成为明日黄花。

民族国家本身也将遭受巨大冲击，并迈向全球化。五十年后的政府一方面变得更庞大，另一方面则变得更渺小。欧洲发现自己正分裂为一个个更小的种族实体，与此同时，却试图在经济上联合起来。民族主义的力量很容易让我们对任何世界一体化的大的努力都嗤之以鼻。但是，在数字化世界里，过去不可能的解决方案都将变成可能。

今天，当全球 20% 的人口消耗掉 80% 的资源，当 1/4 的人类能享受到不错的生活水准，而其余 3/4 的人还过着贫困的生活时，我们怎么可能轻易消除这巨大的鸿沟呢？当政治家们还在背负着历史的包袱沉重前行，新的一代正在从数字化的环境中脱颖而出，完全摆脱了许多传统的偏见。过去，地理位置相近是友谊、合作、游戏和邻里关系等一切的基础，而现在的孩子们则完全不受地理的束缚。数字科技可以变成一股把人们吸引到一个更和谐的世界之中的自然动力。

新的希望和尊严

数字化生存的和谐效应已经变得很明显了：过去泾渭分明的学科和你争我斗的企业都开始以合作取代竞争。一种前所未见的共同语诞生了，人们因此跨越国界，互相了解。今天在学校里上学的孩子，都有机会从许多不同的角度，来看待同一件事情。例如，你可以把电脑程序看成一组电脑指令，同时还可以把它当作由程序的文字缩排而成的诗篇。这些孩子很快就领会到，了解一个程序，意味着从许多不同的角度来了解，而不是仅仅从一个角度出发。

但是我的乐观主义更主要地是来自数字化生存的"赋权"本质。数字化生存之所以能让我们的未来不同于现在，完全是因为它容易进入、具备流动性以及引发变迁的能力。今天，信息高速公路也许还大多是天花乱坠的宣传，但是如果要描绘未来的话，它又太软弱无力了。数字化的未来将超越人们最大胆的预测。当孩子们霸占了全球信息资源，并且发现，只有成人需要见习执照时，我们必须在前所未有的地方，找到新的希望和尊严。

我不是因为预见了一个新的发明或发现，而激发出乐观的情绪。发现治疗癌症和艾滋病的方法，找到控制人口增长的可行途径，乃至造出一种能吸进我们的空气，喝进我们的海水，再以无污染的方式将空气与水排出来的机器人，这些都是我们的梦想，有可能实现，也有可能随风消散。

然而数字化生存却完全不同。我们不必苦苦守候任何发明。它就在此地，就在此时。它几乎具备了遗传性，因为人类的每一代都会比上一代更加数字化。

这种控制数字化未来的比特，比以往任何时候都更多地掌握在年轻一代的手中。而这比其他任何的一切，都更令我快乐。

选自[美]尼葛洛庞帝：《数字化生存》，胡泳等译，海南出版社，1997年，第191~200页、267~272页。

4.安德森*：
长尾法则

　　《长尾理论》于2004年10月在《连线》上发表后，迅速成了这家杂志历史上被引用最多的一篇文章。我得出了三个主要结论：第一，产品种类的长尾远比我们想象的要长；第二，现在我们可以有效地开发这条长尾；第三，一旦集合起来，所有利基产品可以创造一个可观的大市场。这些结论看起来无可辩驳，特别是有一些之前鲜为人知的数据在支持着它们。

　　我的文章引起了热烈的反响，尤其令我振奋的是，竟然有那么多的行业发出了共鸣之声。这篇文章本来是对娱乐和媒体行业新经济形势的分析，我只是稍加扩展，顺便提出像eBay（有二手产品）和Google（有小广告商）这样的公司也是长尾企业。但读者们却在每一个地方都发现了长尾，从政治到公共关系，从乐谱到大学体育，长尾无处不在。

　　人们直觉地意识到，传播、生产和营销中的效率的提高正在改变可行商业模式的定义。用一句话就可以最好地形容这些力量：它们正在把以往无利可图的顾客、产品和市场变得有利可图。尽管这种现象在娱乐和媒体界最为明显，但简单到在eBay上看一看就知道，这种现象同样存在于更广的层面，从汽车到手工艺，各种领域都受到了影响。

————————

　　* 克里斯·安德森（Chris Anderson），曾任美国《连线》杂志前任主编，喜欢从数字中发现趋势。他是经济学中长尾理论的发明者和阐述者。代表作有：《长尾理论》《免费：商业的未来》《创客》等。

从更广的角度来看，我们明显可见，长尾理论阐释的实际上是丰饶经济学（economics of abundance）——当我们文化中的供需瓶颈开始消失，所有产品都能被人取得的时候，长尾故事便会自然发生。

经常有人要求我说出一些不符合长尾经济学的产品类别。我一般会回答说：那是一些无差异化的产品，对它们来说，多样性不仅不存在，也不需要存在。比如面粉，我记得超市中的面粉都被装在只是贴着"面粉"标签的大袋子里出售。但是直到我后来偶然走进了我们本地的全食品（Whole Foods）杂货店，我才意识到我大错特错了：今天的杂货店里有不下二十种不同类型的面粉，既有全小麦和有机类面粉这样的基本类型，也有紫红色和蓝色玉米粉这样的外来品种。面粉行业已经出现了一条长尾，这令我吃惊。

我们的社会日益富足，这使我们有条件从一个精打细算的品牌（甚至无品牌）商品购物者转变为一个小小的鉴赏家，用数千种与众不同的爱好尽情展示自己的独特品位。人们有意地用前后矛盾的词汇来形容我们所表现出的种种新消费行为："大众专享"（massclusivity）、"小众细播"（slivercasting）、"大规模定制化"（mass customization）。无论用哪一个词，它们都指向同一个方向：更长的尾巴。

…………

我们总结一下成功长尾集合器的九大法则：

降低成本

法则 1：让存货集中或分散

西尔斯是这方面的先驱。它凭借大型集中化仓库在邮购业务上的优势实现了效率的第一次飞跃。今天，沃尔玛、BestBuy、Target 和其他许多零售商的网上平台正在利用它们的现有仓储网络开拓在线市场，它们的网上产品的种类远多于传统店面，因为相比把产品放在数百家商场的货架上，集中化仓储的效率要高得多。

为了在多样性上更上一层楼，亚马逊等公司已经向"虚拟存货"模式扩展——产品放在合作伙伴们的仓库中，但在亚马逊的网站上展示和出售。今天，亚马逊的存货和产品分散在网络的各个角落，由数千个小商家分别持有，市集工程则是所有这些产品和存货的集合器。对亚马逊来说，成本等于零。

数字存货（想想 iTunes）是成本最低的存货。我们已经看到了从塑料碟片到网上流量的转变对音乐业有什么样的影响；很快，同样的事情也将发生在电影、视频游戏和电视领域中。新闻已经告别了纸质时代，播客正在挑战广播台，再顺便说一句，说不定你就是在电脑屏幕上读这本书的。消灭原子或无线电广播频谱的限制是降低成本的有力方法，做到了这一点，新的小领域市场就会水到渠成地出现。

法则2：让顾客参与生产

"协同生产"缔造了 eBay、维基百科、Craigslist 和 MySpace，也让 Netflix 拥有了数十万条影评。凭借自我服务模式，Google 可以按每次点击 5 美分的价格出售广告，Skype 在两年半的时间里吸引了 6000 万用户。两者都是用户参与热情的好例子：企业原本需要花钱雇人做的事，用户们却很高兴免费去做。这不是外包，这叫"众包"（crowdsourcing）。

众包的优势不仅在于经济效率，有时候，顾客们的作品更加出色。用户们的评论往往睿智深刻、妙语连珠，最重要的是，其他用户相信这些评论。加在一起，顾客们的时间和精力几乎是无穷无尽的，而且唯有协同生产有能力伴随长尾无限延伸。在自我服务的例子中，参与生产的人就是最关心生产的人，而且他们也最了解自己的需求。

考虑小市场

法则3：一种传播途径并不适合所有人

有些顾客想去商店购物；有些顾客想在网上购物；有些顾客想先在网上研究一番，然后再去商店购物；有些顾客想先去商店逛上一圈，然后再去网上购物；有些人想马上就买；有些人可以等等看；有些人住在商店附近，其他人分散在四面八方。有些产品的需求是集中化的，其他产品的需求是分散化的。如果你只注意其中的一类顾客,你就有失去其他顾客的风险。

这听起来或许有点形而上学的味道,但最好的长尾市场确实是跨时空的。它们不会受制于任何地理障碍,也不会去猜测人们什么时候会需要什么样的产品。iTunes 的优势主要在于丰富的品种和方便的下载方式,但全天候开放也是一个锦上添花之处。

今天,你可以通过电视网、视频点播、iTunes 下载、DVD(或买或租)和 TiVo 季节通行证的途径得到《犯罪现场调查》,然后在等离子屏幕、索尼 PSP 或其他任何设备上欣赏它。公共广播节目同样如此,你可以用多种方法收听它们,有陆地广播(实时或延时)、卫星广播、网络点播、播客——如果你喜欢,还有 E-mail 传送的转录文件。要想接触到最大的潜在市场,多重传播渠道是唯一的方法。

法则 4:一种产品并不适合所有人

曾有那么一个时期,买音乐只有一种途径:CD 唱片(CD 单曲的销量实在太小,大多数艺术家都不屑制作单曲)。现在想想看,网上有多少种选择:唱片、单首曲目、手机铃声、30 秒免费样本、音乐视频、混音作品、其他某个人的混音样本、点播、下载等等,而且文件格式和取样频率也是多种多样。

乌玛尔·哈克把这称为"微块化"(microchunking)。渐渐地,分割和混合成了制胜策略:或者把一种内容分割成不同成分("微块"),以便所有人都能用自己喜欢的方式消费它;或者把它与其他内容相混合,创造一种新的内容。报纸被分割成了一篇篇文章,更专项化的网站则会链接这些文章,用来自多个源头的内容创造出一种往往更加主题化的新产品——博客就像 DJ 一样,可以把不同的新闻混合成新的信息。

我们已经在细分化的产品和品牌中看到了这种趋势——我们有十几种独特风味的意大利面调味汁。现在,这种趋势已经扩展到了一切事物上,既包括视频游戏的角色和等级,也包括每次只卖一道菜谱的食谱销售生意。每一个新组合都会利用不同的传播网络,接触到不同的顾客群。一种产品并不适合所有人,多种产品才适合多种人。

法则5：一种价格并不适合所有人

最容易理解的微观经济学原理之一就是价格弹性的力量。不同的人可能愿意接受不同的价格，原因多种多样，可能与他们的收入有关，也可能与他们的时间有关。但正如单一版本的产品往往能在传统市场上找到位置一样，单一价格也常常能找到位置，至少同一时间的单一价格能被人接受。但在一个空间无限的丰饶市场上，可变价格可能成为一个强大的工具，有助于产品价值和市场规模的最大化。

比如，eBay 的交易有拍卖（价格一般较低，但麻烦更多，不确定性更大）和"现在就买"（价格较高）两种形式。就连为简化流程而坚持每曲 0.99 美元的 iTunes 也有变通余地，如果你购买的是某个专辑中的曲目，iTunes 会给你更低的价格。Rhapsody 甚至更加灵活，它已经尝试过 0.49~0.79 美元不等的曲目价格，而且它发现，把价格削减一半大约能让销量翻上两倍。

无论是音乐还是其他任何产品，只要边际生产成本和销售成本接近于零，可变价格就是自然而然的模式。最流行的产品可以卖更高的价格，不太流行的产品可以卖低价。为什么现在音乐市场并非如此？因为唱片公司通常会索要每曲 0.70 美元左右的固定批发价，主要是为了避免与 CD 产生"渠道冲突"，因为 CD 仍然是音乐业的主要收入来源。早晚有一天，唱片公司会醒悟，定价策略将变得更加灵活，允许零售商们用更低的价格把消费者引入长尾中。

摆脱控制

法则6：分享信息

这一边，看起来大同小异的产品堆满货架，让你无所适从；另一边，"按畅销度排名"的功能简明清晰，让你舒适无比。两者的区别在哪里？在于信息。在前一个例子中，商家知道什么产品最畅销，只是没有告诉他的顾客；在后一个例子中，顾客得到了这个信息。"按价格排名""按评论排名""按生产商分类"等也是同样。这些数据已经存在了，问题只是怎样与顾客分享它们。更多的信息是好事，但前提是，信息提供方式必须有助于顾客的选择，而不是把选择过程弄得更加混乱。

同样,如果能转化成推荐信息,有关消费方式的信息可以成为强大的营销工具。从用户评论到详细规格,产品的翔实信息可以回答消费者的问题,避免他们在疑虑之下放弃一次消费。解释清楚推荐信息的来源能让系统赢得消费者的信任,帮助他们更好地使用系统。透明度可以建立信任,而且毫无成本。

法则7:考虑"和",不要考虑"或"

匮乏时代的症状之一就是把市场当成一个零和游戏——也就是说,任何事情都是一种"这个或那个"的选择。或者发行这个版本,或者发行那个版本;或者选择这种颜色,或者选择那种颜色。对商场的货架或广播频道来说,这是很自然的:一个位置确实只能容纳一种产品。但在容量无限的市场中,供应全部的产品几乎永远是正确的策略。

产品选择存在一个问题:它需要区分优劣,而这个区分过程需要时间、资源和主观猜测。某个人可能根据某种标准判定一种产品应该强于另一种产品。从宏观层面上说,他们可能是对的,但这样的决策在微观层面上几乎总是错的。以DVD影片的"另类结局"现象为例,就算大多数人都最喜欢标准式的结局,总有某些人更喜欢另类的结局。现在,两种结局都可以看到了。也可以把这个原理扩展到DVD的其他选项,比如外语的选择,标准银幕和宽银幕的选择,甚至是符合不同评级(PG级、PG-13级、R级、未审查)的不同剪辑版本——每一个选择都有自己的顾客群,即使不像主流顾客群那样大。

DVD的充足容量为所有这些"额外"选择提供了空间,导演们完全可以用更丰富的内容去"浪费"容量。这样的内容,他们是不可能放到那些匮乏的传统媒体中的,比如电影院的银幕或老式的录像带。所有的网上数字市场也都是如此——随着价格的下降和存储量的上升,近乎免费地使用容量只是一个时间问题,不管你需要多么大的容量。存储量和传播渠道越丰富,你就越不需要斤斤计较地区分它们的使用方法。相比"或"的决策,"和"的决策要容易得多。

法则 8：让市场替你做事

在匮乏市场中，你必须猜测一下什么东西能够畅销。在丰饶市场中，你只需把产品扔在那里，让市场自己去筛选它们。"事前过滤器"和"事后过滤器"的区别就在于"预测"和"评测"的区别，而后者总是比前者更加准确。网上市场的最大优势就是群体智慧的评测能力。由于市场蕴藏着无穷无尽的信息，人们更容易比较产品的优和劣，传播他们的喜和恶。

比如，协同过滤器就是一种以市场为基础的产品推广方式。流行度排名也是市场的一种声音，口头传播效应的积极反馈会成倍放大。用户评分则是集体观念的反映，可以得到量化，让产品的比较和分类更加容易。这些工具都可以将纷繁复杂的品类组织得井井有条，帮助消费者作出选择，而且无须某个零售商绞尽脑汁地猜测什么样的产品有人买。一句话：不要去预测；要去评测，要去反映。

法则 9：理解免费的力量

免费这个词的名声不太好，总让人想起盗版或诸如此类的价值蒸发现象。但数字市场最不容忽视的特征之一就是免费的可能性：由于成本几乎为零，价格也可以是零。实际上，有一种免费策略已经成了最常用的网络商业模式之一：先用免费服务吸引大批用户，然后说服其中的某些人升级为付费的"高级"用户，换来更高的质量和更好的性能。

Skype 和雅虎邮件就是两个例子。由于数字服务的成本寥寥无几，免费的代价也寥寥无几，只要有一小部分用户转变成付费用户，商家就可以弥补全部成本。

从 30 秒音乐剪辑到视频预览，免费样品之所以出现，是因为在宽带上传输字节的成本非常低。视频游戏制作商们通常会发行几个免费的演示版本，如果你喜欢它们，你还可以花钱开通其他版本。2005 年，环球电影公司在网上发行了科幻片《宁静》的前 9 分钟——免费而且未加删减的前 9 分钟。为什么？因为它有能力这样做。把一部影片的 10% 在线传输给有兴趣的观众几乎没有成本，与巨大的营销价值完全不成比例——人们一旦被这个片段吸引到了情节之中,却还有扣人心弦的悬念尚未解开,心痒难耐的观众们只能花钱去一趟电影院。

多数电视节目已经是免费供应,全靠广告支撑。但在网上,电视网仍在想方设法地收费,即使播映收益已经弥补了生产成本,而且网上传输成本微不足道。网上的电视节目为什么就不能免费呢? 毕竟,你可以加入首尾广告(而不是插播广告),植入广告也会有更多的观众——别忘了,植入广告是既不可剔除,也不可按一下快进键略过不看的。说到底,在一个竞争激烈的丰饶市场中,价格倾向于随成本而变。而在数字经济学的统治下,成本只会越来越低。

选自[美]克里斯·安德森:《长尾理论》,乔江涛译,中信出版社,2006年,导论、第208~214页。

二

大数据思维

1.齐科普洛斯*：
什么是大数据？

大数据的特征

可用三个特征来定义大数据：数量、种类和速度（Volume、Variety and Velocity）。这些特征相结合，定义了我们在 IBM 所称的"大数据"（如图 1 所示）。它们创造了一种需求，那就是使用新功能来改善当今的工作方式，提供对我们现有的知识领域和驾驭其能力的更有效控制。除了以前可能完成的工作，IBM 大数据平台还为我们提供了在上下文中通过庞大容量、极快速度和种类丰富的数据中获得洞察的独特机会。我们明确定义一下这些术语。

够多吗？ 数据量

如今存储的数据数量正在急剧增长。在 2000 年，全球存储了 800000 PB 的数据。当然，如今创建的大量数据都完全未经分析，这是我们尝试使用 BigInsights 解决的另一个问题。我们预计到 2020 年，这一数字会达到 35 ZB。单单 Twitter 每天就会生成超过 7 TB 的数据，Facebook 为 10 TB，一些企业在一年中每一天的每一小时就会产生数 TB 的数据。

---

* 保罗·齐科普洛斯（Paul C. Zikopoulos）是 IBM Software Group 信息管理部门的技术主管，同时还领导 World Wide Database Competitive 和 Big Data SWAT 团队。他撰写过几百篇杂志文章和十几本关于数据库技术的书。

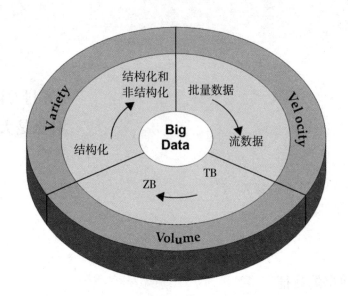

图 2-1　IBM 按数量、速度和种类或者就是简单的 3V 来定义大数据

现在经常听到一些企业使用存储集群来保存数 PB 的数据。这里我们列举一些可能的事实：在您阅读本书时这些数据估计已过期，在您阅读完本书后将您的数据增长速率知识告诉朋友和家人时，这些数据会进一步过期。

停下来想想，毫无疑问我们正深陷在数据之中。如果我们可以跟踪和记录某个事物，我们通常会这么做（注意，我们没有提及分析已存储的这些数据，这将是一个大数据主题——对于我们跟踪但未用于决策制定的数据，这是新发现的用途）。我们存储所有事物：环境数据、财务数据、医疗数据、监控数据等。例如，从手机套中拿出您的智能电话会生成一个事件；当您搭乘的市郊火车到站开门时，这是一个事件；检票登机，打卡上班、在 iTunes 上购买歌曲、更换电视频道、使用电子收费公路——每一项操作都会生成数据。还需要更多数据？明尼阿波利斯的圣安东尼瀑布大桥（在 2007 年垮塌后被 I-35W 密西西比河大桥取代）在重要位置布置了 200 多个嵌入式传感器来提供一个周密的监视系统，它会收集所有类型的详细数据，甚至温度变化和大桥对这一变化的具体反应都可供分析。您一定发现了其中的重点：现在的数据比以往更多，仅仅从个人家庭电脑的 TB 级存储容量即可看出。就在十年前，我们知道的超过 1 TB 的数据仓库屈指可数，这足以表明数据量发生了变化。

从术语"大数据"可以看出，组织正面临着过量的数据。不知道如何管理此数据的组织会疲于应对。但它们有机会使用正确的技术平台，分析几乎所有数据（或者进一步识别对您有用的数据），从而更透彻地理解您的业务、客户和市场。这就导致了所有行业的业务人员如今面临的一个谜题。随着可供企业使用的数据量不断增长，可处理、理解和分析的数据比例不断下降，因此形成了如图 2-2 中所示的盲区。盲区内是什么？您不知道，它可能是某种有用的东西，或者可能毫无用处，但"不知道"就是个问题（或者机会，具体取决于您如何看到它）。

图 2-2　数据盲区的出现

有关数据量的对话已从 TB 级别转向 PB 级别，并且不可避免地会转向 ZB 级，而且出于我们将在本章中探讨的原因，所有这些数据都不能存储在传统的系统中。

多样性是生命的调味料

与大数据现象有关的数据量为尝试处理它的数据中心带来了新的挑

战:它的种类。随着传感器、智能设备和社交协作技术的激增,企业中的数据也变得更加复杂,因为它不仅包含传统的关系型数据,还包含来自网页、Web日志文件(包括单击流数据)、搜索索引、社交媒体论坛、电子邮件、文档、主动和被动系统的传感器数据等原始、半结构化和非结构化数据。而且传统系统可能很难存储和执行必要的分析,以理解这些日志的内容,因为所生成的许多信息并不适合传统的数据库技术。在我们的经验中,尽管一些公司正在朝大数据方向大力发展,但总体而言,大部分公司只是刚开始理解大数据(如果不考虑它会有什么风险)。

简言之,种类表示所有类型的数据——决策制定和洞察获取流程中的分析需求从传统的结构化数据,到包含原始、半结构化和非结构化数据的一种根本转变。传统的分析平台无法处理多种数据。但是组织的成功将离不开它从可用的各种类型的数据(同时包括传统和非传统的数据)获取洞察的能力。

当我们回头看看我们的数据库生涯时,有时会羞愧地发现,我们将大部分时间都花在仅占20%的全球数据上:格式整齐且符合我们严格模式的关系类型。但事实是,全球有80%的数据(越来越多的这类数据创造了新的种类和数量的记录)是非结构化的,或者至多是半结构化的。如果查看Twitter源,您会在其JSON格式中看到结构——但实际的文本不是结构化的,而且理解这些内容会得到回报。视频和图片不能轻松或高效地存储在关系型数据库中,某些事件信息可能动态地更改(如天气模式),它们不太适合严格的模式。要利用大数据机会,企业必须能够分析所有类型的数据,包括关系和非关系数据:文本、传感器数据、音频、视频、事务等。

多快才算快? 数据的速度

就像我们收集和存储的数据量和种类发生了变化一样,生成和需要处理数据的速度也在变化。对速度的传统理解通常考虑数据多快到达并进行存储,及其相关的检索速率。尽管快速管理所有数据没有坏处,并且我们查看的数据量会受数据到达速率的影响,但我们相信速度的概念实际上远远比这些传统的定义更令人信服。

　　要理解速度,一种思考问题的新方式必须从数据产生的时刻开始。不要将速度的概念限定为与您的数据存储库相关的增长速率,我们建议动态地将此定义应用到数据:数据流动的速度。毕竟我们都同意,如今的企业正在处理 PB 级数据而不是 TB 级数据,而且 RFID 传感器和其他信息流的增加导致了传统系统无法处理的持续的数据流。

　　有时,领先于您的竞争对手可能意味着在竞争对手之前几秒甚至几微秒识别一个趋势、问题或机会。此外,如今生成的越来越多的数据具有非常短的保存期限,所以如果组织希望在此数据中实现洞察,它们必须能够近乎实时地分析此数据。大数据级的流计算是 IBM 推出已久的一个概念,可用作大数据问题的一种新的解决模式。在传统处理中,您可以考虑对相对静止的数据运行查询,如查询"向我显示生活在新泽西州洪灾区的所有人"将导致使用一个单一的结果集作为传入的天气模式的警告列表。使用流计算,您可以执行一种类似于持续查询的流程,识别当前"在新泽西州洪灾区"的人,但您会得到持续更新的结果,因为来自 GPS 数据的位置信息在实时刷新。

　　有效处理大数据需要您在数据变化的过程中对它的数量和种类执行分析,而不只是在它静止后执行分析。考虑从跟踪新生儿健康状况到金融市场的各种示例,在每种情形下,他们都需要以新的方式处理不同数量和速度的数据。大数据的速度特征是让 IBM 成为您最佳大数据平台的一个重要因素。我们将它定义为一种从单纯的批量洞察(Hadoop 风格)到与动态传输的洞察相结合的批量洞察的内含式转变,IBM 可能是唯一未将速度局限于数据生成速率(它实际上是数据数量特征的一部分)的供应商。

　　现在想象这样一种结合式的大数据平台——它可利用两个领域的优点,实时传输洞察,以获得基于新出现数据的进一步研究结果。正如您所想的,我们相信您会跟我们一样,对 IBM 大数据平台所提供的独特主张激动不已。

仓库中的数据和Hadoop中的数据

在我们的经验中,传统仓库是分析来自各种系统的结构化数据,并生成洞察(具有已知且相对稳定的度量指标)的最理想选择。另一方面,我们认为基于 Hadoop 的平台很适合处理半结构化和非结构化数据,以及在需要数据查询流程时。这并不是说,Hadoop 不能用于以原始格式存在的结构化数据。

此外,当您考虑数据应该存储在何处时,需要理解数据如今的存储方式,以及您的持久化选项有哪些特征,考虑将数据存储在传统数据仓库中的体验。通常,此数据会经历严格的审查才能进入仓库。仓库的构建者和使用者总是认为他们在仓库中看到的数据必须具有很高的质量。因此,在准备用于分析之前,会通过清理、扩充、匹配、术语库、元数据、主数据管理、建模和其他服务来整理数据。显然,这可能是一个昂贵的流程。鉴于这一开支,位于仓库中的数据显然不应视为仅具有高价值,还具有广泛的用途:它将传输到许多位置,将用在数据的准确性至关重要的报告和仪表板中。例如,2002 年推出的 Sarbanes-Oxley(SOX)法规要求,在美国交易的公开上市公司的 CEO 和 CFO 要证明他们的财务报表的准确性。如果报告的数据不准确或"不真实",将实施严厉的惩罚(我们指的是存在坐牢的可能)。您认为这些人会查看非原始数据的报告吗?

相反,大数据存储库很少(至少在最初)对注入仓库中的数据实施全面的质量控制,因为某些具有 Hadoop 用例特征的较新分析方法准备数据时需要很高的成本(我们将在下一章探讨),而且数据不可能像数据仓库内的数据一样分布。我们可以说,数据仓库内的数据可得到"公众"的足够信赖,而Hadoop 数据未得到这样的信赖(公众可能表示公司内的广大用户数据,不适用于外部使用),而且尽管这在未来将可能有所改变,但现在这一体验表明了这些存储库的特征。

我们的经验还表明,在当今的 IT 领域,特定的数据片段是基于所认识到的它们的价值而存储的,因此除了这些预先选择的部分数据外,任何信息将不可用。这与基于 Hadoop 的存储库模式相反,在这种模式下可能会存储完整的业务实体信息,Twitter、事务、Facebook 帖子等,并且其真实性会得到完整的保留。Hadoop 中的数据可能在目前看来价值不高,或者它的价值未得到量化,但它实际上可能是还未提出的问题的关键所在。IT 部门挑选高价值的数据并执行严格的清理和转换流程,因为它们知道该数据每字节具有很高的已知价值(当然这是一种相对的描述)。为什么公司要对数据实施如此多的质量控制流程? 当然,因为每字节价值很高,所以业务人员愿意将它存储在成本相对较高的基础架构上,以实现与最终用户社区的交互式且常常公开的互动。CIO 愿意投资对该数据进行清理,以提高其每字节价值。

使用大数据,您应该考虑从相反的视角审视此问题:考虑到目前数据的数量和速度,您绝对无法承担正确清理和记录每部分数据所需的时间和资源,因为这不太经济。而且您如何知道此大数据是否有价值? 您是否要联系 CIO 并要求将资本开支(CAPEX)和运营开支(OPEX)成本增加到四倍,以将仓库的大小扩大到原来的四倍? 出于此原因,我们喜欢将最初未分析的原始大数据视为拥有较低的每字节价值,因此在事实证明它拥有高价值之前,您无法承担仓库调整成本;但是考虑到庞大的数据量,如果您可分析所有数据,获得有用洞察(进而在市场中获得更高的竞争优势)的潜力将很高。

现在是时候介绍每计算成本(cost per compute)了,它遵循与每字节价值相同的模式。如果您考虑关注我们之前列出的传统系统中的高质量数据,那么可以得出传统数据仓库中的每计算成本比 Hadoop 的成本(较低)相对较高的结论(这没有问题,因为事实证明它具有较高的每字节价值)。

当然,其他因素可能表明某些数据也许具有很高的价值,但从未添加到仓库中,或者人们希望从仓库中将它转移到更低成本的平台中。无论如何,您可能需要清理 Hadoop 中的部分数据,IBM 可完成此任务(一个重要优势)。例如,非结构化数据无法轻松地存储在仓库中。

诚然,一些仓库在构建时考虑了一个预定义的问题集。尽管这样一个仓库为查询和挖掘提供了一定的自由,但它可能受到架构中的内容(大部分非结构化数据都不在这里)并常常受到一个性能边界(可能是一个硬性的功能/操作限制)的约束。同样,我们将在本书中反复重申,我们没有说IBM InfoSphere BigInsights 等 Hadoop 平台可取代您的仓库;相反,它只能作为补充。

大数据平台允许您将所有数据存储为其原生的业务对象格式,通过可用组件上的大规模并行性获得其价值。为满足您的交互式导航需求,您可以继续挑选来源,清理该数据,以及将它保留在仓库中;但是可通过分析更多数据(可能甚至在最初似乎毫不相关的数据)来获取更多价值,以便对所遇问题有更可靠的描述。的确,数据可能在 Hadoop 中存在了很长时间,当您发现它的价值时,以及当它的价值得到证明并可持续时,就可以将其迁移到仓库中。

最后,我将使用一个金矿类比来阐述上文的要点,以及在您面前的大数据机会。在"很久以前"(出于某种原因,我们的孩子认为是我们像他们那么大的时期),矿工可实际地看到金块或金矿脉;他们能清楚地认识到它的价值,并且在以前发现金矿的位置附近挖掘和筛选,希望发一笔横财。尽管这里有更多黄金(可能位于他们旁边或数英里外的山中),但他们用肉眼看不到,所以这就成了一个赌博游戏。您疯狂地在发现黄金的地方附近挖掘,但您不知道是否会找到黄金。而且尽管历史上有许多淘金热的故事,但没有人会调动数百万人来挖掘每个角落。

相反,如今淘金热的运作方式大不相同。对金矿的挖掘可使用需要巨额资本的设备来执行,用于处理数百万吨无用的泥土。如果要肉眼可看到金矿,通常需要 30 mg/kg(30 ppm)的矿石品味,也就是说,现在金矿中的大部分黄金是肉眼看不到的。尽管所有黄金(高价值数据)都在整堆泥土(低价值数据)中,但通过使用正确的设备,您可以经济地处理大量泥土并保留您找到的金箔。然后将金箔集中在一起制成金条,存储并记录在安全、受到严密监视、可靠且值得信赖的地方。

这就是大数据的真正含义。您无法承担在传统流程中对所有可用数据进行筛选的成本，有太多的数据具有太少的已知价值和太高的冒险成本。IBM 大数据平台为您提供了一种方式来经济地存储和处理所有数据，找到有价值且值得利用的信息。而且因为我们探讨的是对静止和移动数据的分析，所以您不仅可通过 IBM 大数据平台充实您可从中获取价值的实际数据，还可以实时、更快地使用和分析这些数据。

选自[美]保罗·齐科普洛斯等：《理解大数据：企业级Hadoop和流数据分析》，The McGraw-Hill Companies，2012年，第5~13页。

2.舍恩伯格*:
大数据时代的思维变革

在数字化时代,数据处理变得更加容易、更加快速,人们能够在瞬间处理成千上万的数据。但当我们谈论能"说话"的数据时,我们指的远远不止这些。

实际上,大数据与三个重大的思维转变有关,这三个转变是相互联系和相互作用的。

首先,要分析与某事物相关的所有数据,而不是依靠分析少量的数据样本。

其次,我们乐于接受数据的纷繁复杂,而不再追求精确性。

最后,我们的思想发生了转变,不再探求难以捉摸的因果关系,转而关注事物的相关关系。

更多:不是随机样本,而是全体数据

在信息处理能力受限的时代,世界需要数据分析,却缺少用来分析所收集数据的工具,因此随机采样应运而生,它也可以被视为那个时代的产物。如今,计算和制表不再像过去一样困难。感应器、手机导航、网站点击和Twitter被动地收集了大量数据,而计算机可以轻易地对这些数据进行处理。

---

* 维克托·迈尔-舍恩伯格(Viktor Mayer-Schönberger)是潜心研究数据科学的技术权威,也是最早洞见大数据时代发展趋势的数据科学家之一,担任耶鲁大学、芝加哥大学、弗吉尼亚大学、圣地亚哥大学、维也纳大学的客座教授。代表作有:《大数据时代》《删除》等。

采样的目的就是用最少的数据得到最多的信息。当我们可以获得海量数据的时候，采样就没有什么意义了。数据处理技术已经发生了翻天覆地的改变，但我们的方法和思维却没有跟上这种改变。

然而采样一直有一个被我们广泛承认却又总有意避开的缺陷，现在这个缺陷越来越难以忽视了。采样忽视了细节考察。虽然我们别无选择，只能利用采样分析法来进行考察，但是在很多领域，从收集部分数据到收集尽可能多的数据的转变已经发生了。如果可能的话，我们会收集所有的数据，即"样本=总体"。

正如我们所看到的，"样本=总体"是指我们能对数据进行深度探讨，而采样几乎无法达到这样的效果。上面提到的有关采样的例子证明，用采样的方法分析整个人口的情况，正确率可达97%。对于某些事物来说，3%的错误率是可以接受的。但是你无法得到一些微观细节的信息，甚至还会失去对某些特定子类别进行进一步研究的能力。正态分布是标准的。生活中真正有趣的事情经常藏匿在细节之中，而采样分析法却无法捕捉到这些细节。

所以我们现在经常会放弃样本分析这条捷径，选择收集全面而完整的数据。我们需要足够的数据处理和存储能力，也需要最先进的分析技术。同时，简单廉价的数据收集方法也很重要。过去，这些问题中的任何一个都很棘手。在一个资源有限的时代，要解决这些问题需要付出很高的代价。但是现在，解决这些难题已经变得简单容易得多。曾经只有大公司才能做到的事情，现在绝大部分的公司都可以做到了。

通过使用所有的数据，我们可以发现如若不然则将会在大量数据中湮没掉的情况。例如，信用卡诈骗是通过观察异常情况来识别的，只有掌握了所有的数据才能做到这一点。在这种情况下，异常值是最有用的信息，你可以把它与正常交易情况进行对比。这是一个大数据问题。而且因为交易是即时的，所以你的数据分析也应该是即时的。

然而使用所有的数据并不代表这是一项艰巨的任务。大数据中的"大"不是绝对意义上的大，虽然在大多数情况下是这个意思。谷歌流感趋势预测建立在数亿的数学模型上，而它们又建立在数十亿数据节点的基础之上。完整的人体基因组有约 30 亿个碱基对。但这只是单纯的数据节点的绝对数量，并不代表它们就是大数据。大数据是指不用随机分析法这样的捷径，而采用所有数据的方法。谷歌流感趋势和乔布斯的医生们采取的就是大数据的方法。

一个数据库并不需要有以太字节计的数据。大数据分析法不只关注一个随机的样本。这里的"大"取的是相对意义而不是绝对意义，也就是说，这是相对所有数据来说的。同理，因为大数据是建立在掌握所有数据，至少是尽可能多的数据的基础上的，所以我们就可以正确地考察细节并进行新的分析。在任何细微的层面，我们都可以用大数据去论证新的假设。是大数据让我们发现了相扑中的非法操纵比赛结果、流感的传播区域和对抗癌症需要针对的那部分 DNA，让我们能清楚分析微观层面的情况。

当然，有些时候，我们还是可以使用样本分析法，毕竟我们仍然活在一个资源有限的时代。但是更多时候，利用手中掌握的所有数据成为最好也是可行的选择。

社会科学是被"样本 = 总体"撼动得最厉害的学科。随着大数据分析取代了样本分析，社会科学不再单纯依赖于分析经验数据。这门学科过去曾非常依赖样本分析、研究和调查问卷。当记录下来的是人们的平常状态，也就不用担心在作研究和调查问卷时存在的偏见了。现在，我们可以收集过去无法收集到的信息，不管是通过移动电话表现出的关系，还是通过 Twitter 信息表现出的感情。更重要的是，我们现在也不再依赖抽样调查了。

艾伯特–拉斯洛·巴拉巴西（Albert–Laszlo Barabasi），和他的同事想研究人与人之间的互动。于是他们调查了四个月内所有的移动通信记录——当然是匿名的，这些记录是一个为全美 1/5 人口提供服务的无线运营商提供的。这是第一次在全社会层面用接近于"样本 = 总体"的数据资料进行网络分析。通过观察数百万人的所有通信记录，我们可以产生也许通过任何其他方式都无法产生的新观点。

有趣的是，与小规模的研究相比，这个团队发现，如果把一个在社区内有很多连接关系的人从社区关系网中剔除开来，这个关系网会变得没那么高效但却不会解体；但如果把一个与所在社区之外的很多人有着连接关系的人从这个关系网中剔除，整个关系网很快就会破碎成很多小块。这个研究结果非常重要，也非常的出人意料。谁能想象一个在关系网内有着众多好友的人的重要性还不如一个只是与很多关系网外的人联系的人呢？这说明一般来说无论是一个集体还是一个社会，多样性是有额外价值的。这个结果促使我们重新审视一个人在社会关系网中的存在价值。

更杂：不是精确性，而是混杂性

在越来越多的情况下，使用所有可获取的数据变得更为可能，但为此也要付出一定的代价。数据量的大幅增加会造成结果的不准确，与此同时，一些错误的数据也会混进数据库。然而重点是我们能够努力避免这些问题。我们从不认为这些问题是无法避免的，而且也正在学会接受它们。这就是由"小数据"到"大数据"的重要转变之一。

对"小数据"而言，最基本、最重要的要求就是减少错误，保证质量。因为收集的信息量比较少，所以我们必须确保记录下来的数据尽量精确。无论是观察天体的位置还是观测显微镜下物体的大小，为了使结果更加准确，很多科学家都致力于优化测量的工具。在采样的时候，对精确度的要求就更高更苛刻了。因为收集信息的有限意味着细微的错误会被放大，甚至有可能影响整个结果的准确性。

当数据只有 500 万的时候，有一种简单的算法表现得很差，但数据达 10 亿的时候，它变成了表现最好的，准确率从原来的 75% 提高到了 95% 以上。与之相反，在少量数据情况下运行得最好的算法，当加入更多的数据时，也会像其他的算法一样有所提高，但是变成了在大量数据条件下运行得最不好的，它的准确率会从 86% 提高到 94%。

大数据的简单算法比小数据的复杂算法更有效。所以数据多比少好，更多数据比算法系统更智能还要重要。

············

谷歌的翻译之所以更好,并不是因为它拥有一个更好的算法机制。和微软的班科和布里尔一样,这是因为谷歌翻译增加了很多各种各样的数据。从谷歌的例子来看, 它之所以能比 IBM 的 Candide 系统多利用成千上万的数据,是因为它接受了有错误的数据。2006 年,谷歌发布的上万亿的语料库,就是来自互联网的一些废弃内容。这就是"训练集",可以正确地推算出英语词汇搭配在一起的可能性。

20 世纪 60 年代,拥有百万英语单词的语料库——布朗语料库算得上这个领域的开创者,而如今谷歌的这个语料库则是一个质的突破,后者使用庞大的数据库使得自然语言处理这一方向取得了飞跃式的发展。自然语言处理能力是语音识别系统和计算机翻译的基础。彼得·诺维格(Peter Norvig),谷歌公司人工智能方面的专家, 和他的同事在一篇题为 "数据的非理性效果"的文章中写道:"大数据基础上的简单算法比小数据基础上的复杂算法更加有效。"诺维格和他同事就指出,混杂是关键。

············

纷繁的数据越多越好

传统的样本分析师们很难容忍错误数据的存在, 因为他们一生都在研究如何防止和避免错误的出现。在收集样本的时候,统计学家会用一整套的策略来减少错误发生的概率。在结果公布之前,他们也会测试样本是否存在潜在的系统性偏差。这些策略包括根据协议或通过受过专门训练的专家来采集样本。但是即使只是少量的数据,这些规避错误的策略实施起来还是耗费巨大。尤其是当我们收集所有数据的时候,这就行不通了。不仅是因为耗费巨大,还因为在大规模的基础上保持数据收集标准的一致性不太现实。就算是不让人们进行沟通,也不能解决这个问题。

大数据时代要求我们重新审视精确性的优劣。如果将传统的思维模式运用于数字化、网络化的 21 世纪,就会错过重要的信息。执迷于精确性是信息缺乏时代和模拟时代的产物。在那个信息贫乏的时代,任意一个数据点的测量情况都对结果至关重要。所以我们需要确保每个数据的精确性,才不会导致分析结果的偏差。

…………

有时候,当我们掌握了大量新型数据时,精确性就不那么重要了,我们同样可以掌握事情的发展趋势。大数据不仅让我们不再期待精确性,也让我们无法实现精确性。除了一开始会与我们的直觉相矛盾之外,接受数据的不精确和不完美,我们反而能够更好地进行预测,也能够更好地理解这个世界。

值得注意的是,错误性并不是大数据本身固有的,只是我们用来测量、记录和交流数据的工具的一个缺陷。如果说哪天技术变得完美无缺了,不精确的问题也就不复存在了。错误并不是大数据固有的特性,而是一个亟须我们去处理的现实问题,并且有可能长期存在。因为拥有更大数据量所能带来的商业利益远远超过增加一点精确性,所以通常我们不会再花大力气去提升数据的精确性。这又是一个关注焦点的转变,正如以前,统计学家们总是把他们的兴趣放在提高样本的随机性而不是数量上。如今,大数据给我们带来的利益,让我们能够接受不精确的存在了。

…………

混杂性,不是竭力避免,而是标准途径

确切地说,在许多技术和社会领域,我们更倾向于纷繁混杂。我们来看看内容分类方面的情况。几个世纪以来,人们一直用分类法和索引法来帮助自己存储和检索数据资源。这样的分级系统通常都不完善——各位读者没有忘记图书馆卡片目录给你们带来的痛苦回忆吧?在"小数据"范围内,这些方法就很有效,但一旦把数据规模增加好几个数量级,这些预设一切都各就各位的系统就会崩溃。

…………

"一个唯一的真理"这种想法已经被彻底改变了。现在不但出现了一种新的认识,即"一个唯一的真理"的存在是不可能的,而且追求这个唯一的真理是对注意力的分散。要想获得大规模数据带来的好处，混乱应该是一种标准途径，而不应该是竭力避免的。

…………

接受混乱，我们就能享受极其有用的服务，这些服务如果使用传统方法和工具是不可能做到的，因为那些方法和工具处理不了这么大规模的数据。

据估计，只有 5% 的数字数据是结构化的且能适用于传统数据库。如果不接受混乱，剩下 95% 的非结构化数据都无法被利用，比如网页和视频资源。通过接受不精确性，我们打开了一个从未踏足的世界的窗户。

社会将两个折中的想法不知不觉地渗入了我们的处事方法中，我们甚至不再把这当成一种折中，而是当成了事物的自然状态。

第一个折中是，我们默认自己不能使用更多的数据，所以我们就不会去使用更多的数据。但是数据量的限制正在逐渐消失，而且通过无限接近"样本＝总体"的方式来处理数据，我们会获得极大的好处。

第二个折中出现在数据的质量上。在小数据时代，追求精确度是合理的。因为当时我们收集的数据很少，所以需要越精确越好。如今这依然适用于某些事情。但是对于其他事情，快速获得一个大概的轮廓和发展脉络，就要比严格的精确性要重要得多。

更好：不是因果关系，而是相关关系

奈飞公司是一个在线电影租赁公司，它 3/4 的新订单都来自推荐系统。在亚马逊的带领下，成千上万的网站可以推荐产品、内容和朋友及很多相关的信息，但并不知道为什么人们会对这些信息感兴趣。知道人们为什么对这些信息感兴趣可能是有用的，但这个问题目前并不是很重要。但是知道"是什么"可以创造点击率，这种洞察力足以重塑很多行业，不仅仅只是电子商务。所有行业中的销售人员早就被告知，他们需要了解是什么让客户作出了选择，要把握客户作决定背后的真正原因，因此专业技能和多年的经验受到高度重视。大数据却显示，还有另外一个在某些方面更有用的方法。亚马逊的推荐系统梳理出了有趣的相关关系,但不知道背后的原因。知道是什么就够了,没必要知道为什么。

关联物,预测的关键

在小数据世界中,相关关系也是有用的,但在大数据的背景下,相关关系大放异彩。通过应用相关关系,我们可以比以前更容易、更快捷、更清楚地分析事物。相关关系通过识别有用的关联物来帮助我们分析一个现象,而不是通过揭示其内部的运作。当然,即使是很强的相关关系也不一定能解释每一种情况,比如两个事物看上去行为相似,但很有可能只是巧合。相关关系没有绝对,只有相似。

通过给我们找到一个现象的良好的关联物,相关关系可以帮助我们捕捉现在和预测未来。如果 A 和 B 经常一起发生,我们只需要注意到 B 发生了,就可以预测 A 也发生了。这有助于我们预测 A 可能会发生什么,即使我们不能直接测量或观察到 A。更重要的是,它还可以帮助我们预测未来可能发生什么。当然,相关关系是无法预知未来的,它们只能预测可能发生的事情,但是这已经极其珍贵了。

⋯⋯⋯⋯

在大数据时代,通过建立在人的偏见基础上的关联物监测法已经不再可行,因为数据库太大而且需要考虑的领域太复杂。幸运的是,许多迫使我们选择假想分析法的限制条件也逐渐消失了。我们现在拥有如此多的数据,这么好的机器计算能力,因而不再需要人工选择一个关联物或者一小部分相似数据来逐一分析了。复杂的机器分析能为我们辨认出谁是最好的代理,就像在谷歌流感趋势中,计算机把检索词条在 5 亿个数学模型上进行测试之后,准确地找出了哪些是与流感传播最相关的词条。

我们理解世界不再需要建立在假设的基础上,这个假设是指针对现象建立的真实有效的假设。因此,我们也不需要建立这样一个假设:关于哪些词条可以表示流感在何时何地传播,我们不需要了解航空公司怎样给机票定价,我们不需要知道沃尔玛的顾客的烹饪喜好。取而代之的是,我们可以对大数据进行相关关系分析,从而知道哪些检索词条是最能显示流感的传播的,是否飞机票的价格会飞涨,哪些食物是飓风期间待在家里的人最想吃的。我们用数据驱动的关于大数据的相关关系分析法,取代了基于假想的易出错的方法。大数据的相关关系分析法更准确、更快,而且不易受偏见的影响。

　　建立在相关关系分析法基础上的预测是大数据的核心。这种预测发生的频率非常高,以至于我们经常忽略了它的创新性。当然,它的应用会越来越多。在大数据时代,相关关系分析为我们提供了一系列新的视野和有用的预测,我们看到了很多以前不曾注意到的联系,还掌握了以前无法理解的复杂技术和社会动态。但最重要的是,通过去探求"是什么"而不是"为什么",相关关系帮助我们更好地了解了这个世界。

　　选自[英]维克托·迈尔·舍恩伯格:《大数据时代:生活、工作与思维的大变革》,周涛译,浙江人民出版社,2012年,第46页、54~56页、58页、60页、64页、70~71页、74~75页、83页。

3.凯利*：
蜂群思维

　　数量能带来本质性的差异。一粒沙子不能引起沙丘的崩塌，但是一旦堆积了足够多的沙子，就会出现一个沙丘，进而也就能引发一场沙崩。一些物理属性，如温度，也取决于分子的集体行为，空间里的一个孤零零的分子并没有确切的温度。温度更应该被认为是一定数量分子所具有的群体性特征。尽管温度也是涌现出来的特征，但它仍然可以被精确无疑地测量出来，甚至是可以预测的。它是真实存在的。

　　科学界早就认为大量个体和少量个体的行为存在重大差异。群聚的个体孕育出必要的复杂性，足以产生涌现的事物。随着成员数目的增加，两个或更多成员之间可能的相互作用呈指数级增长。当连接度高且成员数目大时，就产生了群体行为的动态特性——量变引起质变。

群集的利与弊

　　有两种极端的途径可以产生"更多"。一种途径是按照顺序操作的思路来构建系统，就像工厂的装配流水线一样。这类顺序系统的原理类似于钟表

　　　*　凯文·凯利(Kevin Kelly)是《连线》杂志创始主编。此前是《全球概览》杂志的编辑和出版人。1984 年，他还发起了第一届黑客大会(Hackers Conference)。他的文章出现在《纽约时报》《经济学人》《时代》《科学》等重量级媒体和杂志上，代表作有：《失控》《科技想要什么》《必然》等。

的内部逻辑——通过一系列的复杂动作来映衬出时间的流逝。大多数机械系统遵循的都是这种逻辑。

还有另一种极端的途径。我们发现，许多系统都是将并行运作的部件拼接在一起，很像大脑的神经元网络或者蚂蚁群落。这类系统的动作是从大堆乱糟糟且又彼此关联的事件中产生的。它们不再像钟表那样，由离散的方式驱动并以离散的方式显现，更像是有成千上万个发条在一起驱动一个并行的系统。由于不存在指令链，任意一根发条的某个特定动作都会传递到整个系统，而系统的局部表现也更容易被系统的整体表现所掩盖。从群体中涌现出来的不再是一系列起关键作用的个体行为，而是众多的同步动作。这些同步动作所表现出的群体模式更重要得多。这就是群集模型。

这两种极端的组织方式都只存在于理论之中，因为现实生活中的所有系统都是这两种极端的混合体。某些大型系统更倾向于顺序模式（如工厂），而另外一些则倾向于网络模式（如电话系统）。

我们发现，宇宙中最有趣的事物大都靠近网络模式一端。彼此交织的生命、错综复杂的经济、熙熙攘攘的社会，以及变幻莫测的思绪，莫不如此。作为动态的整体，它们拥有某些相同的特质，比如，某种特定的活力。

这些并行运转的系统中有我们所熟知的各种名字：蜂群、电脑网络、大脑神经元网络、动物的食物链，以及代理群集。上述系统所归属的种类也各有其名称：网络、复杂自适应系统、群系统、活系统，或群集系统，我在这本书中用到了所有这些术语。

每个系统在组织上都汇集了许多（数以千计的）自治成员。"自治"意味着每个成员根据内部规则和其所处的局部环境状况而各自作出反应。这与服从来自中心的命令，或根据整体环境作出步调一致的反应截然不同。

这些自治成员之间彼此高度连接，但并非连到一个中央枢纽上。它们组成了一个对等网络。由于没有控制中心，人们就说这类系统的管理和中枢是去中心化分布在系统中的（分布式系统），与蜂巢的管理形式相同。

以下是分布式系统的四个突出特点，活系统的特质正是由此而来：没有强制性的中心控制、次级单位具有自治的特质、次级单位之间彼此高度连接、点对点间的影响通过网络形成了非线性因果关系。

上述特点在分布式系统中的重要度和影响力尚未经过系统检验。

本书主题之一是论述分布式人造活系统，如并行计算、硅神经网络芯片，以及因特网这样的庞大在线网络等一再向人们展示有机系统的迷人之处的同时，也暴露出它们的某些缺陷。下面是我对分布式系统的利与弊的概述。群系统的好处有：

◆可适应——人们可以建造一个类似钟表装置的系统来对预设的激励信号进行响应。但是如果想对未曾出现过的激励信号作出响应，或是能够在一个很宽的范围内对变化作出调整，则需要一个群—— 一个蜂群思维。只有包含了许多构件的整体才能够在其部分构件失效的情况下仍然继续生存或适应新的激励信号。

◆可进化——只有群系统才可能将局部构件历经时间演变而获得的适应性从一个构件传递到另一个构件（从身体到基因，从个体到群体）。非群体系统不能实现（类似于生物的）进化。

◆弹性——由于群系统是建立在众多并行关系之上的，所以存在冗余。个体行为无足轻重。小故障犹如河流中转瞬即逝的一朵小浪花。就算是大的故障，在更高的层级中也只相当于一个小故障，因而得以被抑制。

◆无限性——对传统的简单线性系统来说，正反馈回路是一种极端现象，如扩声话筒无序的回啸。而在群系统中，正反馈却能导致秩序的递增。通过逐步扩展超越其初始状态范围的新结构，群可以搭建自己的脚手架借以构建更加复杂的结构。自发的秩序有助于创造更多的秩序——生命能够繁殖出更多的生命，财富能够创造出更多的财富，信息能够孕育更多的信息，这一切都突破了原始的局限，而且永无止境。

◆新颖性——群系统之所以能产生新颖性有三个原因：①它们对"初始条件很敏感"——这句学术短语的潜台词是说，后果与原因不成比例——因而群系统可以将小土丘变成令人惊讶的大山。②系统中彼此关联的个体所形成的组合呈指数增长,其中蕴藏了无数新颖的可能性。③它们并不强调个体,因而也允许个体有差异和缺陷。在具有遗传可能性的群系统中,个体的变异和缺陷能够导致恒新,这个过程我们也称之为进化。

群系统的明显缺陷有:

◆非最优——因为冗余,又没有中央控制,群系统的效率是低下的。其资源分配高度混乱,重复的努力比比皆是。青蛙一次产出成千上万只卵,只为了少数几个变成蛙,海洋里很多鱼、虾类也是如此。

假如群系统有应急控制的话,例如自由市场经济中的价格体系,那么可以在一定程度上抑制效率低下,但绝不可能像线性系统那样彻底消除它。

◆不可控——没有一个绝对的权威。引领群系统犹如羊倌放羊:要在关键部位使力,要扭转系统的自然倾向,使之转向新的目标(利用羊怕狼的天性,用爱撵羊的狗来将它们集拢)。经济不可由外部控制,只能从内部一点点地调整。人们无法阻止梦境的产生,只能在它现身时去揭示它。无论在哪里,只要有"涌现"的字眼出现,人类的控制就消失了。

◆不可预测——群系统的复杂性以不可预见的方式影响着系统的发展。"生物的历史充满了出乎意料。"研究员克里斯·朗顿如是说。他目前正在开发群的数学模型。"涌现"一词有其阴暗面。视频游戏中涌现出的新颖性带给人无穷乐趣;而空中交通控制系统中如果涌现新情况,就可能导致全国进入紧急状态。

◆不可知——我们目前所知的因果关系就像钟表系统。我们能理解顺序的钟表系统,而非线性网络系统却是难解之谜。后者湮没在它们自制的困思逻辑之中。A 导致 B,B 导致 A。群系统就是个交叉逻辑的海洋:A 间接影响其他一切,而其他一切间接影响 A。我把这称为横向因果关系。真正的起因(或者更确切地说,由一些要素混合而成的真正起因),将在网络中横向传播开来,最终,触发某一特定事件的原因将无从获知。那就听其自然吧。我们不需要确切地知道西红柿细胞是如何工作的,也能够种植、食用,甚至改良西红柿。我们不需要确切地知道一个大规模群体计算系统是如何工作的,也能够建造、使用它，并使之变得更加完美。不过，无论我们是否了解一个系统，都要对它负责，因此了解它肯定是有帮助的。

◆非即刻——点起火，就能产生热量；打开开关，线性系统就能运转。它们准备好了为你服务。如果系统熄了火，重新启动就可以了。简单的群系统可以用简单方法唤醒，但层次丰富的复杂群系统就需要花些时间才能启动。系统越是复杂，需要的预热时间就越长。每一个层面都必须安定下来，横向起因必须充分传播，上百万自治成员必须熟悉自己的环境。我认为，这将是人类所要学的最难的一课：有机的复杂性将需要有机的时间。

在群逻辑的优缺点中进行取舍，就如同在生物活系统的成本和收益之间进行抉择一样——假如我们需要这样做的话。但由于我们是伴随着生物系统长大的，而且别无选择，所以我们总是不加考虑地接受它们的成本。

为了使工具具备强大的功能，我们可以允许其在某些方面有点小瑕疵。同样，为了保证互联网上拥有一千七百万个计算机节点的群系统不会整个儿垮掉，我们不得不容忍讨厌的蠕虫病毒或是毫无理由和征兆的局部停电。多路由选择既浪费且效率低下，但我们却可以借此保证互联网的灵活性。而另一方面，我敢打赌，在我们制造自治机器人时，为了防止它们自作主张地脱离我们的完全控制，不得不对其适应能力有所约束，随着我们的发明从线性的、可预知的、具有因果关系属性的机械装置，转向纵横交错、不可预测且具有模糊属性的生命系统，我们也需要改变自己对机器的期望。这有一个可参考的简单经验法则：

◆对于必须绝对控制的工作，仍然采用可靠的老式钟控系统。

◆在需要终极适应性的地方，你所需要的是失控的群件。

我们每将机器向集群推进一步，都是将它们向生命推进了一步。而我们的奇妙装置每离开钟控一步，都意味着它又失去了一些机器所具有的冷冰冰但却快速且最佳的效率。多数任务都会在控制与适应性中间寻找一个平衡点，因此最有利于工作的设备将是由部分钟控装置和部分群系统组成的混合体。我们能够发现的通用群处理过程的数学属性越多，我们对仿生复杂性与生物复杂性的理解就越好。

群突出了真实事物复杂的一面。它们不合常规。群计算的数学延续了达尔文有关动植物经历无规律变异而产生无规律种群的革命性研究。群逻辑试图理解不平衡性,度量不稳定性,测定不可预知性。用詹姆斯·格雷克的话来说,这是一个尝试,以勾画出"无定形的形态学",即给似乎天生无形的形态造型。科学已经解决了所有的简单任务——都是些清晰而简明的信号。现在它所面对的只剩下噪音,它必须直面生命的杂乱。

…………

去中心化

网络的图标是没有中心的——它是一大群彼此相连的小圆点, 是由一堆彼此指向、相互纠缠的箭头织成的网。不安分的图像消退在不确定的边界。网络是原型——总是同样的画面——代表了所有的电路,所有的智慧,所有的相互依存,所有经济的、社会的和生物的东西,所有的通信,所有的民主制度,所有的群体,所有的大规模系统。这个图标很具有迷惑性,看着它,你很容易陷入自相矛盾的困境:没有开始、没有结束,也没有中心,或者反之,到处都是开始、到处都是结束、到处都是中心。纠结是它的特性。真相暗藏于明显的凌乱之下,要想解开它需要很大的勇气。

达尔文在其巨著《物种起源》中论述了物种如何从个体中涌现而出。这些个体的自身利益彼此冲突,却又相互关联。当他试图寻找一幅插图做此书的结尾时,他选择了缠结的网。他看到"鸟儿在灌木丛中歌唱,周围有弹跳飞舞的昆虫,还有爬过湿地的蠕虫";整个网络形成"盘根错节的一堆,以非常复杂的方式相互依存"。

网络是群体的象征。由此产生的群组织——分布式系统——将自我散布在整个网络,以致没有一部分能说,"我就是我"。无数的个体思维聚在一起,形成了不可逆转的社会性。它所表达的既包含了计算机的逻辑,又包含了大自然的逻辑,进而展现出一种超越理解能力的力量。

暗藏在网络之中的是神秘的看不见的手——一种没有权威存在的控制。原子代表的是简洁明了，而网络传送的是由复杂性而生的凌乱之力。

作为一面旗帜，网络更难与之相处——它是一面非控的旗帜。网络在哪里出现，哪里就会出现对抗人类控制的反叛者。网络符号象征着心智的迷茫、生命的纠结，以及追求个性的群氓。

网络的低效率——所有那些冗余，那些来来回回的矢量，以及仅仅为了穿过街道而串来串去的东西——包容着瑕疵而非剔除它。网络不断孕育着小的故障，以此来避免大故障的频繁发生。正是其容纳错误而非杜绝错误的能力，使分布式存在成为学习、适应和进化的沃土。

…………

群的拓扑结构多种多样，但是唯有庞大的网状结构才能包容形态的真正多样性。事实上，由真正多元化的部件所组成的群体只有在网络中才能相安无事。其他结构——链状、金字塔状、树状、圆形、星形——都无法包容真正的多元化、以一个整体的形式运行。这就是为什么网络差不多与民主和市场意义等同的原因。

动态网络是少数几个融合了时间纬度的结构之一，它注重内部的变化。无论在哪里看到持续不断的不规则变化，我们都应该能看到网络的身影，事实也的确如此。

与其说一个分布式、去中心化的网络是一个物体，还不如说它是一个过程。在网络逻辑中，存在着从名词向动词的转移。如今，经济学家们认为，只有把产品当作服务来做，才能取得最佳的效果。你卖给顾客什么并不重要，重要的是你为顾客做了些什么。这个东西是什么并不重要，重要的是它与什么相关联，它做了什么。流程重于资源。行为最有发言权。

…………

网络有其自己的逻辑性，与我们的期望格格不入。这种逻辑将迅速影响生活在网络世界中的人类文化。从繁忙的通信网络中，从并行计算的网络中，从分布式装置和分布式存在的网络中，我们得到的是网络文化。

············

艾伦·凯是个有远见的人，他与个人电脑的发明有很大关系。他说，个人拥有的图书是文艺复兴时期个人意识的主要塑造者之一，而广泛使用的联网计算机将来会成为人类的主要塑造者。我们甩在身后的不只是一本本的书。一天二十四小时、一周七天的全球实时民意调查、无处不在的电话、异步电子邮件、五百个电视频道、视频点播，所有这一切共同交织成了辉煌的网络文化、非凡的蜂群式王国。

我蜂箱里的小蜜蜂大约意识不到自己的群体。根据定义，它们共同的蜂群思维一定超越了它们的个体小蜜蜂思维。当我们把自己与蜂巢似的网络连接起来时，会涌现出许多东西，而我们仅仅作为身处网络中的神经元，是意料不到、无法理解和控制不了这些的，甚至都感知不到这些东西。任何涌现的蜂群思维都会让你付出这样的代价。

选自〔美〕凯文·凯利：《失控：全人类的最终命运和结局》，陈新武、陈之宇等译，新星出版社，2010年，第33~37页、39~42页。

4.格雷*:
科学方法的一次革命

我们必须更加善于生产有关的工具,支撑从数据采集、数据管理到数据分析和数据可视化整个科研周期。如今,无论在超大规模(mega-scale)或在微细规模(milli-scale)的科学研究中,采集数据的工具都很糟糕。当你采集了数据后,需要在开始做任何数据分析之前妥善管理好数据,然而我们缺乏好的数据管理和分析工具。人们在分析数据后会发表研究成果,但发表的文献仅仅是数据的冰山一角。通过这个例子,我想指出,人们收集了大量数据,然后把这些数据缩减发表到《科学》或《自然》的有限的专栏空间——如果由一个计算机科学人士撰写,最多或可达到十页篇幅。因此,我用数据的冰山一角来说明,我们有收集好的大量数据,但没有妥善管理或没有以任何系统的方式发表。也有一些例外,这些"例外"案例是我们寻找最佳实践的源泉。我下面会谈到同行评审的整个过程必须改变和它正在发生变化的方式,以及我认为 CSTB 能发挥什么作用来帮助每个人获取我们的研究成果。

---

* 吉姆·格雷(Jim Gray),微软科学家、图灵奖获得者,杰出的数据库和交换处理系统领域的领头人。伯克利大学博士、德国斯徒加特大学博士、美国国家工程院院士、美国计算机协会(ACM)院士、总统信息技术顾问委员会成员。代表作有:*The Benchmark Handbook*(1993)等。

eScience指的是什么？

信息技术与科学家的相遇催生了 eScience。科研人员利用许多不同的方法收集或产出数据——从传感器、CCD 到超级计算机、粒子对撞机等。当数据最终呈现在你电脑中的时候，你用现已存储于你电脑硬盘中的这些信息做什么呢？不断地有人找到我说："帮帮我！我有了所有的这些数据，我该利用它做些什么？我的电子表格正在失控！"而接下来将发生什么？当你有 10000 个电子表格，每个电子表格里面都有 50 个工作簿的时候，将会发生什么？没错，我已经在系统地命名它们，但是现在我要做什么？

科学范式

每次讲话我都展示这个幻灯片(图 2-3)。如实地说，我是在 CSTB 资助的一个计算期货的研究项目中才逐渐明白它体现的这种洞察力。我们说："瞧，计算科学是第三条腿。"在科学研究中，最初只有实验科学，接着有理论科学，有了开普勒定律、牛顿运动定律、麦克斯韦方程式等。然后，对于许多问题，用这些理论模型来分析解决变得太复杂，人们只好开始进行模拟，这些模拟方法已经引领我们走过了上一个世纪最后一半中的几乎全部时间。现在，这些模拟方法正在生成大量数据，同时实验科学也出现巨大的数据增长。人们事实上并不用望远镜来看东西了，取而代之的是通过把数据传递到数据中心的大规模复杂仪器来"看"，直到那时他们才开始研究在他们电脑上的信息。

毫无疑问，科学的世界发生了变化。新的研究模式是通过仪器收集数据或通过模拟方法产生数据，然后用软件进行处理，再将形成的信息和知识存储于计算机中。科学家们只是在这个工作流程相当靠后的步骤才开始审视他们的数据。用于这种数据密集型科学的技术和方法是如此迥然不同，所以从计算科学中把数据密集型科学区分出来作为一个新的、科学探索的第四种范式颇有价值(如图 2-3 所示)。

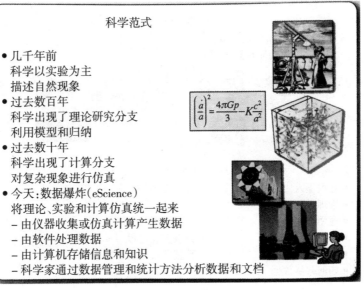

图 2-3　科学范式

X-Info 和 Comp-X

我们正在见证每个学科演变为两个分支,正如在如下幻灯片(图2-4)中显示的那样。如果你看一下生态学,现在既有计算生态学——与模拟生态学有关,又有生态信息学——与收集和分析生态信息有关。类似地,生物信息学从许多不同的实验中收集和分析信息:计算生物学模拟生物系统怎样运转,一个细胞的行为或代谢路径,又或一个蛋白质生成的方式。这与珍妮特·温(Jeannette Wing)的"计算思维"想法类似,计算机科学技术和方法被应用于不同的学科中。

许多科学家的目标是要对他们的信息进行编码,这样,他们可以与其他科学家进行交流。为什么他们需要编码他们的信息?因为如果把一些信息放进计算机里,你能理解该信息的唯一方式是你的程序能否理解该信息,这意味着这些信息必须以某种算法的方式表达出来。为了做到这一点,需要给基因是什么、银河是什么或者温度测量是什么等提供一种标准的表达方式。

实验预算中软件应占 1/4~1/2。几乎在过去的十年期间,我经常和天文学家在一起,曾经到访过他们的一些台站。令我吃惊的一件事是,他们的望

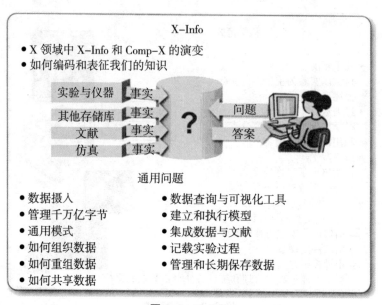

图 2-4 X-Info

远镜简直令人难以置信,大概价值 1500 万或 2000 万美元的设备,有 20~50 人在操作。然后你开始领会到,需要成百上千的人写代码来处理这种仪器产生的信息,还需要数以百万计的代码来分析所有这些信息。事实上,软件成本在资产开支中占主导地位! 这一点在斯隆数字巡天计划(SDSS)中是不争的事实,并且在更大规模的巡天计划中,事实上对许多大规模实验来说,都是如此。虽然我不确定,对于粒子物理学界及其大型粒子对撞机(LHC)来说,软件成本的这种主导性是否属实,但我感觉,对于 LHC 实验来说肯定会是这样。

甚至在涉及"小规模数据"的科学活动中,人们收集信息,然后不得不投入比当初获得这些信息所付出的更多的精力用于对这些信息的分析,这些软件有非常典型的异质性,因为实验室科学家几乎没有通用工具来收集、分析和处理这些数据。构建通用工具,这是我们计算机科学家能为他们做的事。

我这里有一个给像 CSTB 这样的决策者提供的行动建议清单。第一个行动就是鼓励并资助构建工具。国家科学基金会现在有一个信息化基础设施资助部门,我并不想说关于它的任何坏话,但我们需要的不只是为万亿次网格(TeraGrid)和高性能计算提供支撑。我们现在知道如何构建Beowulf集群以获得便宜的高性能计算，但我们不知道如何构建一个真实的数据网格或如何构建由廉价的"数据砖石"建造的数据存储区，作为存放你所有数据并分析其中信息的地方。事实上，我们已经在模拟工具上取得相当的进展，但在数据分析工具上的进展不大。

项目金字塔和金字塔资助

这里谈谈关于大多数科研项目如何运转的一个观察。通常有少数几个国际项目、较多的多个大学间合作项目、许许多多的单个实验室项目，因此有这种第一层、第二层、第三层项目(设施)金字塔。你可以一再地在许多不同领域中发现这种情况。第一层和第二层项目通常都被系统地组织和管理，但只涉及相对很少的项目，这些大项目承受得起相应的软件和硬件预算，它们指定一些科学家团队为实验开发定制软件。例如，我观察到，美加海洋气象台的海王星项目拨出大约30%的预算用于信息化基础设施，取其整数，就是3亿5000万美元的30%或大概1亿美元！类似地，LHC实验有一个很大的软件预算，而这种提供大型软件预算的趋势在早先的BaBar实验中也显而易见。但如果你是一个处于金字塔底部的实验室科学家，你会在软件预算上做些什么？你基本上会买MATLAB和Excel4或一些类似软件，凑合着用这些现成的工具，再没有你能做得更多的其他事情了。

所以千兆级别(giga)和更大级别(mega)的项目主要由大规模设施(如超级计算机、望远镜或其他大规模实验设施等)驱动。这些设施通常被一个重要的科学家群体使用，并需要获得有关机构（如国家科学基金会或能源部等)的充分资助。较小规模的项目通常能从更多方面获得资助，资助机构通常得到一些其他机构(可以是该大学自身)的配套支持。戈登·贝尔(Gordon Bell)、亚历克斯·萨雷(Alex Szalay)和我(为IEEE Computer写的一篇论文里)注意到，第一层设施(如LHC)得到了一个国际财团机构的资助，但第二层的LHC实验和第三层设施所获得的资助通常是研究人员通过自己的资助源带来的。因此,资助机构需要充分地资助第一层的千兆级项目,但更需拨出他们信息化基础设施资助的其他资金用于支持更小的项目。

实验室信息管理系统

总结前面关于软件的讨论,我们需要的实际上是"实验室信息管理系统"。这样的软件系统提供一个从仪器或模拟数据进入数据档案馆的管道,在我一直致力于的许多案例中,我们已接近于实现这一点。我们基本上把从一堆仪器中获得的数据放入一个校准和"清洗"数据的管道中,包括必要时重新填补数据空缺,然后把这些信息"重新网格化",最终放进一个你愿意"发布"到互联网上的数据库中,让人们获取你的信息。

把数据从某个仪器转到一个网络浏览器的整个业务包含大量的技巧。其实需要做的事情很简单。我们应该能创建一个像 Beowulf 集群一样的程序包和模块,使做传统实验的人有能力收集他们的数据,放入一个数据库,并且发表。可以通过构建几个原型系统及使它们文档化来实现。做这个会花费几年时间,但它会对科学研究的方式有很大影响。

正如我说过的,这一类软件管道被称为"实验室信息管理系统"或LIMS。顺便说一句,已经存在商业化的系统,你能从货架上买到 LIMS 系统。问题是,它们事实上是为相对富裕的、有产业背景的人准备的,也常常是针对某特定群体的某个任务的,如从一个排序机或质谱仪中获取数据,通过该系统运行,并输出结果。

信息管理与数据分析

因此,典型的情况是:要么从仪器或传感器中、要么从运转的仿真模拟中收集数据,并且很快能得到数以百万计的文档,但我们没有简易的方式去管理或分析这些数据。我一直在实地调研,观察这些科学家是如何做的。通常,他们或是在(数据的)汪洋大海捞针,或是在寻找数据汪洋本身。大海捞针式的查询事实上很容易——要寻找数据中特定的异常现象,通常都对寻

找何种类型的信号有所了解。粒子物理学家们就是在寻找 LHC 中的 Higgs
粒子，而他们非常了解这样一个重粒子的衰变在探测仪中看起来是什么样
子。计算集群的网格对于这样一个大海捞针式查询是很棒的,但这样的网格
计算机在趋势分析、统计聚类和发现数据中的总体模式上却很差劲。

事实上,我们需要用于聚类和数据挖掘的更好的算法。不幸的是,聚类
算法不是线性(顺序 N)或对数曲线式(MogN)的规模,而是典型的 N 立方
规模,所以当 N 变得太大,许多方法就会失效。因此,我们被迫发明新算法,
而且还不得不忍受仅仅得到近似答案。例如,使用近似的中值结果被证明出
奇的好。那么谁会想到这点呢? 不是我!

这些统计分析大多涉及创建统一样本、执行数据过滤、合并或对比蒙特
卡罗模拟等,产生一大堆文档,而这些文档实际上是一串字节。假如我给你
这一文档,你必须费很大工夫来弄明白该文档中的数据到底意味着什么。因
此,文档的自我描述真的很重要。当人们使用"数据库"这个词时,从根本上
说,他们所说的是:数据应该是自我描述的,并且应该有一个模式,那才是
"数据库"一词的全部意思。所以假如我给你一个特别的信息集合,你会看着
该信息集说,"我要具有这种特性的所有基因"或"我要具有这种属性的所有
恒星"或"我要具有这种属性的所有星系"。但若我只给你一串无法使用星系
这样概念的文档,你将不得不到处搜寻去弄清什么才是文档中的数据有效
模式。假如你有一个关于所针对问题或对象的模式,你就可以把该数据编入
索引中,或聚集该数据,或对数据进行并行搜索,或对数据进行任意的查询,
构建一些通用的可视化工具也会更容易。

说句公道话,科学界已经发明了一堆格式,我认为它们作为数据库格式
是够格的。HDF(层次型资料格式)就是这样的一种格式,NetCDF (网络公用
数据形式)是另一种。这些格式被用于数据交换并在传输过程中保存了数据
模式。但整个科学领域需要比 HDF 和 NetCDF 更好的工具来支持数据的自
定义。

　　…………

即将到来的学术交流革命

以上是我的演讲的第一部分：关于帮助科学家收集、管理、分析及可视化数据的工具的需求。我演讲的第二部分是学术交流。大约三年前，国会通过了一项法案，如果你得到了国立健康研究院（NIH）的资助用于你的研究，你就应该把研究报告存放于国家医学图书馆（NLM），这样，你的论文全文就会成为公共知识。自愿遵守此法案的人只有3%，所以需要有一些变化。现在，我们有可能看到所有公共资助的科学文献被资助机构强制地在线发布。当前，有一个由参议员柯尼恩（Cornyn）和李伯曼（Lieberman）发起的法案，将要求接受 NIH 资助的人必须把其发表的研究论文放进 NLM 的文献检索系统 PubMed Central。在英国，维康信托基金会已经对接受其科研资助的人实施了一个类似的要求，并已创建了一个 Pub MedCentral 的镜像。

但互联网能做的事情不仅仅是使研究论文的全文可以获取，原则上，它能把所有的科学数据与文献联系在一起（如图 2-5 所示），创建一个数据和文献能够交互操作的世界。到那时，你可以在阅读某人的一篇论文时查看他们的原始数据，甚至可以重作他们的分析；或者可以在查看某些数据时查出所有关于这一数据的文献。这样的能力会提高科学的"信息速率"，促进研究人员的科学生产力。我相信这将会是一个很好的发展！

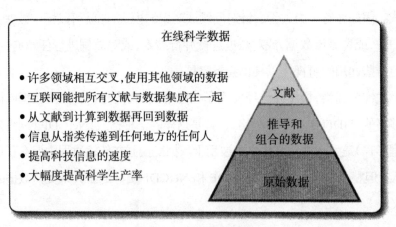

图 2-5　在线科学数据

....

　　学术出版商提供服务来组织同行评审、印刷期刊,并把它们分发到图书馆。但现在互联网是我们的传播者,而且几乎是免费的。这个问题与社会正在进行的关于知识产权应该在哪里开始、在哪里结束的讨论是相关的。科学文献,尤其是同行评审的文献,很可能成为封闭知识产权的地方之一。如果你想找到关于疾病 X 的内容,你很可能会找到"桃核对疾病 X 有很好的疗效"的信息,但这个信息不是来自同行评审的科学文献,而是来自某个想向你售出桃核用于治疗疾病 X 的人。所以那些一直倡导开放存取的人主要来自医疗保健领域,因为他们看到好的医疗保健信息被封锁了,而坏的医疗保健信息却在互联网上传播。

新型数字图书馆

　　新型的图书馆应该怎样运作呢? 它应该是免费的,因为把一页内容或一篇文章放在互联网上很容易。在座的每个人都能负担得起在 PubMed Central 上发布文章的成本,它只会花费你几千美元买台计算机——但你会发布多少我可不知道! 不过,管理这些内容却不便宜。把那些内容输入计算机,使内容可交互参照(cross-indexed),所有这类事情,NLM 要花费大约每篇文章 100 美元的费用。据估计,如果每年收集 100 万篇文章,单是管理这些内容就需要 1 亿美元。这就是我们需要使整个管理过程自动化的原因。

　　现在正出现的情况是,NLM 的数字化部分——PubMed Central 已经可以移植,有各种版本的 PubMed Central 在英国、意大利、南非、日本和中国运转。在英国运转的那个镜像是上周才开始在线的。我猜你会理解,法国不想让它的 NLM"在马里兰州贝塞斯达运转"或使用英语,而英国人不想让文本成为美语的, 所以英国的 PubMed Central 很可能会在网页界面中使用英式拼写法。但从根本上说,你可以在这些文献集中的任何一个里面存放文档,它将会被复制到所有其他的文献集。运行这些文献集之一会相当便宜,但更大的挑战是,你怎样管理这些内容和怎样管理同行评审。

融汇型期刊

这里谈一下我认为这类基于内容融汇的期刊会怎么运作。基本想法是：你有数据档案库，也有文献档案库。文章存储在文献档案库中，而数据则进入数据档案库中。然后利用一个期刊管理系统，允许我们作为一个群体来形成一个关于疾病 X 的期刊。人们通过把文章储存到文献档案库中来向这个期刊提交文章。我们对这些文章进行同行评审，对于那些符合要求的文章做一个目次标题页，说明"这些文章是符合要求的文章"，把这个目次标题页也放进文献档案库。现在，搜索引擎可以提高这些文章的网页排序值，因为它们已被这种很重要的标题页引用。这些文章当然也可以回溯指向相关的数据。在此基础上，会有一个协作系统出现，允许人们在期刊文章上加以注解或评论，这些评论并不被储存在同行评审的文献档案库中，因为它们还没被同行评审过——尽管这些评论可能是同行管理的。

NLM 将为生物医学界做这些事情，但这在其他科学领域尚未发生。对于 CSTB 成员而言，计算机科学界可以通过为其他科学领域提供适当的工具，促使它的发展。

我们在微软研究院设计了一款软件叫作会议管理工具（CMT），并且已经用它组织管理了大约 300 个会议。CMT 服务使你非常轻松地创建一个会议，支持组成议程委员会、发布网站、接收文稿、处理利益冲突或撤换稿件、进行评审、决定接受论文、形成会议日程、通知作者、修改论文等整个工作流程。我们现在正在努力提供一个功能，可把文章存到 arXiv.org 或 PubMed Central，并同时建立会议论文标题页，使人们很容易捕捉到研讨会和会议的信息，或管理一个在线期刊。这种机制会让创建融汇型期刊变得很容易。

有人曾问到，这是否会对学术出版商形成冲击，回答是肯定的。另外这是否也对电气与电子工程师协会（IEEE）和美国计算机协会（ACM）造成冲击？是的，假如他们没有任何独特的论文可发送给你，你就不会加入他们，因此这些专业学术团体也对此感到很恐惧。我认为，他们必须面对这一问题，因为我认为开放获取必将来临。看看会场，我们中的大多数人年岁已老，不是60后至80后（X代）的人。我们大多数人加入这些组织，是因为我们认为这是在那些领域成为专业人士的要求。麻烦的是，X代的人不参加什么组织。

在同行评审上将发生什么？

这也许不是与你个人有关的问题，但许多人在问："究竟为什么需要同行评审？为什么不只要一个维基？"我想，答案是同行评审是不同的，它非常有组织、有管理，而且人们讨论的问题有一定的保密度。维基是更加平等主义的。我认为对于收集论文发表后的评论，维基很有作用，当然我们需要某种支持结构，就像CMT为同行评审所提供的那样。

发表数据

我将简要讨论数据发表问题。我已经谈到了文献发表，但如果你要得到一个答案，比如单位是什么？你把一些数据放进一个发布在网上的文件中，但我们又回到文件的各种问题上。要在文件中显示你的制作过程的重要记录被称作数据溯源：你是怎样得到42这个数据的？

这里有一个思维实验。你已作了一些科学研究，你想发表它。你怎样发表它，以至于他人能够在一百年后阅读它并复制你的结果？孟德尔和达尔文做到了这一点，但是很勉强。在技巧方面，我们现在比孟德尔和达尔文更加落后。尽管是一团糟，但我们必须着手解决这个问题。

数据、信息和知识：本体论和语义论

我们在努力使知识对象化。可以先做一些界定数据单位这样的基础事情，如什么是测量单位，谁做的测量，以及该测量是在什么时候做的。这些是适用于所有领域的工作。这里（微软研究院）我们做计算机科学。我们说的行星、恒星和银河系是什么意思？那是天文学。基因是什么？那是生物学。那么什么是对象，什么是属性，什么是在面向对象的意义上的关于对象的方法？顺便说一句，互联网正在变成一个面向对象的系统，人们从中可以获取关于对象的知识。在企业界，他们在把顾客、发票等对象化。在自然科学中，例如,我们需要把基因对象化——这是基因数据库(GenBank)所做的事情。

需要提醒大家,我们将走得更远些。我们用"O"这个字母来表示知识本体(ontology),"S"这个字母来表示知识模式(schema),和"受控词汇"(controlled vocabularies)这个词。这是说,沿着这条路往前走,我们将开始谈论语义学的东西,即"事情意味着什么?"当然,每个人对事情意味着什么有不同的看法,因此讨论可能是无休无止的。

这一点上的最好例子是 Entrez,美国国家生物技术信息中心为 NLM 创建的生命科学搜索引擎。Entrez 可以搜索整个 PubMed Central 数据库,这里搜索的是文献,也有系统发育数据、核酸序列数据、蛋白序列和它们的三维结构数据,有基因数据库,它真是一个令人印象深刻的系统,并且它还建立了化学分子及其生物活性数据库(PubChem)和许多其他内容。这个系统完全允许数据和文献互操作。你可以正在读一篇文章,然后链接到相关的基因数据,随着该基因到相关疾病的数据,再回到与这个疾病相关的文献。这真的很棒!

所以在传统世界里,我们已经有作者、出版者、文献管理者和消费者。在新的世界里,科学家们正在协同工作,期刊正变成包含数据和其他实验细节的网站,内容管理者们现在照管大型数字档案库。在传统世界和新的世界中,仍然相同的只有一点,就是一个个的科学家。我们从事科学的方法已经发生了根本的变化。

我们面临的问题是:所有项目都会在某个时间结束,但我们不清楚项目结束后它们的数据会怎么样。有不同规模的数据,如人类学家在外面收集并放进他们的笔记本中的信息。在 LHC 实验中,粒子物理学家收集到的数据是海量字节,但大部分科学研究中的数据集是较小的数据量。我们现在开始看到数据的聚合应用,人们把从不同地方获得的数据集结合在一起,形成新的数据集。所以我们不仅需要期刊出版物的档案库,更需要数据的档案库。

因而这是我对 CSTB 的最后一个建议:培育数字化的数据图书馆。坦率地说,国家科学基金会的数字图书馆项目全部聚焦于传统图书馆的元数据,而非真正的数字图书馆。我们应该建设既支持数据也支持文献的数字图书馆。

总　结

需要指出，由于信息技术的影响，关于科学的一切几乎都在变化中。实验的、理论的和计算的科学范式都正在被数据泛滥和正在出现的数据密集型科学范式——第四范式所影响，这一科学范式的目标是拥有一个所有科学文献和科学数据都在线且能彼此交互操作的世界，这需要许多新工具来促成。

选自［美］Tony Hey、Stewart Tansley、Kristin Tolle：《第四范式：数据密集型科学发现》，潘教峰、张晓林等译，科学出版社，2012年，导言。

5.伯格曼*:
数据学术

这里创造数据学术(data scholarship)一词,用于构建数据与学术之间复杂关系集合的框架。数据本身是一个成熟术语,或许正是因此它才经常出现在大众媒体上,并在独立学术环境中用于论证某些现象的出现。学者、学生和业务分析师现在都认识到通过足够的数据和正确的数据挖掘技术可以提出新问题,并获得很多新的论据形式。基于这些数据完成的某些工作很有价值。但是刚开始很难确定一组数据可能有多大价值或有何价值。

"数据学术"这一概念首次在 21 世纪初的政策倡议书中以"数据密集型研究"(data-intensive research)的形式提出。具体包括电子化科学(eScience)、电子化社会科学(eSocialScience)、电子化人文学科(eHumanities)、电子基础设施(eInfrastructure)和信息基础设施(cyberinfrastructure)。前三个术语最终可合并为一个,即电子化研究(eResearch)。英国数字社会研究(Digital Social Research)项目整合了早期电子化社会科学中的投资项目。早期电子化社会科学投资项目具体包括社会科学中的数据密集型研究和电子化研究。电子化科学是对所有领域数据学术的统称,如"人文学科的电子化科学"。信息基

———————

　　*　克莉丝汀·伯格曼(Christine L. Borgman),斯坦福大学博士,美国加利福尼亚大学洛杉矶分校信息学教授,学部主任,在信息政策、大数据预测等领域素有研究,其著作获得包括 ASIS&T 的"最佳信息科学书"奖:《从古腾堡到全球信息基础设施》(2000)、《数字时代的学术》(2007)和《大数据、小数据和无数据》(2015)。

础设施仍然明显是个美国概念，其将数据学术与对应支撑技术框架连接
起来。

…………

虽然在研究资源不断减少、教育事业不断萎靡的大背景下，学者们认为
处理数据更多是一种个人责任，但是数据学术已深深嵌入在知识基础设施
中。之所以出现以数据为中心的紧张关系，是因为对数据所有权、控制权以及
访问的关注，跨背景、随时间实现数据迁移的困难，学术交流形式与类型之间
的差异，技术、操纵与政策之间的差距加大，以及对数据和其他学术内容的长
期可持续性需求等。这些对学者和学生而言事关重大，对开展学术活动的更
广泛的社会群体而言同样不可小觑。知识基础设施提供了一个评估社会和技
术相互作用、开放学术影响，以及学术交流融合形式的框架。

…………

知识基础设施

数据是一种似乎时刻处于变化之中且很难静态固定的信息形式。随着多
方之间进行关于如何理解跨学科、跨领域和跨时间数据问题的谈判，隐性知
识（tacit knowledge）和常识之间的界限也不断发生变化。知识规范一直都不
稳定，在大数据时代构建知识规范更是难上加难。如果不能对计算结果进行
完整解释，那"知道"（know）一词意味着什么？对数据进行跨情景迁移时，我
们能够或应该对数据起源了解多少？隐含在合作伙伴信息交换中的"信任网
络"（trust fabric）很难复制到与其他主体的信息交换过程中，特别是跨团队或
跨长时间段的信息交换。部分数据迁移过程可通过技术进行调节，但是许多
数据迁移依旧取决于数据科学家、图书管理员、档案保管员或其他新兴研究
工作参与者等人类调节员的专业技术。商业界也正逐步进入这一领域。

知识基础设施与"知识共享"（knowledge commons）框架有所重合。知识
共享也是一个复杂生态系统，它可以简单定义为"由于社会困境而形成的群
体资源共享"。这些复杂生态系统如何加强或重新分配权威、影响力和权利的

例子是贯穿整本书的线索。掌握大数据分析技术的个人将具有更高价值,掌握探索新型数据所需资源的学者将极大受益。因此,数据挖掘和众包等新知识形式,将有助于实现从数据到知识的重新映射并重塑知识领域。

…………

社会与技术

数据学术是位于理论、实践和政策范围之外的概念。在微观层面上,数据政策是研究人员针对数据展开的一系列选择,例如,如何看待数据,保存、监护何种数据,在何时、与何人实现数据共享,何时存储何种数据,以及存储多久。从宏观层面来看,数据政策是政府和资助机构的一系列选择,例如,何为数据,要求研究人员保存何种数据,何时、如何、向谁公开何种数据,要求何人在多长时限内保管何种数据,如何在基金申请书、奖励制度中及提供数据库时实施这些要求。从中观层面来看,数据政策是研究机构、高校、出版商、图书馆、知识库和其他利益相关者针对其眼中的数据及在数据组织和传播过程中的定位而进行的一系列选择。同时,较低层次的数据政策在研究资金、知识产权、创新、经济、治理和隐私等方面往往依赖于更高层次的数据政策。

为进一步推动学术交流,政府、资助机构、期刊和其他机构提出了一系列政策。这些政策往往进行了信息商品化和信息交换能力的简化假设。虽然制定政策的初衷是提高不同社区和学科之间的公平性,但往往由于忽略各领域理论、实践和文化间的实质性差异,而导致这些政策的执行效果很差,甚至往往适得其反或被社区成员忽略。单个社区内部可能有用于控制数据采集、管理和共享的道德经济体系,目前的数据管理计划和数据共享相关政策都更关注数据发布,而非数据重用和持续获取的方式。在知识基础设施组成部分中,数据管理计划和数据共享既复杂又昂贵。

开放学术

随着开放获取、开放资源、开放数据、开放标准、开放知识库、开放网络、开放书目、开放注解等专业词汇的出现，"开放"列表依旧不断增加。开放获取运动从 19 世纪 70 年代进行至今。开放获取研究的发展旨在提高系统、工具和服务之间的互操作性机制。其与分布式计算机网络技术的进步及几乎无所不在的互联网接入，共同成就了今天的知识基础设施，并将进一步推动其发展。

定义开放学术的难度不亚于界定数据学术，开放学术几乎等同于开放科学。为方便讨论，这里的开放学术包括开放获取出版物、开放数据、数据发布和数据共享相关的政策和实践。开放学术的目标是加快研究速度，鼓励提出新问题、推动调查方式创新，减少学术欺诈和不端行为，推动技术和科学劳动力增长，并利用公共投资推动研究和教育事业发展。

但是开放学术这种单一术语的使用，可能会模糊各开放获取形式间的本质差异。本书的第三项挑战指出，出版物和数据分别在学术活动中发挥着不同作用，以下将进一步阐述。开放获取出版物和开放数据目标相同，即促进信息流动、减少知识资源的使用限制、提高研究实践透明度。二者的学术价值、利益相关者及其跨环境、随时间的可移植性均有所差异。

开放获取研究成果

1991 年，随着 arXiv 的发布，开放获取研究成果取得了巨大飞跃。因为出现在万维网之前，所以 arXiv 的原始地址为 xxx.lanl.gov。在此后的二十多年间，arXiv 已扩展到其他科学领域，从洛斯阿拉莫斯国家实验室搬到康奈尔大学，并得到成员机构的广泛支持。其使用量呈指数形式持续增长。目前，每月有 8000 多篇论文上传到 arXiv，且仅 2012 年的论文下载量就超过了 6000 万。

arXiv 为今天的开放获取数据提供了三条重要经验。首先，该系统的研究领域为高能物理学，是活跃的预印本交流文化的产物。它建立在支持亲近同事间进行信息交换的知识基础设施之上，这种基础设施叫作无形学院（invisible colleges）。

其次，arXiv 改变了物理学学术交流中作者、出版商、图书馆和读者等利益相关者之间的关系，从而扰乱了现有知识基础设施。无论国家富裕与否，研究人员和学生都能在官方发布出版物之前获得论文。随着 arXiv 的快速发展和广泛应用,物理学领域的期刊编辑和出版商除了接受它的存在之外,别无选择。许多期刊之前不考虑在线发布论文,因为这样的发布构成了优先出版(prior publication)。今天,许多领域仍有类似政策。

最后,arXiv 的成功并没有很快或很好地迁移到其他领域。虽然其他领域的预印服务器规模和普及量均不断加大,但没有一个像 arXiv 那样深入学术实践中。arXiv 目前已经扩展到物理、数学、天文学和其他领域,但并没有深入每个领域的每个方面。在一些研究领域中,arXiv 的使用无所不在;但在其他领域,它也只是偶尔发挥作用。

…………

大约从 2005 年以来, 全世界越来越多的研究机构对其研究人员的期刊出版物实行开放获取政策,如美国的哈佛大学、麻省理工学院、加利福尼亚理工学院和加利福尼亚大学。在一般情况下,开放获取政策会授予高校非排他性许可,允许其将研究工作通过公共知识库进行传播。开放获取出版物在 2012 年和 2013 年取得重大进展。2012 年,英国研究委员会(Research Councils of the United Kingdom,RCUK)宣布,受该机构全部或部分资助的所有同行评审期刊论文和会议论文都将提交到开放获取期刊上。该政策于 2013 年 4 月起生效。由于争议很大,因此政策中"开放获取期刊"的定义进行了多次修改和解释。"开放获取期刊"包括专有期、一系列商业模式和一些临时补贴。2013 年, 美国政府行政部门对受联邦基金资助的出版物宣布了一项类似政策, 即一般遵循由美国国家卫生研究院和公共医学中心制定的专有期和政策。欧盟、澳大利亚和其他国家正在商讨类似政策。

各种各样的政策、商业模式和出版物类型使学术期刊文献的公开获取途径更加丰富。考虑到专有期,一年内出版的期刊论文中约一半可以在网上免费获取, 而且这一比例将进一步增长。虽然还有很多细节需要进一步商榷,但开放获取期刊论文正逐渐成为一种制度。然而利益相关者之间的紧张关系尚未得到缓解。部分作者依旧在网上发布不符合开放获取政策的文章、论文和其他作品，一些出版商对其具有独家版权作品的相关开放获取政策表示不满。

开放获取数据

许多资助机构的开放获取数据政策都与开放获取出版物政策相关。英国的政策对这种关系进行了清晰阐述：根据政务透明和开放数据总战略，政府致力于确保已发表的研究成果可以免费获取。英国研究理事会关于开放获取期刊的政策要求作者说明如何获取出版物相关数据，但同时承认这种做法的复杂性，确保研究人员考虑数据获取问题。但是本政策并不要求所有数据必须公开。声明指出，如果有足够理由（如潜在包含参与者身份信息的数据具有商业机密性和法律敏感性）要求实现数据保护时，可以有例外。

美国国家卫生研究院（National Institutes of Health，NIH）要求把受其资助的出版物存入公共医学中心（PubMed Central），同时需要在项目申请书中加入数据管理计划。美国国家科学基金（National Science Foundation，NSF）对数据管理计划有要求，但对开放获取出版物没有要求。然而随后美国联邦政府发布的开放获取出版物相关政策将同样适用于 NSF、NIH 及其他联邦机构。这些机构平均每年在研发上投资 1 亿多美元。该政策将指导每个机构制订出科学出版物和数字科学数据的开放获取计划。

然而开放获取期刊论文和开放数据在萨伯的两条原则上均不相同。虽然作者最初是期刊论文的版权所有者，但该事实并不适用于数据，领域内和领域间的数据归属权都是很有争议的话题。该争议一旦解决，作品"作者"就会拥有某些特定权利和责任。大多数合作都未探讨过谁有资格成为数据作者这一问题。即使将数据权限分配给个人和社区，数据相关权责依旧不清晰。许多数据形式都是由学者创造和控制的，但是数据所有权却是另一回事。某些数据形式不可能获得版权。研究人员使用的数据多来自其他利益相关者或公共资源池。人类本身的机密记录等数据由学者控制，而无法进行发布。数据权利相关政策可能因研究机构、资助机构、合同、管辖权和其他因素而异。

萨伯的第二个原则指出，学者写期刊论文和其他形式的出版物是为了提高影响力，而非收入。学者及其用人单位和资助者都有尽可能广泛传播出版物的动力。但是以上两种情况均不适用于大多数数据。期刊论文经处理后传播给受众，但数据却很难从学术工作过程中提取出来。数据发布通常需要大量投入，而且这种投入量超过了研究和撰写出版物的行为成本。数据可以被视为职业生涯中积累的宝贵资产。因此，如果有数据的话，必须谨慎发布。

因此，开放数据与开放获取学术文献截然不同。各领域至今尚未就数据"开放"的含义达成一致。彼得·默里－拉斯特（Peter Murray–Rust）和享利·热帕（Henry Rzepa）最早提出的开放数据框架涵括了后来的大多数观点。作为化学家，他们更关注自由访问和结构化数据的挖掘能力。算法可以通过分子等实体的表示识别出实体结构，当实体用这种方式进行表示时，它就会成为可供挖掘、提取和操纵的数据，也就更有用。当相同分子仅用文本文件中的图像进行表示时，就需要人工识别其结构。在他们看来，开放数据的适用在于实现数据的机器可读和自由访问。

在开放知识基金会的支持下，默里－拉斯特等人提出了"开放数据"简洁的法律定义：一段数据或内容开放是指，在只有或至多满足标准和授权要求的条件下，所有人均可免费使用、重用和重新分配它。商业环境中的"开放数据"定义更模糊：开放数据－政务数据等机器可读信息，以及他人可获得的数据。《经济合作与发展组织关于公共资金资助的研究数据获取原则与指南》在第 13 条原则中规定了开放数据的框架。英国皇家学会的报告《科学：开放的事业》将"开放数据"定义为"满足知识开放标准的数据。数据必须具有可获取、可使用、可评估和可识别特征"。生物医学数据开放的含义还包括成本效益权衡、数据发布的触发定时机制、数据质量确保方式、包含的数据范围、保密性、隐私性、安全性、知识产权和管辖权。

开放技术

在开放网络中实现数据迁移与使已获取数据可用完全不同。只有特定技术能读取数字数据和数字表示。数字数据集的解释需要以下内容：生成数据的硬件,即传感器网络或实验室机器;数据编码或分析软件,即图像处理工具或统计工具;以及整合以上内容所需的协议和专业知识。技术发展非常迅速,在研究领域中更是如此。许多仪器产生的数据只能用特定软件读取。使用或重用数据时,需要版本正确的软件和可能的其他仪器。许多分析工具具有专有性,因此数据分析可能产生特定格式的数据集,而这些与数据提取时的开放程度无关。学者们经常自己构建工具,编写代码来解决临时问题。虽然这种做法短期内有效,但本地代码和仪器很难进行长期维护。更何况学者们在解决临时问题时,很少兼顾软件工程的工业标准。本地工具具有灵活性和可适应性,缺点是跨站点和跨情景的可移植性差。

　　数据、标准和技术的开放程度会影响数据在工具、实验室和合作伙伴之间,以及随时间的交换能力。标准可能改善社区内的信息流动,但也可能在社区之间形成信息交流障碍。因为标准可能不成熟或不适当,从而形成障碍,进而阻碍创新。长期以来,系统和服务的技术互操作性一直是数字图书馆和软件工程努力追求的目标。互操作性允许部分数据和利益相关者参与其中,却阻止其他对象进入。与技术本身相比,政策、实践、标准、商业模式和既得利益往往是决定互操作性的更重要的因素。

　　选自[美]克莉丝汀·伯格曼:《大数据、小数据、无数据》,孟小峰、张祎、赵尔平译,机械工业出版社,2017年,第27页、29页、31~38页。

6.艾瑞斯*：
大数据天才的崛起

走出"数据竖井"

网上流行着一句话"信息要免费"，其核心意思是应该释放数字资料，以便被更多用户使用。驱动大数据决策崛起的，正是越来越容易获得那些过去属于别人的信息（Other People's Information，OPI）。直到最近，很多数据库——甚至同一家公司内部的数据库——还是无法很容易地整合在一起。甚至同一家公司如果有两个格式不兼容或者由不同软件公司开发的数据库，通常也很难把它们整合在一起。因此，大量数据就孤零零地待在"数据竖井"（Data Silo）里。

技术兼容性约束现在正在退去。大数据文件可以很容易由一种格式输入或输出为其他格式。标签系统使一个变量可以有多个名字，因此零售商卖的特大号衣服还可以用"XL"或"T"（法语 tres grande）来表示。无法把储存在不兼容的专有格式中的数据整合在一起的日子，几乎已经一去不返了。

此外，网上还有大量非专有信息等着被发觉并整合到现有的数据库中。现在"数据抓取"已经成为常用的编程方式，其目的是上网浏览大量网站，然

---

* 艾瑞斯（Ayres），律师、经济学家，也是耶鲁大学法学院的教授和耶鲁大学管理学院教授。曾担任《福布斯》（*Forbes*）杂志专栏作家，公共广播频道市场栏目的评论员，以及《纽约时报》撰稿人。代表作有：《大数据思维与决策》等。

后把信息系统地拷到数据库里。有些数据抓取是有害的——例如，垃圾邮件发送者从网站上抓取邮箱地址并制作垃圾邮件清单。但很多网站欢迎别人使用它们的资料。查找欺诈行为和会计造假行为的投资人可以从证券交易委员会的季报中抓取所有上市公司的资料。我已经用电脑程序从 eBay 拍卖网站上抓取数据并创建了一个数据库，因为我正在进行一项关于人们购买棒球卡时出价行为的研究。

很多编程人员把从 Google 地图上得到的免费地理信息与其他所有包含地址信息的数据库结合起来。这种数据"糅合"能够生成高清晰地图，能够看到如案发现场、竞选运动、种族结构或者其他任何地方。Zilow.com 把关于房屋大小的公开税务信息与邻边特点以及周边地区房屋的销售情况糅合在一起，做出了能够预测房屋价值的精巧地图。

"数据共享"运动导致了大量网站的产生，供人们公布和连接数据。过去的十年中，数据共享也越来越得到学术界的支持。美国第一大经济学期刊《美国经济评论》(*American Economic Review*)，要求研究人员把支撑自己实证文章的所有数据都集中公布到一个网站上。因此，很多学者都把数据公布在自己的个人主页上。所以现在只要在 Google 里输入几个词，就比以前更有可能下载到任何实证文章的数据。

…………

现在，数据糅合与整合比以前容易得多。但是数据库技术公司生成的犯人名单为我们敲响了警钟。再新的数据整合技术也可能因为有意或无意的错误而失灵。因此，当数据库的规模膨胀到几乎超出我们的想象，不断审计数据以检查可能出现的错误，就变得越发重要了。让数据库技术公司陷入麻烦的是，与现代数据整合与糅合的标准相比，犯人／选民数据似乎匹配得太差了点儿。

大数据天才告诉你，为什么是现在

科技进步提高了企业获取及整合信息的能力，这有助于数据的商品化。

你可能更愿意购买那种能够简单地整合到自己已经有的数据库中的资料，而且你会更愿意获取那种有人愿意花钱购买的信息。因此，企业更容易获取和整合信息的能力有助于回答"为什么是现在"这一问题。

最近出现的大数据冲击从本质上说更是一种科技进步，而非统计技术的进步。它并不是统计预测方法的新进展。基本的统计技术已经存在了几十年，甚至几百年了。Offerman 等公司如此广泛使用的随机试验好多年前就在医学领域所知晓并使用了。计量经济学和统计理论在过去五十年间得到了发展，但是核心的回归和随机试验技术很早就有了。

此外，大数据分析革命也并不是出现在计算机容量指数倍增的时期。计算机速度的提高确实有帮助，但是计算机速度早在数据出现之前就已经很快了。例如，在 20 世纪 80 年代之前，CPU 的确是能够约束大数据分析的条件。计算某个回归方程的数学运算次数随着变量数目增加会使指数倍增，因此如果控制变量数目加倍，要算出回归方程就要大约多进行 4 倍的运算。20世纪 40 年代，哈佛大学计算实验室（Harvard Computation Laboratory）雇用了数十位会用机械式计算机的文职人员，让他们人工计算每个回归方程的数据。20 世纪 80 年代，我在麻省理工学院读研究生时，CPU 还很少见，研究生们只能分到早上一点点可怜的时间运行自己的程序。

但是由于摩尔定律，芯片集成能力每两年翻一番的现象，大数据分析才没有被价格便宜的 CPU 的匮乏严重阻碍。计算机用它的计算能力估计回归方程至少已有二十年历史了。

现代大数据分析出现结果的时间更多地受到储存容量增加的影响。我们正在进入不要删除资料的世界。摩尔定律（Moore's Law）更出名一些，但是导致目前大数据分析冲击的是克莱德定律（Kryder's Law）——由硬盘生产商希捷科技公司的技术总监马克·克莱德（Mark Kryder）首先提出的一项规律。克莱德成功地注意到，硬盘存储容量每两年翻一番。

1956 年使用磁盘以来，可以被储存在大约 1 平方英寸空间上的信息密度惊人地增加了 1 亿倍。三十多岁的人还会记得以前经常担心硬盘装满了的情形。现在,成本低廉的数据存储使得维持庞大的数据库的可能性发生了革命性的变化。

随着存储密度的增加,价格也下降了。由于存储10亿字节的成本继续快速下降,所以存储价格每年会下降30%~40%。雅虎每天能够获取12太字节以上的数据。一方面,这是数量巨大的信息——大概相当于存储国会图书馆半数以上的图书;另一方面,如此大量的信息存储却不需要很多服务器或者数十亿美元。实际上,只需要花400美元就可以把你的笔记本加上1太字节的硬盘。产业专家预言几年后硬盘价格会下降一半。

为消费者提供大容量硬盘的生产遇到残酷的竞争,这是由录像所导致的。如果存储容量足够的话,TiVo及其他数字录像机可以重构家庭影院市场。1太字节的硬盘只能持续播放高清晰电视大约8个小时(或者持续播放将近14000个唱片集),但可以把6600万页文字或数字压缩进去。

存储的高密度、低价格对于大数据分析的崛起都很重要。几乎在一夜之间,赫兹汽车租赁公司或UPS快递公司可以让每个员工都拥有一个能拿在手里的机器,以便获取并存储每笔交易的数据,然后定期下载到服务器上。也是几乎在一夜之间,每辆汽车都有了闪存,也就是能够在交通事故发生时立即告知你的一个小黑盒子。

从闪存(可以藏在任何东西里面,如iPod、摄影机、泳镜和生日贺卡)到Google和flicker.com使用的太字节服务器中心的超便宜存储设备的蓬勃发展,为数据挖掘打开了新的愿景。最近大数据分析的崛起从很大程度上同样是受到改变了我们生活其他方面的科技的驱动。大数据分析崛起的最佳理由是,数字技术的突破使得获取、整合和存储大量电子数据库更加便利了。现在(硬盘上)堆积如山的数据需要挖掘,分析这些数据的新一代实证学家正在出现。

打造"神经元网络"的超级大数据天才

"神经元网络",这一项新的统计技术也是大数据分析革命的重要推动者。用神经元网络方程作出的预测是那些经检验才可靠的回归方程的新竞争对手。第一个神经元网络是学术界模拟人脑学习过程时研发出来的。这是一个绝妙的讽刺：上一章还详细介绍过数十项研究，表明人类的大脑为什么无法作出准确的预测。然而神经元网络是试图让电脑像人类神经元一样处理信息。人类的大脑是由像信息开关一样的神经元彼此相连所组成的网络。当某个神经元收到脉冲时，它可能向一系列后续的神经元发出者暂不发出脉冲，先视神经元开关的设置方式而定。思考是由于脉冲流经过神经元开关网络的结果。如果我们从经历中学到了知识，那么我们的神经元开关就会发生变化，对不同类型的信息作出不同的反应。当好奇心很强的小孩伸出手去摸烧红的炉子时，他的神经元就会对火产生不同的反应，因此烧红的炉子下次就不会看起来这么吸引人了。

计算机神经元网络背后的想法在本质上与此相同：计算机程序可以根据新信息或不同的信息更新自己的反应。计算机中的数学神经元网络就是一系列像大脑神经元一样可以接收、评估、传递信息的彼此相连的开关。每个开关就是一个数学方程，方程上携带着多种不同的信息投入，并给它们赋予不同的权重。如果方程中信息投入的权重之和足够大，开关就被打开并被作为下一组神经元方程开关的信息投入。网络的终端是一个总开关，负责收集前面所有神经元开关的信息并生成预测，作为神经元网络的产出。回归方法估计仅适用于单一方程的权重，与此不同的，神经元网络方法使用的是由一系列彼此相连的开关所代表的方程组。

正如经历可以训练大脑神经元开关遇到火时何时开、何时关一样，计算机利用历史数据来训练方程的开关产生最优的权重。例如，亚利桑那大学的研究人员建立了一个神经元网络，以预测在图森灰狗公园举行的赛狗比赛中谁将是冠军。他们从每天举行的成千上万场比赛的资料中——例如狗的身体特征、驯狗师，当然还包括赛狗在某种条件下某些比赛中的成绩信息——选取出五十多条信息，并输入到神经元网络中。正如对好奇的小孩偶发性事件的预测一样，首先，随机设定赛狗方程的权重；然后，神经元估计过程基于相同的历史数据不断地尝试其他权重——有时需要几百万次——以便观察如何设定彼此相连的方程的权重才能估计得最准确;接下来,研究人员使用从该训练中得到的权重来预测100只赛狗比赛的结果。

研究人员甚至还把他们的预测与三位赛狗跑道专家的预测进行了一场较量。根据指令,神经元网络和专家们在每场测试赛中都会从100只赛狗中选出一条并押上1美元的赌注。神经元网络不仅比专家预测得要准确,而且更重要的是,神经元网络的预测能够产生明显更高的收益。实际上,三位专家中没有一位能根据自己的预测得到正收益。甚至有的还赔了60美元,但神经元网络却赚了125美元。那么如果我告诉你现在很多其他领域的赌者都开始依赖神经元预测(如果你用Google搜索一下神经元网络,会得到大量的链接),那么你应该不会感到吃惊。

也许你会想,这一技术到底新在哪里。古老的回归分析毕竟也要使用历史数据来预测结果。使神经元网络方法独树一帜的是它更灵活、更细致。大数据天才们作传统的回归分析时需要指定方程的具体形式。例如,大数据天才们要告诉计算机,为了得到更有力的预测,是不是需要把赛狗以前的获胜比例乘以比赛的平均名次。

而作神经元网络分析时,研究人员只需要把原始信息输入进去,然后网络就会在大量彼此相连的方程中搜寻,并依据数据挑选出最优的方程形式。我们不需要提前弄清楚赛狗不同的身体特征如何起作用从而让它们成绩更优秀,神经元网络会告诉我们。不管是用回归方程还是神经元网络,大数据天才们仍需要指定预测时需要使用什么原始数据。然而神经元网络方法更灵活。当数据容量增加时,利用神经元网络已经可以比传统的回归方法预测出更多的参数。

但是神经元网络也不是万能的。它最大的缺点之一就是权重之间的细微影响。由于每个投入的信息都会影响多个中间开关并转而影响到最终预测结果,因此通常不可能搞清楚单个因素如何对预测结果产生影响。

不知道单个因素的影响大小,其部分后果就是不知道神经元权重体系的精度。回忆一下,回归方程不仅可以告诉我们每个因素对预测结果的影响大小,还可以给出预测的准确程度。因此在赛狗的例子中,回归方程不仅可以告诉你赛狗过去获胜的比例应该得到 0.47 的权重,还可以告诉你该预测的置信水平——真实权重介于 0.35 到 0.59 的概率为 0.95。与此相反,神经元网络无法给出置信区间。因此,尽管神经元网络技术可以得到更加有力的预测,但是在预测精度或者预测的置信水平方面却不尽如人意。

权重参数估计的多重性(用神经元网络估计出来的参数通常是回归预测的 3 倍)也会导致对数据集"过度拟合"。如果让神经元网络自己"训练"自己,根据 100 种历史数据得出 100 个可用的最优权重,那么神经元系统能够准确地预测出所有这 100 种结果。但是能够准确地拟合历史数据并不保证神经元权重可以很好地预测未来。为了能够准确地拟合历史数据而增加任意多个权重,的确阻碍了神经元网络预测未来的能力。神经元大数据天才现在都有意识地限制待估计的参数个数,以及神经元网络的训练时间,以此来减轻过度识别的问题。

…………

然而还有很多领域有大量的成功案例和历史数据有待挖掘。尽管数据思维方式已经在全社会普遍兴起,但是仍然存在很多限制,而改变这些限制的时机已经成熟了。

这里有一条几乎铁一般的规律:人们更容易接受大数据分析在本专业领域之外的应用。要让传统的、没有数据评估经验的人想一想量化预测在其擅长的领域可能比他们自己做得更好,这是相当难的。我认为主要原因不在于试图保住工作的自利行为,人类只不过往往会高估自己作出成功决策的能力,不相信一个必然忽略了很多信息的公式可以比自己做得更好。

选自[美]伊恩·艾瑞斯:《大数据思维与决策》,官相真译,人民邮电出版社,2014年,第134~142页、148页。

三

大数据生活

1.舍恩伯格：
大数据时代的信息取舍

一个没有遗忘的时代

有史以来,对于我们人类而言,遗忘一直是常态,而记忆才是例外。然而由于数字技术与全球网络的发展,这种平衡已经被改变了。今天,在广泛流行的技术的帮助下,遗忘已经变成了例外,而记忆却成了常态。这种局面是如何发生的,为什么会发生,对于我们个人和我们的社会而言这一局面的潜在后果是什么,以及针对这一局面,如果可能的话,我们能够做些什么。

互联网浪潮的第一个阶段早已随网络泡沫及其破灭而告终,在这个阶段中,互联网的发展与访问信息,以及通过全球网络与他人互动息息相关(你可以称其为 Web1.0 时代)。而到 2001 年,用户开始意识到互联网并不仅仅是一个接收信息的网络,还是你可以生成信息并与你的同龄人共享信息的网络(通常被称为 Web2.0 时代)。年轻人尤其喜欢 Web2.0 的这些性能。

有些机构能够接近完美地保存关于我们每个人如何使用他们服务的记忆,而且他们利用这种信息权力理所应当,搜索引擎便是这类机构中最强大的例子。当然,其他的机构也收集并且保存了大量关于我们的信息。

因此，很可能会出现一种第三方设备，它们不仅能够获得我们在何地的完整数字化记忆，还能够获得我们在何时，以及如何与我们身边的东西进行互动的数字化记忆。很有可能，一种比以往更为广泛的，关于我们行动的踪迹将会被收集起来，并被保存在数字化记忆中。

…………

其他人也对越来越多地使用监视技术跟踪人类活动的情况提出了义正词严的批评。他们警告说，这有可能会导致英国哲学家杰里米·边沁（Jeremy Bentham）所谓的"圆形监狱"数字版。在这种监狱中，狱警能够在犯人不知道自己是否被监视的情况下监视犯人。边沁认为，这种监狱结构将能迫使犯人好好表现，而且这种方法使得社会付出的代价最小。因此，这是一种"新的监视模式，其信息权力之大前所未有"。社会学家米歇尔·福柯（Michel Foucault）采用了边沁的概念，并且表示全景敞视建筑已经远远超越了监狱本身，以及边沁关于实体监狱结构的观念，这种全景敞视建筑现在被更为抽象地用作在我们的社会中施展信息权力的工具。在这里，通信理论家奥斯卡·甘迪（Oscar Gandy）将圆形监狱，与我们时代中日益明显的、向大规模监视发展的趋势联系在一起。这种圆形监狱塑造了我们现在的行为：我像被人监视时一样行动，即便并没有人监视我。

完整的数字化记忆代表了一种更为严酷的数字圆形监狱。由于我们所说与所做的许多事情都被存储在数字化记忆中，并且可以通过存储器进行访问，因此我们的言行可能不仅会被我们同时代的人们评判，还会受到所有未来人的评判。史黛西与安德鲁的惨痛经历，Google 与其他搜索引擎掌握的大量与我们有关的数字化记忆，这些事实的刺激让我们变得极度警惕——换言之，未来可能遭遇到的悲剧会对我们现在的行为产生寒蝉效应。通过数字化记忆，圆形监狱能够随时随地监视我们。

…………

遗忘不仅仅是一种个人的行为，我们这个社会也会遗忘。往往这种社会性的遗忘能给那些失败过的人第二次机会。如果原先的社会关系不能让人们感到幸福,我们可以让他们尝试建立新的社会关系。在商业领域中,随着时间流逝,破产会被逐渐遗忘。甚至在某些情况下,罪犯在经过足够长的时间之后,之前的犯罪记录也能从他们的档案中变得模糊。

通过很多这种模糊掉了外部记忆的社会遗忘机制,我们的社会能够接受随着时间不断发展的人们,因此我们才有能力从过去的经历中吸取教训,并调整我们的行为以融入未来的社会。

尽管遗忘对于人类非常重要,但是在数字时代,我们却正在经历一种重大的转变,从遗忘为常态转移到记住为常态,而且目前为止,这一现象得到的关注非常有限。

············

遗忘终止的未来

人类渴望记忆,不过在通常情况下他们会遗忘。为了减小这种生物学上的局限,我们开发出了很多工具,从书籍到视频,借此充当我们的外部存储器。事实证明这些工具非常有用,因为自从有了它们之后,人们比以往任何时候都更加容易记住。就在几十年前,这些工具还没有打破记忆和遗忘之间的平衡:记住只是例外,而遗忘则是常态。

在数字时代,这种平衡已经从根本上被改变了。数字化——数字革命的理论基础,带来了廉价的存储器、便捷的提取,以及全球性的覆盖。如今,遗忘已经变得昂贵而又困难,记忆反而便宜又容易。在数字化工具的帮助下,无论是从个人还是社会层面,我们都已经开始抛弃遗忘,开始从我们的日常生活中抹去一种人类最基本的行为机制。

············

一个没有遗忘的世界是很难预知的,但是基于已有的研究、严密的分析和一些推测,我们还是能够用两个术语勾勒出当前所面对的威胁:信息权力和时间。

信息富民 VS 信息贫民：信息控制权的威胁

在数字化趋势发展了四十年之后，一些人认为我们已经适应了新的数字时代，并已理解了当我们与他人分享我们的私人信息时，我们日常的许多交往中所隐藏的风险。但我对此持怀疑态度。因为我们仅仅善于判断对我们来说显而易见的事情。不幸的是，记忆的默认状态对于我们保持对信息控制的潜在影响（而非因此掌握权力），很少是显而易见的。起初我们还没注意到多少，这些影响已经发生了。我们很可能在意识到之前，就已经遭遇到了对信息控制的减弱。由于同样的原因，其他人从我们丢失的信息中获得了信息权力，这会影响我们未来与世界沟通的情形，以及我们如何作为社会中的一员。数字化记忆的三个特征——可访问性、持久性、全面性，使得这种影响成为可能。

············

大多人都不喜欢毫无意识或意料之外地对自己的信息失去控制。如果在和他人面对面沟通时，有人能够强大地运用他们会讨价还价的优势地位，在不必分享他们自己信息的情况下获取他人的信息，将会发生什么情况呢？为了阻止这一危险的发生，小说家大卫·布林（David Brin）提出了"互惠的透明性"（reciprocal transparency）原则，也就是只有在他们愿意互换信息的时候，我们才会与他们分享信息。他希望能用这个原则去克服信息权力中的不平衡，并且帮助我们获得真正的信息对称。

············

在这样的世界中，我们是仍然求助于人类的记忆，还是把目光投向数字化记忆以确保他人不知道更多关于我们的信息？就算是回忆我们非常私人的过去时，我们是求助于人类自己的记忆，还是转向数字化记忆呢？如果我们所有人都从人类个体本身转向一些外部的数字化记忆，并就此放弃通过我们现在的眼睛去看我们过去的能力，这难道不是与布林极力保留个体控制信息能力的想法背道而驰吗？

布林这个令人着迷的观点还有另一个缺陷。他假想了一个信息对称的世界,个人拒绝单方面转让对他们信息的控制权。但是这个观点暗示了,"互惠的透明度"的转让可以在平等的基础上进行,而且个人不会被强迫自己支付给强大生意伙伴的比自己得到的更多。这个想法太理想主义了。

事实绝不会是这样一幅美好的图景——个人通过公正平等地转让对他们信息的控制与访问权而获得信息对称。在现实中,强大的生意伙伴(比如大型公司或者政府)可能会利用信息权力差异来获得信息优势。我们可能看到的不是信息互惠,而是信息权力接踵而至地从无权者流向有权者。如果把这些放到信息隐私的背景下来讲,就是从被监视者转向监视者。然而这些通常是在未经无权者明确同意(或者无权者未被告知)时就已经发生了。这种信息再分配本身也令人深感不安,因为它放大并加深了信息富民和信息贫民之间现已存在的信息权力差异。

…………

因此,随着我们通过数字化记忆拓展我们对外部存储器的使用,我们正以多种方式危害人类的推理,其中的三种危害我已在前文中提到过:

第一,外部记忆可能作为记忆的线索,使得我们回忆起那些我们原以为已经忘记了的事件。如果人类的遗忘至少是部分基于相关性过滤信息的一种建设性过程,那么数字引发的我们对我们已经"忘记了"的事件的回忆,可能会破坏人类的推理。

第二,广泛的数字化记忆可能会加剧人类将往事按照适当的时间顺序进行排列的困难。

第三,数字化记忆可能会使我们面临太多的往事,从而妨碍我们及时决策和及时行事的能力,以及学习的能力。

第四个危险在于,当面临数字化记忆与人类对往事的回忆相矛盾的情况时,我们可能会失去对自己记忆的信任。其实人类的记忆相当准确,只是我们无法使存储的信息不受未来的影响。回忆不像从书架上拿下一本书,掸掉一些灰尘之后,包含的信息与我们当初把它放上书架时完全一模一样。

…………

来一场"互联网遗忘"运动——应对数字化记忆与信息安全的六大对策

对策1:数字化节制。如果数字化节制的核心理念,即人类应当在向互联网添加信息时更加谨慎,能够不那么极端,或许可以行之有效。比如,人们可以想象出某种"温和版数字化节制"出现。与其指望个人保留绝大多数个人信息,不如要求人们在发布信息时更加谨慎。这一方法认为,在许多情况下,向他人提供信息能够创造价值,不仅能为集体,也能为个人创造价值。以此类推,温和版数字化节制的目标仍然是教育和提醒人们在分享个人信息前慎重选择。由于信息处理者们,包括从电子商务服务商到信息分享平台服务商,无法再让用户与其分享个人信息,他们就不得不调整商业活动并接受对数字化记忆的实质性约束。

对策2:保护信息隐私权。信息隐私权定义了一种可行且可接受的执行机制。这些权利形态各异,但享有共同的核心原则:向个人提供法律认可的个人信息权力,从而赋予他们维持信息控制的权利。这样看来,信息隐私权似乎是对数字化记忆侵蚀信息控制权的适当回应。信息隐私权最基本的形式是给予个人选择是否分享信息的权利。如果某人不经他人同意而通过窥探获得其个人信息,他就触犯了法律,将要面临法律制裁。

对策3:建设数字隐私权基础设施。数字版权管理(DRM)的原则十分简单:在版权的范畴中,信息是指音乐、电影、游戏、数字图书,而在遗忘的范畴中,信息可以是任何个人信息——信息与关于使用者与使用方式的元信息相匹配。媒体播放器检查这些元信息,并拒绝播放未获得适当授权的信息内容。为防止这些内容被未经授权的设备播放或复制,内容和元信息常常被加密,需要一个只有获得授权的设备才能"识别"的特殊密匙。因此,同信息隐私权不同,DRM维权几乎完全建立在技术上。

对策4:调整人类的现有认知。如果人类能够将记忆任意放进某种时间观念中,那些被长期记忆困扰(如只能记起创伤)的人就能轻易地被治愈了。

哎,可惜我们没有洞悉实现这一简单解决方案的秘诀。不排除这一点会得到改变,但从我们今天知道的情况来看,我们似乎不大可能在数字化记忆的阴影下迅速地实现进化性适应,并发动一场相对仓促的认知革命。

…………

在拥护者的核心思想里,认知调整承认全面数字化记忆,却致力于限制数字化记忆对我们的决策带来的影响。如果说这一目标太好高骛远,因为人类只能考虑易于处理的信息,那么法律形式的社会规范或许能限制数字化记忆的内容,进而削减包围着我们的海量信息。这将我们引向了信息生态的理念。

对策 5:打造良性的信息生态。信息生态是一种有意的约束,规定了什么信息能够被收集、存储,并且能被谁记忆、记忆多久。回想一下荷兰人口登记的悲剧,其可怕的结果提醒了我们:对政府在人口登记中的行为加以限制并不能防止不确定的未来;但是一开始就不收集和存储信息却能做到。如果没有人口登记中关于信仰和种族的信息,纳粹也不可能对其进行如此可憎的滥用。对数字化记忆进行限制不仅能确保其日后免于外来入侵的危害,还可以在未来当我们的社会受到蛊惑,或者出现一些人利用数字化记忆的信息宝库进行不正当记录、歧视和威胁不认同主流价值偏好的人时,保护我们不受伤害。我们都见证了"911"之后,即便民主制非常健全和强大的国家也忍不住怀着加强国家安全的美好愿望(常常是虚假的)搜集和窃取数字化记忆。正如荷兰案例所启示的,收集个人信息天然就带有风险,因为我们不知道它们在未来会被用于什么目的。信息生态规范是应对不正当信息使用(或重复使用)的一剂良药。

对策 6:完全语境化。为了实现完全语境化,我们需要建立一种技术基础设施,它能比现有的技术更全面地收集、保存和提取我们生活中的各种信息。我们必须放弃模拟存储和未经录音的对话,并且不得不成为戈登·贝尔那样的生活记录者,将所有经历和最终作出决策所需的信息都记录下来。但是我们也必须超越戈登·贝尔,并利用各种工具与他人分享信息,以获得真正的、平等的透明。简单地说，我们需要实现真正数字化记忆的技术手段。

…………

给信息一个存储期限——应对数字化记忆与信息安全的关键对策

我将提出一个重要的概念，"信息的存储期限"。在数字领域内模仿人类遗忘的可能方法之一是，把我们保存在数字化记忆中的信息和一个存储期限相关联，让数字存储设备可以自动删除那些达到或超过存储期限的信息。我相信，这种极简的形式足以再现真实记忆的运作方式，尽管我们还能想到很多其他方法。无论是简单还是复杂的方法，都拥有一个共同的核心元素：提醒我们，让我们面对信息在时间上的有限性。换句话说，信息必定与某个时间点或某个时间段紧密相关，并且随着时间的推移，大多数信息失去了它们作为信息的价值，比如隔夜的报纸，或者是老掉牙的笑话。

…………

使用存储期限的成败将取决于用户的体验，取决于用户是否能够轻松界定存储期限。对存储期限的需求应该会促进，至少是在一段时间内促进，用户去思考信息的存储寿命，但它不应该用复杂和笨拙的用户界面滋扰用户。允许用户使用模糊的时间将使这一过程变得更容易（比如说一个月或今天或一年），也可以是一种仔细思考和选择过的预设或默认，也许根据文件类型、存储位置（有些文件夹放置更重要的内容），或者对文件内容的（有限的）语义分析。

存储期限并不是强制性的遗忘，目的是为了唤起人类的觉察和行动，要求用户哪怕只是在有限的时刻作出应对。也许与其他的反应相比（比如敏感词或信息隐私权），存储期限并没有基于一种过度理想化观点，如高层次用户会放弃网络或诉求信息隐私权；也没有基于一种同样理想化的纯技术方案观点。与这些不同，受我们支配的强大技术工具只是被用来提醒我们信息的价值不是永久的。更重要的是，我们不会被迫去选择，而是因此能够对信息寿命作出判断,这将成为我们日常生活的一部分。我们可能也会意识到一个人类已经无意识地默认了上千年的道理:数量不等于质量,好信息不是滥信息。

选自[英]维克托·迈尔·舍恩伯格:《删除:大数据取舍之道》,袁杰译,浙江人民出版社,2013年,第6~7页、15~16页、18页、21页、128页、133页、135~136页、149页、167页、169页、178~179页、189页、191页、207~209页。

2.洛尔*：
大数据时代的隐私黑洞

　　现代数字数据收集行为大多是私下里偷偷完成的。通常用来对数据进行分析、寻找其中规律的算法都是专属性的，即软件黑盒子。而且技术的发展已经远远领先于陈旧的规则与定义了。传统的网上隐私权标准是20世纪90年代的产物，目的是对新兴产业实施轻度监管以促进其蓬勃发展。其关键理念是"知情权与选择权"：网站贴出隐私权政策公告，而用户则根据他们的隐私偏好，选择是否经常访问该网站。但是很少有人会阅读用法律语言写成的隐私公告，而且这些公告根本不可能充分表现当今数据经济的复杂性。费尔腾说："信息的严重缺失致使消费者无法了解当前的情况，因此他们不可能做出合乎情理的决策。"

　　在交谈的过程中，费尔腾称，随着人们"对周围世界的观察越来越深入、分类越来越细致"，在这个世界遨游时需要注意几个问题。例如，与传统的"知情权与选择权"方法失败的原因一样，大数据技术的快速发展也会导致公众理解与政策的滞后问题。还有一个需要关注的问题是，如何界定可以识别人物身份的数据。不久之前，这个问题似乎还是非常容易回答的，这些数

---

　　*　史蒂夫·洛尔（Steve Lohr），专栏作家，为《纽约时报》撰稿长达二十多年，写作内容涉及技术、商业和经济等领域，还负责撰写《纽约时报》的科技博客Bits。2013年，他所在团队获得普利策新闻奖。他还为《纽约时报杂志》《大西洋月刊》《华盛顿月刊》等媒体撰稿。代表作有：《大数据主义》《软件故事》等。

据自然就是可以确定我们身份的信息或者与我们密切相关的信息，包括姓名、社保号、电话号码、信用证号以及银行账号等。人们把这些统称为"个人身份识别信息"，一直以来，隐私权的相关规章制度在涉及个人隐私信息时，采用的都是这个定义。

然而在当今世界，不同数据(大多是人们在脸谱网、推特和其他网站上自我发布的数据)相互关联，弱信号相互结合之后会逐渐变强，最终变成一种非常详细具体的"社交签名"，足以确定一个人的身份。所有这些数据甚至还可以逆向处理，得出可以直接确定人物身份的信息。卡内基-梅隆大学的计算机科学家亚历山德罗·阿奎斯蒂和拉尔夫·格罗斯，利用人们在社交网站上贴出的信息和其他公开信息，推测1989—2003年美国境内新出生人口的社保号，结果，他们成功地推测出其中8.5%的人(接近500万人)的九位社保号。这两位计算机科学家完成的是一个研究项目，但社保号是可以帮助人们锁定小偷和其他不良分子的神奇"钥匙"。

费尔腾指出，尽管法律对于利用个人信息的行为规定了各种限制条件，但是一些企业可以在不触犯任何禁令的前提下准确地了解个人隐私。他说："我们必须拓宽个人身份信息的范围，因为人们默认超出这个范围的所有信息都不会造成伤害。"通过大数据的推理作用，企业经常可以准确地推测出某个人是否患有慢性病或者是否在经济上遭遇了困境。费尔腾认为，这种情况就好像人们在出席会议时戴上姓名牌一样，只不过这次的"姓名牌"是数字格式的，上面写着的也不是人们的姓名，而是"我患有糖尿病"或者"我债台高筑"等内容。费尔腾说："这些信息都不是个人身份信息，但是与姓名相比，这些信息要私密得多。"

…………

大数据会泄露多少我们的隐私？

美国最大的数据代理商是总部位于阿肯色州小石城的安客诚公司，该公司已经在全球范围内收集了数亿名消费者的相关数据。该公司宣称，通过官方档案、购物数据、网上浏览习惯等渠道，为每名消费者挑选了数千个行为信号，即"属性"。这些公开及推断信息包括年龄、种族、性别、党派、对度假的期望，以及对健康的关注程度等。安客诚公司将这些信息归纳之后，就可以得出大多数美国成年人的相关数据，其深入细致的程度是所有美国政府与互联网企业无法比拟的。因此，安客诚是为企业提供消费者信息的杰出供应商，也是隐私权倡导者深恶痛绝的对象。数码民主中心的执行董事杰夫·切斯特称安客诚是"阿肯色州的超级大佬"。

但是2013年夏天，安客诚揭开了神秘面纱的一角，让人们了解到它收集的哪些信息与个人有关。当时，这家数据代理商正受到美国联邦贸易委员会和美国国会的双重审查，因此安客诚的总裁郝思可决定采取这项措施，以向对方递出"橄榄枝"。郝思可之前是微软网络广告部门的高级主管，前一年加入安客诚并接任总裁一职。郝思可认为，安客诚从事的并不是数据挖掘工作，而是扮演着现代化"数据提炼工厂"的角色，将噪声从数据信号中剔除出去，帮助企业提高市场营销的效率，为消费者提供更多价值。

根据郝思可设计的发展方向，安客诚创建了网站 AboutTheData.com。访问该网站时，只需输入全名、住址、出生日期和社保号最后四位数字，就可以查看安客诚是否收集了该访问者的"核心"资料。美国联邦贸易委员会的一名委员称赞安客诚的网站是数据代理商在更公开、更透明的方向上取得的一个进步。但是隐私权倡导者们则提出了批评意见，他们认为安客诚只是选择性地公开了一些事实，对于向企业客户推销的更深层次的分析结果，以及将人与家庭分成"潜在遗产继承人""有年迈父母的成年人""关注糖尿病的人"等不同类型的事实，该公司秘而不宣。

我在《纽约时报》的同事娜塔莎·辛格在一篇评论安客诚及其新网站的文章中写道："访问者登录之后就会发现，该网站不仅有大量与自己有关的信息，甚至还有描述详细的私生活。面对这种情况，他们可能会大吃一惊。"她以郝思可为例，在"家庭成员兴趣"类别中查看该网站的搜索结果。然后，她请郝思可确认网站给出的答案是否准确，并请他介绍这种数据驱动推理的原理。数据方法为郝思可生成的相关结果非常准确："健康与医学(他订阅有保健业行业杂志，并创建了 Health123.com 网站)、手工艺(他经常利用彩色玻璃制作工艺品)、木工(在普林斯顿大学读书时在木工店做兼职学徒赚取部分学费)、网球(中学网球队成员)、园艺(他的妻子订阅园艺杂志)、信奉宗教或灵感论(郝思是定期去教堂做礼拜的信徒)。"

…………

是个性化服务还是经济歧视行为？

在这类数据驱动推理结果中，有的危害性不大，有的则不然。如果某家数据代理商将我标注为射击爱好者，而且我因此收到了美国步枪协会的广告邮件，会怎么样呢？我的确收到过两次，对此我并不介意。但是问题在于统计推断的歧视会造成麻烦。在互联网经济中，你能看到哪些新闻和信息、收到哪些商品报价，越来越取决于计算机算法对你作出的假设，尽管这些假设有可能正确，也有可能错误。费尔腾说："如果算法作出的假设是错误的，决策空间就会相应地受到挤压，因为它们对你的了解是错误的。"

如果很多人被系统错误地分类或者受到系统的区别对待，就会造成更危险的结果。2014 年 5 月，奥巴马政府发布的大数据报告就提出了这样的警告。这份报告对大数据已经发挥的作用与未来的潜能大加赞赏，但又警告说，这种技术如果使用不当，"公民长期以来在住房、信用、就业、医疗卫生、教育、市场等领域的个人信息利用方面受到的民权保护，就有可能因此受到损害"。

…………

在得到数据驱动的灵感之后，企业管理人员将不得不根据自己的伦理道德观与自身利益，作出越来越多的本能判断。例如，某家企业的客户呼叫中心报告、客户数据及社交媒体跟踪结果等数据显示，在女性客户中，拥有城市邮政编码的单身亚裔、黑人以及说西班牙语的女性最喜欢投诉产品与服务的质量。但是一旦投诉问题得到解决，亚裔女性就会成为最有价值的客户,那么在亚裔、黑人和说西班牙语的女性客户进行投诉时,是不是应该对亚裔客户提供优先对待呢? 我们再举一个例子,假设一家医疗保险公司正在想方设法地让没有买保险的美国人购买它的保险。根据奥巴马医改法案,保险公司不得根据人们之前的状况对他们进行区别对待, 但是利用数据科学来分析处理健康状况博客、浏览习惯、社交媒体和数据代理商提供的档案资料,就可以发现最有可能患糖尿病或抑郁症的人。那么我们在推销保险的时候,会不会将这些人全部排除在外呢?

作为法律概念的歧视,是指根据民族、性别或年龄的不同,对群体进行区别对待。大数据方法可以根据兴趣爱好与特点将人分成不同类别,其详细程度是传统的人口结构方法难以企及的。这种技术还为另一种具体到个人的区别对待行为创造了条件,IBM 数据科学家迈克尔·海多克声称大数据的"可怕程度绝对超出你的想象",指的就是这个意思。海多克解释说,熟练的数据科学家可以准确地推断出某个人是否患有糖尿病或抑郁症。那么在数据表明某些人患有某种疾病时, 连锁药店是否可以向他们发送与这些疾病有关的商业报价呢? 海多克本人建议不要采取这种做法,除非对方自愿接受这些信息。否则,这家企业对"仅限于个人与医生之间"的隐私信息加以利用的行为,就会"扰乱某个人的人际关系"。

随着大数据技术的发展, 企业管理层经常需要判断哪些区别对待的行为是被允许的,哪些行为是不被允许的。对于企业而言,隐私权与其说是一旦遭到侵犯就需要加以处理的问题,还不如说是企业品牌的部分内容。人们是否会下载该公司的智能手机应用程序? 他们会不会签领商店的赊购卡呢? 这两个产品都会带来便利,但它们同时还是一种跟踪设备。如果人们信任这家公司,便利性就会压倒对隐私权的关心。市场营销风险重重,就企业而言,毫无疑问应该采取的应对措施之一是更大程度的公开性,是进一步披露数据技术的秘密,而不是像现在的大多数企业那样,把数据技术视为贸易的秘密武器和魔法。对于这个问题,麻省理工学院电子商务研究中心的研究员迈克尔·施拉格进行了简明扼要的概括,他说:企业的算法与数据处理方法应当实现"一览无余的透明度和公平性"。

…………

能精准量化人类性格特征的数据技术

多年来，米歇尔把很大一部分精力倾注在如何利用人工智能为人际交流创造便利条件的研究方面，也就是说，她从事的是"人机交互"研究。她需要借助计算机科学与心理学这两门学科，用计算机分析人们的需求。因此，在米歇尔看来，接下来研究如何用 KnowMe 这类软件来判断人们的性格，是非常自然的发展过程。在这项研究中，测试人们性格时使用的统计方法，可以追溯至 19 世纪的理论。但是在最近几十年的时间里，评估技术不断完善，效果越来越好，而且在判断人物的性格类型、基本价值观与人类需求时，还可以借助标准化的检测手段去验证结果的准确程度。

…………

米歇尔的目标是设计一种工具，通过在现实世界中建立这些相关关系，揭示人的性格类型。为了使其具备商业实用性，整个过程必须由计算机完成，而且不可以被客户发现。……米歇尔和同事们判断：在分析一个人的性格特征时，他们至少需要这个人的 200 条推特信息，才有可能得到足够多的词语，确保分析结果准确可靠。接着，他们找了 256 个人。这些人全部是 IBM 的员工，每个人都至少发布了 200 条推特信息，愿意成为该项目的研究对象，还愿意接受标准化性格测试。标准化性格测试是判断电脑分析结果是否准确的标准。KnowMe 软件在 81%的推特信息数据中得到的分析结果与性格类型、基本价值观和人类需求等正式测试结果高度吻合。

…………

如果 IBM 可以把人物性格鉴定技术制作成有刻度的计量工具，其用途将非常广泛。就我个人而言，我希望这项技术可以转化为一种客户服务。就像推特信息与某些智能软件一样，这项技术也可以让人们更深入地了解自己。IBM 并不生产消费品，但是可以成为热门初创公司的技术引擎、合作伙伴或为它们发放技术许可证。这项技术在量化自我方面有可能发展成为一个日进斗金的产品。难道量化自我的产品仅限于监控健康状况的腕带与智能手机应用程序吗？我们还可以推广能够量化性格特点的产品。

听了我的这个建议之后，米歇尔笑了。她认为，总有一天，人们在职业规划等活动中必然会使用这些性格数据。与成功相关的性格特质因职业不同而有所变化，IBM 计划在近期内把米歇尔的这项技术应用到企业市场之中。就在我和米歇尔交谈时，IBM 正在开展三个试点项目。他们分析几十万人发布的数以亿计的推特信息，试图找出有效办法，提升市场营销、客户服务和员工招聘的针对性和效果。智能软件就像一种炼金术，把从社交媒体信息中提炼的个人数据转化为一扇直通人们内心世界的数字窗口。米歇尔说："如果没有数据分析技术，我的这项技术将毫无用处。现在，我们很快就可以看出它的价值了。"

2014 年 9 月，米歇尔离开了 IBM，自己开了一家公司。她说，在 IBM 的工作经历启发了她，使她产生了创建公司的想法。留在 IBM 的同事将继续研究米歇尔在企业客户服务领域开发的基础性技术，但是米歇尔已经把她的目光投向了消费者市场。她认为，如果把数据比喻成新型石油，我们所有人就都是数据油井，而且有可能是储藏量丰富的油井。每个人都应该把性格特质与价值观的数据资料当作一种流通货币，用于交换真正的个性化产品、服务，以及企业给出的意见与建议。

如何将隐私风险降至最低？

数据是一种力量，或者说，数据通过智能算法生成知识、形成新的服务项目之后，肯定可以发挥某种积极作用。借助这种力量，消费者在社交、经济这两个方面收益颇丰。此外，他们还有一些意外收获，包括在互联网发现、分享、习得等方面的广泛应用，例如谷歌、脸谱网和亚马逊等，以及可以增强消费者议价能力的那些服务，例如卡雅、NexTag 等比价网站。不过，在这个新兴的数据经济体中，终极权力仍然掌握在收集数据、编写算法的那些人手中。

未来上演的将是一幕高风险、各方兼顾的好戏。在全世界范围内，政策制定者、工业管理层和隐私权倡导者正在绞尽脑汁地考虑两个问题：如何找到合适的平衡点？通过技术获取最大利益的同时，如何将隐私风险降至最低？

这两个问题都没有明确的答案。但是到目前为止，根据人们对这两个问题的回答，已经形成了一些泾渭分明的阵营，每个阵营都有不同的侧重点。一个自称开明商业群体的阵营主张：对隐私规则的关注点应当是数据的使用，而不是数据的收集。根据这种观点，数据是一种资产，是信息经济的流通货币，因此数据就像钱一样，只有自由流动才能创造最大的价值。

2013 年，世界经济论坛发表了题为"释放个人数据的价值：从数据收集到数据使用"的报告，强烈支持上述观点。这份报告是一系列以隐私权为主题的研讨会的产物，参会人员包括政府官员、隐私权维权人士及企业高管，最终报告主要由企业成员完成。该报告认为，对个人数据的使用加以管控，结合新型的隐私权保护工具，既可以保证个人保护好自己的隐私，又有利于数据市场的繁荣昌盛。微软前高级行政官、奥巴马总统科技顾问委员会委员克瑞格·蒙迪说："有好坏之分的不是数据，而是数据的使用方式。"

············

开发应用于数据管理的隐私保护工具，已经成为计算机科学研究的一个蓬勃发展的商机。新的规则是否有效，可能在很大程度上取决于新工具的效力。

数据审核技术也非常重要。在戴维·弗拉杰克列举的搜索深油煎锅的例子中，如果医疗保险公司不经授权擅自使用相关数据，审核跟踪技术就可以轻松地发现这一行径。美国电子隐私信息中心的执行主管马克·罗滕贝格针对透明度问题开出了一剂猛药——技术公开。罗滕贝格说："所有这些算法都应该公开，人们有权知道。"他认为，目前的智能代码仅仅给出答案和各种报价，其实就是"只显示结果的黑盒子"。

············

不过，我和费尔腾采取的这些措施都是一些小伎俩，只能在某个方面让数据收集行业无功而返。这些措施真的有效吗? 很可能无济于事。我们有可能躲开某些跟踪机制,但想要彻底保证隐私安全,这无异于痴人说梦。实际上,没有人可以独立于大数据世界之外,而且大多数人也不愿意置身于大数据世界之外。

选自[美]史蒂夫·洛尔:《大数据主义:一场发生在决策、消费者行为以及几乎所有领域的颠覆性革命! 》,胡小锐、朱胜超译,中信出版社,2015年,第264~266页、268~270页、276~278页、280~282页、286~287页、289页、291页。

3.莫罗佐夫*：
量化危机

量化自我运动的一大危害是，因为坚信自然里存在数据，信徒们不会怀疑(甚或反思)测量方案本身是否合适。而测量方案，是数据收集工作的基础。在沃尔夫看来，世界是黑白双色的：好人(也就孔多塞和开尔文的继承者)衡量数据，坏人拖后腿，拒绝这么做。你想加入哪个阵营？因为这豪言壮语如此简单，它和凯文·凯利的技术思考很类似：你要么做一个像他那样的技术爱好者，要么做一个"邮包炸弹客"(Unabomber)。除此之外，对技术再也没有别的思考方式。

出于这个原因，一如凯利热情地捍卫技术，沃尔夫也同样热情地捍卫量化。两人都是在整体层面上做各自的事情，故此都忽视了实践和方法的多元化问题。但针对现象，我们要考虑方方面面的情况，从多种测算和量化途径中作出高度必然性的、痛苦的选择，甚至包括拒绝对其进行量化的可能性。换句话说，我们需要对量化道德观详加考量。正如社会学家温迪·伊斯佩兰德(Wendy Espeland)和米契尔·史蒂文斯(Mitchell Stevens)的评论所说："量化道德观应当研究测量如何塑造了世界，同时坚决拒绝不管是科学上的，还是其他方面的自以为是，也即认为测量独有地、特权地贴近了现实。"量化的尝

---

* 莫罗佐夫(MoroZov)是旅美白俄罗斯作家，科技互联网评论家，《纽约时报》《华尔街日报》等媒体的特邀专栏作家。他从技术、人文和社会的角度去讨论科技对现今世界的影响，代表作有：《奥莱利的"词媒体"帝国》《技术至死：数字化生存的阴暗面》等。

试往往也是简化的尝试——而简化总是带有政治上的意味，尤其出于可测、可管理的原因而抛弃了其他问题阐释途径的时候。

让我们把这种对量化道德的关注，跟沃尔夫在宣言里倡导的高度鲁莽的方法比较一下。他写道："寻找数据是正常的。崇拜数字是现代经理人的决定性特质。为了对付心怀不满的股东，公司高管会在口袋里装满数字。参加竞选活动的政客，向病人提供咨询的医生，在电台谈话节目里痛骂地方球队的球迷，也都是这样。"是的，所有这些人都在寻求数据，但寻求数据也有许多不同的方法，有一些方法更好——还有些时候，不让数字包围自己，说不定会更好。毕竟，安然、安达信和雷曼兄弟公司都有经理人和股东；小布什时代遭人痛恨的"不让一个孩子掉队法"（把学校的资金跟学生的考试成绩挂钩）里，对数字的崇拜可谓泛滥；为患者提供咨询的医生，就算看着相同的数据，也总是有着不同的意见。

从营养主义到教育主义

脱离应用背景称赞抽象的量化，是一种毫无意义的做法。难道我们真的希望人们单纯因为"量化"很酷，或是因为几个启蒙思想家说了该这么做，就进行自我跟踪吗？这就像要求人们，在凯文·凯利的领导下，光为了对抗"炸弹杀手"，就总是在抽象意义上投奔新技术的怀抱，不管技术的具体应用会具有多大的破坏性。相反，我们需要确认量化方案在什么时候不合适。它们在什么时候会妨碍对现实进行方方面面的阐释？它们隐藏了哪些东西？我们观察不到这些东西会有什么样的损失呢？看似不相干的政治项目会以怎样的名目调用它们呢？不提出有关意义的尖锐问题，我们就很难做得到——而这些正是量化自我运动到目前为止基本上回避了的方面。

　…………

可惜的是，在教育这个领域，人很容易听信那些有关量化带来各种好处的浅薄赞美故事。去看看"给教授打分"（Rate My Professors）网站吧。在这个网站上，学生们可以评价自己的班级，以及执教的老师，按众多的标准为其打分排名。姑且不论将消费主义心态引入教育是否恰当，我只问一点：按照预设类别打分的过程，怎么就能让学生相信这些就是评估自己学习体验的标准呢？它们不光是客观中立衡量教育的方式，同时还塑造了新的规范，所有未来的教学都会据此进行评估。

"给教授打分"网站提供了四项标准：帮助度、清晰度、容易度和火爆度。最后一项标准基本上是为了搞笑，但其他的标准又怎么样呢？评估我们学习得怎么样，跟"容易度"有什么关系吗？外面的世界很复杂，希望"容易"的人，随时可以用 TED 讲演满足自己的胃口。但"清晰度"也招来了很多人的批评，主要原因在于，它给人留下了一种错误的印象：所有复杂的概念都能够，也应当塞进 PowerPoint 演示文稿里。正如作家马修·克劳福德（Matthew Crawford）指出的："当然，清晰在讲座时是可取的，如果欠缺清晰，那就只剩下教授一个人困惑的自言自语，要不，就是他没法把自己从本门学科的激烈争吵和行话里抽离出来。然而要求清晰，往往也就是要求一击切题，而这就假设能用一句话概括主题。繁忙的高管要求下属提交清晰的报告。大学生们同样很忙。"以为凡是点子都能用一句话归纳概括的学习型企业，能成功地生产出下一代的贝恩（咨询公司）咨询师，但它能带来哪怕是一名有才华的散文家吗？

让我们再看看："Google 学术"（Google Scholar）和 Mendeley 等学术网站促成的量化应用。后者借助 180 万名学者构建的全球学术社群，跟踪了 25 亿份研究文献，并进而提供"谁以何种频率，引用了谁就某一主题的观点"等额外信息。整体而言，这看起来像是件好事：了解观点如何流通不是件好事吗？更何况，大学早就开始使用诸如影响因子等其他指标了。人们希望，更好的数据，最终能提高效率。按 Mendeley 的创始人和首席执行官的说法，他坚信自己公司的"数据正帮助全世界一部分最优秀的大学更有效地研究，更快地获得能改变生活的新发现"。

抽象来看，这一新的知识层面不乏令人钦佩之处。但放在当今学术界其他发展趋势的背景下，它的效果并非一味积极。首先，这样的数据使得固定的出资机构(比如,英国政府)把学术研究资金跟用具体、便于衡量的产出捆绑起来,故此,如果你从事古典文学的教学和研究,就很难获得资金。其次,出版作品、获得他人引用的能力(故此提高当事者的"影响因子排名"),如今已经极大地决定了人在学术界的发展高度,它对学术研究的质量同样有着复杂的影响。

…………

一旦我们考虑到这些因素(用技术构造主义者的模式工作,对改变我们所选领域的发展趋势和实践保持敏锐关注),我们很可能会对伴随 Mendeley 新跟踪系统而来的"效率"多加思量。很有可能,它为一个小问题提供了很好的解决办法,同时却加剧了这一路上的许多更为宏大的问题。

若是以看似普遍、永恒的科学发现为基础,量化方案就变得更棘手了。指引公共政策的知识体系往往不稳定、不完整;它们的结论(尤其是以量化形式表达的时候)大多包含着成百上千的注脚和限制条件,人们可以对它详加研究,以便找回公式和数字处理过程中损失的复杂元素。在日常生活中,就算我们忽视这些脚注,也能够度日。就算我们完全不知道测量温度的系统是怎么来的,建立在怎样的简化之上,光知道室外温度,基本上就足够我们判断该穿多少衣服了。在这个例子里,输入输出关系非常简单(温度太低,我们会感冒;温度太高,会热得人难受),所以才能如此大刀阔斧地删减数据。这不是什么太高深的科学。

但靠自我跟踪赋予灵感的解决方案主义新前沿,可绝非什么简单直白的东西。就拿相对显得比较简单的节食来说吧。吃高卡路里的食物会变胖,吃低卡路里的食物会变苗条。这个理论非常简单,出于这个原因,计算我们饮食中所含卡路里的各种网站和应用程序也就大行其道了。有一款名叫"膳食速拍(Meal Snap)的智能手机应用程序,能让你把盘子里的食物照下来,并据此估算它所含的卡路里。另一款智能手机应用程序 "食物扫描器"(Food Scanner)能让您拍摄食品包装上的条形码,进而识别食品,传送它所包含的卡路里数值及其他营养信息。"餐厅卡路里计数器"包含了来自 100 多家知名连锁餐厅的 1.5 万个食物项目,方便我们计算外出就餐时摄入的热量。

听起来这些都像是很棒的应用程序——如果拿在合适的人手里的话。聚焦卡路里(仅仅是因为它们最容易计算)从营养学角度来看是有问题的,甚至会造成人饮食紊乱。节食社群里对到底是什么原因导致肥胖从无一致意见。如果是我们吃得太多,那么计算卡路里大概会是个简便的好办法。但如果肥胖跟人饮食的质量也有关系,那么我们就还要看所吃食物的成分,甚至警惕我们所吃食物中的碳水化合物和糖分含量。举例来说,《纽约时报》最近报道了《美国医学学会杂志》(*Journal of the American Medical Association*)上发表的一份著名研究,该研究发现,"饮食中的营养成分可以触发致胖体质,它跟卡路里消耗量没有关系"。现在,碳水化合物也可以测量了(通过一种名叫"血糖指数"的东西),但这不应该给我们造成太多干扰。

············

在批判营养主义的过程中,斯克利尼斯将营养主义的崛起与量化的简便、魅力挂上了钩。他指出,19 世纪末出现了一种趋势,"营养物质、食品成分、生物标记(如饱和脂肪、千焦耳、血糖指数、身体质量指数)被从食物、饮食和身体过程中抽离出来了。它们从更广泛的文化和生态范畴中抽离出来,逐渐代表了食物与身体健康关系的决定性真理"。斯克利尼斯对营养主义的批评,和尼采批评相信能通过数学对音乐排名的天真科学家没有太大不同。不能把营养知识简化成简单的公式,而需要进行批判性思考;可不同的自我跟踪计划却以一种非常有悖常理的方式,力求让我们彻底放弃对食物的思考。解决方案主义最根本的推动力,就来自这种逃避思考,用由算法创造的永恒真理取代人类判断的冲动。布鲁诺·拉图尔曾对"事实事件"(matters of facts)和"关注事件"(matters of concern)作了区分:前者,以一种不切实际的古老方式,将所有的知识论断表现为稳定的、自然的、非政治化的存在;后者,则是一种更现实的模式,意识到知识论断一般是片面的,只反映了一组特定的问题、利益和议程。在拉图尔看来,对我们政治制度加以改革的方法之一,就是承认知识是由关注事件构成,找出所有受此类事件影响的东西自我跟踪的扩散，以及用数字取代思考的倾向，有可能让我们永远地陷在事实事件范式中，无法自拔。

一旦我们不再思考优化，不光执行，甚至就连想象对"被测量""被跟踪"的制度进行改革，也困难了许多。量化的一个潜在问题是，它鼓励政府不去费功夫进行痛苦的结构改革，而是简单地将所有问题交托给公民去解决。为什么要规范高度加工的食品，提高农贸市场的准入门槛，禁止快餐连锁店对青少年打广告呢？毕竟，我们可以简单地赋予单个公民力量，让他们自己监控自己吃掉了多少卡路里，不用再费功夫采取政府级别的行动，假装肥胖是个人意志薄弱、无视自身进食量造成的结果。一旦自我跟踪与个人责任这一简化政治意识形态联手，就会妨碍人进行不间断的反思，而在约翰·杜威看来，不间断地进行反思，才是民主生活的核心。

量化的这种霸权特征（也即用量化取代思考某一现象的其他有意义的但可能是无形的探讨途径）非常让人不安。在热情甚至是用心良苦的自我跟踪人士手里，食物成了最小化生病风险的另一种方式，而不是享受有限人生的方式了。过分强调营养含量信息，会不会最终取代我们对食物的其他判断标准呢？诚然，自我跟踪主义者会安慰我们说，这种新的信息只是对现有信息的补充，但它实际上很可能会取代（而不是补充）其他标准。

事情为什么会演变成这样，并不太难理解。通过量化获得的一大优势是让手边的问题便于处理；一旦用数字来表示，我们就能讨论它会随着时间发生怎样的改变，衡量其他因素怎样对它造成影响，等等。故此，解决方案主义和量化，是存在内在联系的。政治科学家詹姆斯·斯科特在他了不起的作品《国家的视角》(Seeing like a State)中写道："某些知识和控制形式，需要狭窄的视野……（狭窄的视野）清晰地定焦现实有限的方面，要不然，现实就太复杂、太笨重了。反过来，这种简化让视野中心的现象变得更清晰，更容易进行精心的测量和计算。"所以为了限制解决方案主义有可能带来的损害，人必须找到方法，恢复一部分被这种"狭窄的视野"抹杀了的角度。

数字帝国主义

我们今天所面临的量化困境，伊里奇恐怕不会感到惊讶。我们最终会改为吃下满足所有营养主义需求，但缺乏美感、质感和香味，完全不像一顿精心准备的饭菜的液体糊糊？科技记者格雷格·比托（Greg Beato），在自由主义阵营的杂志《理性》（*Reason*）撰文，暗示这就是重度依赖量化的未来有可能招致的结果——不光是从营养的角度而言，其他方面的追求也一样。他写道："很快我们就能知道，是'法国洗衣店'（French Laundry）里卖的海胆奶酪让心跳加速得更快，还是丽思卡尔顿酒店卖的鱼子酱雪松熏鹌鹑蛋。我们会知道，哪位瑜伽老师的学生晚上睡得最香甜。我们会知道，哪些活动头一次约会就上床的可能性最大，是去艺术画廊的开幕式，还是去保龄球馆消磨一晚上。突然之间，所有从前用来判断价值和满意度的尺度都不再切题了。"

或许，美学就是这样走向终结的。量化碾磨过的人类体验，简化成了头脑麻木的沉默字节流，以数字的方式不懈地解说着我们对完美基因构成、完美信用评分、完美配偶的永恒追求。正如一些聪明的投资银行家屈从于功能主义的诱惑，购买了几千几万本从没读过的书放在家里，增添自己的"文化气息"（但家里放着一大堆从来没读过的书，"文化气息"又从何得来呢？），我们也会靠一些快速的技术补救，让自己显得更健康、更有艺术家气质，对我们理应渴望培养的健康或艺术理想却不闻不问。

技术评论家史蒂文·塔尔博特（Steven Talbott）继承了法国技术哲学家雅克·埃吕尔（Jacques Ellul）深刻的精神传统，正确地指出："我们只把自身智力的某些自动化、机械化和计算化方面，投入到了数字化时代的设备上，而外部的设备，反过来又强化了我们自己的这些方面。换句话说，你在这里会看到工程师所谓的'正反馈循环'，也就是几乎必然会让我们智力机能单向运作的循环。"我们也不必如此悲观——数字技术也能把我们从享受太久的道德、审美沉睡中唤醒——但塔尔博特主张的核心是对的：对正反馈循环，我们必须谨慎看待。

　　为什么这么多的人认为世界完全量化这样的愿景引人入胜,甚至堪称解放呢?在《理性》杂志那篇文章的作者格雷格·比托看来,他所看出的这些可怕趋势,仍然指向某种幸福结局:一旦我们知道了有关丽思卡尔顿酒店的鹌鹑蛋的一切,营销就死了,客观性就胜利了。"品牌、市场营销,甚至定性的顾客评价,都将让位给基于血压、皮肤电反应和定量自尊的报告。我们不再是用自己轻浮、情绪化、易受摆布的大脑去思考,而是用我们理性、便于量化、难于操纵的内心去感受,胜利者得到加冕,失败者遭到谴责,一切都基于真正让我们最为满足的东西。"这看起来就像是最糟糕的奇客怪谈,对权力的运作完全盲目。就算这样的乌托邦真正出现了,所有的营销预算也无非是换个支出方向:辩论是哪一种衡量方式更客观、更真实、更自然。到时候,不再是各品牌向我们倾诉自己培养了创造力,相反,公司会竞相向我们证明自己的创造力品牌(也就是得了最高分的品牌)最为重要。这只会助长现代社会业已普遍存在的焦虑和不信任感。

　　选自[白俄罗斯]叶夫根尼·莫罗佐夫:《技术至死:数字化生存的阴暗面》,张行舟、闫佳译,电子工业出版社,2014年,第260~268页、269~271页。

4.格雷克*:
意义的回归

信息过量、信息压力和信息疲倦并不新鲜,以前都曾出现过。这个洞见要归功于马歇尔·麦克卢汉,他在 1962 年提出了自己的这个核心思想:"我们今天深入电气时代的程度,就如同伊丽莎白时期的人们深入印刷与机械时代的程度。他们由于同时生活在两种反差强烈的社会和经验之中而产生的困惑和犹豫,我们现在也感同身受。"然而虽然两者多有相似之处,但这一次还是有所不同。现如今又过了半个世纪之久,我们得以开始认识到,互相连通的影响有多么广阔、多么强烈。

再一次地,就像当初电报刚问世时那样,我们谈论起了时间和空间的消弭。在麦克卢汉看来,这是创造出某种全球意识(他称之为全球认识)的先决条件。他写道:"现如今,我们已经将中枢神经系统延伸到了全球各处,从而至少在我们星球的范围内消除了时间与空间的差异。很快,我们将达到人类延伸的终极阶段——用技术模拟意识。到时,认识的创造性过程将集体地延伸至人类社会整体,就如同我们已经通过各种媒介延伸了我们的感官和神经一样。"而早在一个世纪前,沃尔特·惠特曼就用一种更好的方式表达了同样的意思:

---

* 詹姆斯·格雷克(James Gleick),美国知名科普作家,哈佛大学毕业,先到明尼亚博利斯市创办 *Minneapolis* 周报,在《纽约时报》担任编辑及采访记者十年,成为科技专栏作家。已出版数部畅销科普著作,其中《混沌》《费曼传》《牛顿传》,以及《信息简史》等书多次获得美国国家非文学类图书奖提名,英国非文学类最佳畅销书等奖项。

> 这是些什么样的絮语，噢大陆，它们跑在你之前，还穿越海底？
>
> 所有的国家都在亲密交谈？全世界将来会只有一颗心脏？

随着整个世界被电线以及随后出现的无线通信技术紧密联系了起来，种种关于新的全球有机体的浪漫想象应运而生。早在 19 世纪，就已经有神秘主义者和神学家开始谈论某种共享心智或集体意识，而它的实现要求数百万人被置于可任意一对通信的境地从而实现相互协作。

有人甚至将这种新的有机体视为持续进化的自然产物——在人类的自尊心受到达尔文学说的莫大伤害之后，这无疑是一种重申人类所肩负特殊使命的方式。法国哲学家爱德华·勒卢瓦就在 1928 年写道："如果我们想成功地将人类纳入生命通史当中，做到既不扭曲前者，也不打乱后者，那么有一点将变得绝对必要，即要将人类置于底层的自然之上，使其位居既能够主宰自然、又不脱离自然的位置。"为此，他提出了一个新概念——心智圈（noosphere），一个进化史上史无前例的"突变"。勒卢瓦的好友、耶稣会哲学家德日进更进一步宣扬了心智圈的概念，将之称为地球的一层"新皮肤"：

> 一块土地，无论它有多大，现在都不再足以养活我们每一个人——要用到整个地球才可以。如果从字面上看，这难道不像一个巨大的婴儿（四肢、神经系统、知觉中枢以及记忆皆备）正处于降生过程当中，而这个将要长成某种伟大之物的婴儿本身正是要实现该具有反思能力的存在由于新意识到了自身与整个进化的相互依存关系以及对其的责任而产生的抱负？

这确实有点佶屈聱牙，并且在神秘主义倾向不那么明显的人看来不过是夸夸其谈（"一派胡言，由一堆乏味的形而上概念堆砌而成。"彼得·梅达沃就对此评论道），但当时的确有很多人正在考虑这种设想，尤其是科幻小说作家。半个世纪后，Internet 的许多先驱者也对此喜爱有加。

…………

现在我们知道，真正造就大脑的并不是知识量，甚至也不是知识的分布，而是其中的互连通性。当初威尔斯在使用"网络"一词时（他对这个词一直青睐有加），它还保留着其原始的、实物的意义。与其他同时代的人一样，他在脑海中浮现的是彼此缠绕或连接的茎干或电线："在这些鹅卵石之上覆盖着一层由植物茎干结成的网络，它们盘根错节、相互缠绕，其上少有花和叶"；"一个由电线和电缆构成的错综复杂的网络"。但对于我们现在来说，这种感觉几乎已经没有了；现如今，网络被视为一种抽象事物，其涵盖的是信息。

信息论的诞生，同时伴随着意义被无情地牺牲掉，尽管正是意义赋予了信息以价值和目的。香农在《通信的数学理论》的一开头就直言不讳，宣称意义"与其工程学问题无关"。因此，忘记心理学，放弃主观性吧。

当然，他知道这肯定会招致反对。他也无法否认，讯息确实可以带有意义，"也就是说，根据某种体系，它们指向或关联了特定的物理或概念实体"。（这里的"某种体系"大概指的就是我们的世界及其居民吧。希望如此。）但对于有些人来说，这毕竟太过冷酷无情。曾参与了早期控制论会议的海因茨·冯·弗尔斯特就抱怨，信息论研究的其实仅是"哔哔声"。他认为，只有当这些信号在人的大脑被理解之后，"信息才算诞生——总之，信息不在'哔哔声'里"。还有些人则试图拓展信息论，使其涵盖语义因素。但意义，一直以来都难以确定。正如博尔赫斯在《巴别图书馆》里所写："我知道有一个陌生地区，那里的图书馆员对于试图从书中寻找意义的、徒劳而迷信的习惯嗤之以鼻，以为这就好比试图从梦境或混乱的掌纹中寻找意义。"

认识论研究者关心的是知识，而非哔哔声或信号。没有人会浪费时间去为点和划、烽烟或电子脉冲建立哲学。人们通常认为，需要经过人或某种"认知主体"才能接收信号并将之转化为信息。弗雷德·德雷特斯科就将这种观点描述为："美因人而异，信息也是因接收者而异……我们赋予了刺激以意义,否则它们本身是不带信息的。"但德雷特斯科转而指出,这种观点其实是建立在混淆信息和意义的基础之上,而一旦两者的区分被清晰理解,人们就可以做到将信息视为客观的对象,其生成、传输和接收并不要求或预设任何的阐释过程。进而在这样的框架下,人们得以有机会理解意义是如何生成的,理解生命如何随着越来越有效地处理和编码信息,逐渐发展出了阐释、信念和知识。意义及与之相关的一系列心理态度是最终产品,而其原材料是信息。

然而即便如此,一个会将假命题与真命题的价值(至少,就信息量而论)等而视之的理论,谁又会喜欢呢? 它无疑是机械、枯燥的。悲观主义者在回顾历史时甚至可能会认为它正预示了后来没有灵魂的 Internet 的到来。法国哲学家、控制论史家让-皮埃尔·迪皮伊就写道:"我们越沿用现在的方式进行'沟通',我们就会越营造出一个可怕的世界。"

信息社会中存在这样一个悖论:我们仿佛拥有了关于这个世界越来越多的信息,但这个世界在我们看来却越来越缺乏意义。

那个可怕的世界,已经变成现实了吗? 信息过量但还要求更多,哈哈镜和虚假文本大行其道,充满污言秽语的博客,隐藏在匿名背后的自以为是、毫无新意的讯息举目皆是? 到处喋喋不休,最终虚假驱逐真实?

所幸我现在看到的世界并非如此。

人们曾一度认为,在一种完美的语言里,单词与意义之间应该有着一一对应的关系,没有任何的歧义、含糊和混淆。人间被变乱的语言只是伊甸园里失落语言等而下之的产物——这是一场灾难,也是一次惩罚。小说家德克斯特·帕尔默就写道:"我想象,在上帝书桌上的词典里,单词与意义之间肯定有着一一对应的关系,这样当上帝给天使下达旨意时,它们才完全不会有歧义。他说出或写下的每一句话必然是完美的,因而也是个神迹。"但现在,我们对此有了更深入的理解。无论有没有上帝,完美的语言都不存在。

莱布尼茨曾认为,如果自然语言无法做到完美,那么至少微积分可以做到那种由严格定义的符号构成的语言。"一切人类思想也许能够被彻底分解成少数基础思想。"这样的话,这些基础思想进而可以加以机械的组合和审视。"一旦做到了这些,任何使用这些字符的人就绝对不会出错,或至少在出错以后通过最简单的测试就可以立刻发现错误。"但哥德尔终结了这场美梦。

恰恰相反,"完美"这一概念与语言的本质是互相对立的。信息论已经帮助我们理解了这一点——或者,如果你是个悲观主义者的话,迫使我们理解了这一点。帕尔默接着写道:

> 我们被迫意识到,字词本身不是思想,它们仅仅是一串串墨迹;我们也意识到,声音不过是波动。在现代,没有了自然之书的作者从天堂俯视众生,语言成了非确定之物,充满了无限可能性;破除了长久以来令人安慰的幻象,即自然存在有意义的秩序,我们只能直接面对无意义的无序;丧失了意义可以是确定的信心,我们在面对字词可能意指的多种多样事物时不免手足无措。

但无限可能性是件好事,而非坏事。无意义的无序是我们要勇于挑战的局面,而不是我们畏葸不前的借口。语言将一个无限的世界(及其中的对象、感觉和组合)映射到了一个有限的空间里。世界在不断变化,万物有常,世事多变。语言也在不断变化,我们不仅能从牛津词典每一版的差异中看出,也能从此一刻与下一刻、此人与另一人的差异中看出。每个人的语言都彼此不同。对此,我们要么手足无措,要么振奋勇气。

现如今,人类的词汇越来越多地存在于网络上——这样既方便保存(尽管它总是在变化),又方便访问或搜索。同样地,人类的知识也融入了网络,进入了云端。各种网站、博客、搜索引擎和在线百科、对于都市传说的分析以及对于这些分析的驳斥,不一而足——真实与虚假错综复杂,难以分辨。不过,在所有数字通信形式中,就要数 Twitter 受到的冷嘲热讽最多了。由于它规定讯息字数不得超过 140 个字符,人们常批评它保护陈腐和平庸,鼓励琐碎和浅薄。漫画家加里·杜鲁多(Garry Trudeau)就在漫画中描绘了一个新闻记者角色,他整天埋头于 Twitter 中,却几乎不起身去跑新闻。然而在 2008 年孟买恐怖袭击事件发生时,正是现场目击者的 Twitter 讯息提供了紧急信息,并起到了安抚民心的效果。2009 年,又是来自德黑兰的 Twitter 讯息将伊朗的抗议示威活动展示在了世界面前。格言警句这种形式一直以来有着光荣的历史。我本人很少用 Twitter,但这种形式独特、字数受限的古怪媒介无疑自有其用途和魅力。到了 2010 年,小说家玛格丽特·阿特伍德承认,自己已经"深陷 Twitter 圈中,就如同爱丽丝落入了兔子洞"。

那么 Twitter 究竟是什么? 它是某种信号发送,就像电报? 或是禅诗? 又或是厕所墙壁上涂鸦的笑话? 抑或是刻在树上的"约翰玛丽"? 姑且称它是一种沟通好了,人类就爱沟通。

此后不久,本以收藏所有书籍为目标的美国国会图书馆也决定开始保存所有的 Twitter 讯息。此举或许有点自降身份,并很可能是重复之举,但没有人能确信。毕竟这也是种人类沟通。

并且网络已经学到了一些任何单个个人无从知道的事情。

…………

相对于整个赛博空间,其中的几乎每一样东西都是微不足道的。同样,几乎每一样东西也都彼此连通,并且这种连通性源自相对少数的节点,尤其是那些特别连接广泛或特别受到信赖的节点。然而证明每个节点之间相隔很近是一回事,找到两者之间的路径则是另一回事。如果威尼斯的贡多拉船夫不知道如何找到美国总统,那么纵使能从数学上证明两人之间存在某种联系也没有多大用处。

…………

网络具有某种结构,但这种结构却是基于一个悖论:其中的每一样东西之间同时既接近又遥远。这正是为何赛博空间给人感觉既拥挤不堪又孤单无助的原因。你可能往井里扔了一块石头,却永远听不见溅起的水花声。

没有解围之神在随时待命,也没有人在幕后秘密操控一切。我们更没有麦克斯韦妖帮忙过滤和搜索。波兰科幻小说作家斯坦尼斯瓦夫·莱姆就写道："你看，我们希望这妖从原子的舞蹈中只提取真正的信息，比如数学定理、时尚杂志、设计蓝图、历史编年，或离子烤面饼的一份食谱，或如何清理和熨烫一套石棉服装，以及诗歌，以及科学建议，以及年鉴，以及日历，以及秘密文档，以及宇宙间一切报纸登载过的所有东西，以及未来的电话号码簿。"一直以来，是选择塑造了我们。选出真正的信息需要做功，而后遗忘它们也需要做功。这是伴随全知全能而来的诅咒：借助 Google、维基百科、IMDB、You Tube、Epicurious（菜谱网站）、全美 DNA 数据库或这些服务的模仿者和继承者，任何问题的答案似乎都触手可及，但同时我们依然不确定自己到底知道些什么。

现在，我们每个人都是巴别图书馆的主顾，同时也是其中的图书馆员。我们在欢欣鼓舞与灰心丧气之间摇摆不定。博尔赫斯就写道："在得知巴别图书馆收录了所有的书籍时，人们的最初反应是欣喜异常，人人感觉自己成了一份完整而隐秘的宝藏的主人。没有任何有关个人或世界的问题不能在某个六边形平台中找到权威的解答。这个宇宙的正当性得到了证明。"但哀叹和惋惜接踵而至：那些宝贵的书籍倘若找不到又有什么用？完全的知识如果已经完美到无法增益又有什么益处？博尔赫斯不无忧虑地写道："对于一切都已经被写完的确信，不免消减了我们的主动性，将我们变成了虚无的存在。"对此，其实诗人约翰·多恩早已作出了回答："你应该真正想这样做……如果一个人想出版一本书，那他应该更想成为一本书。"

这座图书馆将继续存在，它就是宇宙。但对于我们来说，一切都还没有被写完，我们也还没有变成虚无的存在。我们在过道中穿行，在书架上搜寻和整理，试图从一片嘈杂和混乱中找出几行意义，尝试阅读过去的和未来的历史，并努力收集自己的和他人的思想。偶尔我们会瞥一眼镜子，认出镜子里一个信息的造物。

选自［美］詹姆斯·格雷克：《信息简史：一部历史、一个理论、一股洪流》，高博译，人民邮电出版社，2013年，第409~410页、412~414页、419~421页。

5.托普*：
数字人与个体

　　直到现在,医学界一直享有特权,是所有健康和医疗信息的独家来源、承办方和储存方。而互联网和与健康有关的对等网络的大发展,使得公众与医学工作者之间的知识差距迅速缩小。随着越来越多的人对自己的DNA数据更加重视,有能力实时在手机上观测主要的生理指标,知识平等一定会更快成为现实。我们身边的工具中,每一样都能提供数字化人类的新形式,而且正如我们了解到的,这些工具的叠加与组合能够生成更大的能量和灵活性。将这些工具和能力加以综合,我们就能为每一个人获取关于他/她的解剖学、生理和生物数据,这在以前是不可能实现的。当我们将所有这些能力聚集在一起时,就创造出了一个虚拟人,虽然不是真实的人,但却复制了真实个体的许多重要特征。

　　现在,我们可以继续讨论这一系列融合(如图3-1所示)所带来的影响了。这些融合,很可能是有史以来最伟大的融合,将快速成熟的数字化、非医学领域的移动设备、云计算和社交网络,与蓬勃发展的基因组学、生物传感器

---

　　*　托普(Eric Topol)美国知名心脏病学家、基因组学教授、移动医疗研究者,约翰霍普金斯大学医学博士,美国医景网(Medscape)与开放存取期刊(theheart.org)的主编。创办了世界上第一家基因银行,协助创建了韦斯特健康研究所(West Health Institute)。他曾任克利夫兰医学中心(Cleveland Clinic)的心血管科主任,现任加州斯克里普斯转化科学研究所(Scripps Translational Science Institute)主任兼创新药物研究首席学术官。代表作有《未来医疗:智能时代的个体医疗革命》《颠覆医疗:大数据时代的个人健康革命》等。

和先进成像技术的数字化医学领域合为一体。

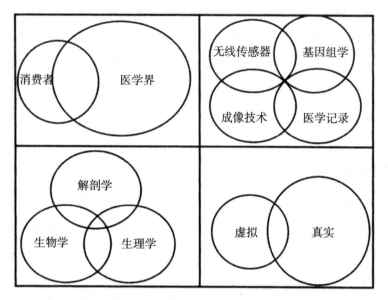

图 3-1　一系列朝向数字化人体发展的融合

个体科学

只需要利用针对个体的 DNA 测序和基因分析,就能掌握个体的独有特征和"条形码"。人和人各不相同,就连双胞胎在表观遗传标志上都有着很大区别。叠加在这些分子生物特征之上的,是另一个全新维度,可以从中了解到每一个脏器系统,以及我们对环境做出响应的整体功能。许多都归入了"组类"范畴:表示蛋白质的蛋白质组;转录进 RNA(核糖核酸)的遗传物质——转录组;分子层面的代谢组,比如由人体合成的荷尔蒙;表示各种糖类的糖组;表示脂类的脂组;与蛋白质相关的蛋白互作组;以及表示我们所处环境的暴露组。利用数字医学工具的非凡融合,我们现在有了"个体组"。我们即将迈过这个门槛,确定宇宙中的每一个人都是与众不同的。

由于有了个体科学,我们也来到了消除医学的许多基本无知的门槛边。"原发性"(idiopathic)这个医学术语,在医学界被用来形容不知如何诊断或不了解疾病原因的情况。这个词汇源自希腊文"idios",意为"个人的""分离的"

或"与众不同的",与"pathic"这个意指饱受疾病困苦的词汇相结合,就形成了一个新词。讽刺的是,随着"个体组"的发展,我们似乎正在回归到 idios 的最初内涵上:我们正在努力了解每一个人的独特性,越来越有可能为个体疾病给出诊断,找到根源。而且,"原发性"高血压这样的说法,表明我们不明白为什么 7000 万美国人患有高血压,"隐源性"(本意为模糊或未知的起源)的说法,意味着某种疾病有着我们尚未搞清楚的神秘性。就算为这类疾病做出诊断,比如糖尿病或炎症性肠病,每位患病个体的分子基础也各不相同。个人化医学时代,最终将消除"隐源性"和"原发性"这样的用语,全面地认识到,每个人都是与众不同的个体 idios,要凭借对个体特征的绝对尊重,来进行诊断和治疗。不久的将来,我们就能够在数字化人体的基础上,解开疾病的根源问题,用宝贵的知识来挽救生命,提高生命质量。这将是个体科学的巨大但不是唯一的成果。

疾病与医疗诊断的整套分类系统,都要重新改写。现在所使用的简化模式,十分粗略地将个体分配到极为宽泛的疾病类别之中,或是糖尿病两种类型中的一类,或是某器官的癌症。而个体科学会促进一种新型分子分类学的发展。这种分类学利用基因或路径等首要的生物学基础,再配合上诸如仅发生在夜间的葡萄糖调节异常等生理表型因素,这样一来,就会出现 5b 型糖尿病,其特征是与锌的黏合而导致的胰岛素蛋白转运功能不佳,还有 8 型糖尿病,其致病原因是褪黑素受体功能失常,对蓝光较敏感。我们也能将发生在皮肤、甲状腺或其他器官上的某种癌症定义为 BRAFV600E 型癌症,将表现为多发性硬化、克罗恩病、哮喘或狼疮的疾病归类为白介素 −17 受体免疫性疾病。

几乎所有用于数字化人体的工具,都与网络有关,无论是移动传感器网络、万维网、基因调控网络、神经网络,还是社交网络。网络中的节点,因网络的特质而有所不同,在社交网络中,节点是人,而在细胞中,节点是基因座。但各类网络中,驱动节点和中枢的关键概念是共用的。无论是对人类基因进行排序,还是对无线生物传感器收集到的数据进行处理,都需要在并行平台上进行大规模平行计算。巨大的数据量,以及将数据转化为信息的可能性,依赖于多核处理能力,并越来越依赖于云计算的应用。而我们深入了解个体的能力,正取决于网络科学。我们捕捉核处理的数据越多,某特定个体的特征就能得到更加清晰的界定。

医院和诊所的职能让渡

彻底的变革,需要对传统医学的基础设施进行一场大检查。开始这一工作的象征性场所,是医学的标志性地点——医院和医生诊室。我并不是在宣扬自我诊疗医学,医患关系永远是不可或缺的。但是,医患关系所发生的环境终将发生改变。

未来对医院的需求将大幅度缩水,仅限于需要特别护理和监控的重症患者。医院也必将减少,这是有多重原因的。首先,医院需要耗费巨额资金。医院本身也会导致真实的风险,目前有 8 万种在医院发生的危险感染,每年还会发生 15 万起不必要的手术和医学事故,导致 2 万 5 千多人死亡。虽然医学界用了 10 年时间去努力降低这一数字,但功效甚微。

患者住院的最常见原因,比如充血性心脏衰竭、哮喘和慢性阻塞性肺病等,都适用于不需要住院设施的数字化医疗策略。很明显,不是所有的基础设施都有条件进行大规模家庭监控,但我期待在未来 5 年中,这一趋势会发展得很快。能够最先避免的医院设施,就是睡眠实验室。睡眠实验室用来诊断并治疗睡眠呼吸暂停和其他相关障碍。所有在医院睡眠实验室中能做的事情,都可以在家中完成。

未来几年,患者前往诊所求医的情况中,50%至 70%将不再必要,取而代之的是远程监控、数字健康档案和虚拟家庭出诊。2011 年,思科公司的 Health Presence 已经利用相关技术,使得虚拟的医生和医疗服务成为可能。这套服务系统不仅包括视频会议,还集成了高分辨率放大摄影机、医疗图像的传输、电话听诊器、耳鼻喉镜,以及对氧浓度、血压、呼吸率和心律的跟踪。现在,这套系统用来为远离医疗服务机构的患者提供服务;未来,这套系统将以更为高效和便捷的方式,经常用于医生和患者的互动。

这场创造性破坏的步伐,显得有些讽刺。为什么零售业出现了"亚马逊化"趋势,由网店替代了实体店,而医学却没有呢? 毕竟,许多人都觉得在书店买书或到零售店闲逛是一种愉悦体验。我还从来没见过哪个人能从去医院看医生中找到这样的快乐。从某种角度讲,答案很简单:许多研究发现,一项医学新发现或新近确认的临床知识,需要 17 年的时间才能成为日常临床工作中的一部分。有幸的是,加速这一进程的手段,近在咫尺。

············

我们为什么急需数字化人体? 如何实现数字化人体,及其对未来医学根本变革的广泛影响? 但这种新型医学的最终实现,还是需要你我的积极参与。将你的 DNA、手机和社交网络结合为一体,再加上你一生的医疗健康信息和生理与解剖学数据,你就拥有了重振科学未来的能力。谁能比你对你自己的数据更感兴趣、更投入呢? 医学界第一次出现了大众化趋势。想象一下古登堡印刷机发明之前的牧师。600 年之后的现在,想象一下医生和医学的创造性破坏。

数字反乌托邦

当然,若想看到这一变革取得实质性成效,就要全面认识数字化人体潜在的负面影响。我们拥有了对人体诸多方面进行数字化处理的能力,同时也引来了去个人化的悖论。医生将尝试去治疗扫描结果、DNA 数据或生物传感器读数,而非患者本身。而且,医生不仅会针对扫描结果和数字化数据进行治疗,而且会利用这些工具和手段,让医疗诊断工作更有效率,因为面对患者去倾听、检查、互动,是需要时间的。远程监控和医患之间面对面问诊次数的减少,会导致医患间亲密关系的丧失,同时也失去了医者抚慰人心的优势。在人体可以简化为 6 个数字和字母时(虽然有无数的 0、1、A、C、T 和 G),对去人性化的担忧一定会排在首位。

信息、无线网络和生物传感器的无处不在,推动着真实世界虚拟化的发展。就像大卫·盖勒特在 1991 年出版的《镜像世界》中所讲的一样："看向电脑屏幕，你就看到了现实。"MIT 媒体实验室目前正在进行的一个项目就是"令从数字视角监测人类生命指标成为可能"。实验室的一位研究生曾说："这一愿景很有可能会成为现实，未来，就会出现在镜像之中。"镜像的主题，延伸到镜像神经元这一将人与猿区分开来的"社会认知的特定环路"，再延伸到我们的基因这一"生命体验的镜像"。

我们如何将真实与虚拟区分开来？当假肢、人工耳蜗、人工视觉系统和佩戴型传感器等非生物电路与我们的身体、大脑和环境集成为一体时，两者之间的界线就变得模糊起来。为了从更加基础而深入的层面了解人类，我们将会培养出由真实人类和生物传感器相结合的电子人。无疑，人类掌握的技术十分强大，但同时，也创造出了一种半合成的虚拟人类，一种个体的映象。未来，我们是否能明确地区分开数字化人体、数字人和真正的人类？尼古拉斯·卡尔笔下的"对我们人性和人类特质的缓慢侵蚀"，指的是数字世界对人类行为的影响。而医学界的大变革也将对这种现象起到推波助澜的作用。

我们没有办法完全缓解这种担忧，但我还是要试着对其加以校正。无论我们利用什么样的数字工具去刺激和了解人体，我们永远也无法完全做到个体人的复制。虚拟人类不是真正的人类。数字化人体是真实个体的特定延伸，是以前不敢想象、不敢尝试的一种融合与模拟。无论对人类的数字化处理可以做到多么综合、深刻和精准，每个个体的复杂性是无法完全复制的。虚拟与现实之间，永远存在固有的鸿沟。雷·库兹韦尔提出的"奇点"概念，认为人类与机器、真实现实与虚拟现实之间的区别正在消失，新的文明正在勃发，是有失偏颇的。数字人永远也不等于个体。将图灵实验应用于健康和医学领域，是不可能成功的。超级计算机和人工智能会加入数字化医学的滚滚浪潮之中，但保持真实个体与虚拟个体之间的区别，不仅是可能的，而且是必须的。

下一个值得讨论的顾虑，许多人都会将其置于所有问题之首。那就是人体数据的私密性和安全性。讽刺性的是，乔治·奥威尔这位预见技术反乌托邦的大师,发现在其创作《1984》的伦敦公寓的方圆 200 码之内,安装了 32 部闭路摄像头。这个世界上,永远会有人假借光明正大的理由,去侵犯我们的隐私。在人们想到个人信息被透露或盗窃,基因信息、诸如精神疾病等受人非议的身体情况,或是高度保密的生物传感器或扫描数据遭到曝光,就会感到数字化医学的前景暗淡。还有人认为,将一生的病例记录存储在云端,简直令人恐惧。我们刚刚开始着手在基因层面应对这一问题,相关立法已经出台,保护个人信息不受雇主和保险公司的歧视。但这一努力尚未取得成功,还没有将寿险和长期残疾保险囊括进来,而且并不包括其他形式的数字化医学数据。从私人信息保护的角度看,1996 年通过的《健康保险流通与责任法案》会为个人权益提供强有力的保护。我们无法确保永远不会出现对安全数据的侵犯,但会尽各种可能的手段,将风险及其后果的严重性降到最低。

也许,最为重要的一个顾虑是,所有这些新近出现的信息——生理指标、数字成像、基因测序等,究竟能为我们提供帮助还是拖后腿。这些新的信息,是能帮助人们保卫或提升健康水平,还是会培养出一种网络慢性担忧症,可能会出现一些在基因测序中发现某种疾病易感性,并因此怀有恐惧心理的人们,还有一些每隔几分钟就查收邮件,监控自身生理指标的人们很可能两种情形都会出现,就像现如今那些有癌症或亨廷顿舞蹈症家族史的人会担心自己有朝一日也会身患此病一样。但这并不意味着我们要把相关信息密不透露,毕竟绝大多数人都不会通过 WebMD 自我想象、自我诊断出某种疾病,然后因此执迷不已,正如绝大多数人不会自己去阅读医学教科书或精神病科的《诊断与统计手册》(*Diagnostic and Statistical Manual*)一样。医学工作者从不认为消费者拥有吸收并利用新知识的能力。我们不能放任勒德论(Luddite Argument),也就是假定普通人不能掌握真理的无知论的发展与膨胀。

数字化人体时代所存在的道德困境和矛盾,无疑将出现两极分化趋势。当夫妻在要孩子之前能随时对自身携带的数千种罕见基因变异进行筛查,对优生学和“计划生育”的界定,必将引来一场意见迥异的大讨论。当老年人身上佩戴了一大堆传感器,持续接受护理人员的监控,是否会提高老年人罹患严重抑郁症的风险,而没能达到最初的目的——为老年人提供安全保障,同时保护他们相对的独立能力。

数字化医学,依赖于互联网和宽带连接,而世界上许多地方都缺乏这方面的基本保障,而且不仅仅是在发展中国家。在加利福尼亚州,5位成年人中,就有1位不使用互联网,33%的家庭中没有宽带。本书讨论的所有技术和工具在扁平世界中,都可以将地理界限置之不顾,自由传播,而没有互联网和宽带的现实,则在全球内限制了这种传播的范围和广度。我们可以将数字化医学视为不断继续的人道主义故事。在通信这个基础核心平台上,这个故事与之共同发展,同时又超越了通信的范畴。终有一天,数字化医学将成为疾病预防与护理的全球标准手段。我们已经有能力将手机转化成为诊断实验室,快速准确地诊断艾滋病和其他传染性疾病,或通过生物传感器和手持成像设备对心脏病或糖尿病等疾病进行高精尖诊断与管理。发展中国家的人们患慢性疾病之后,常常因无法即时通信而耽误治疗,特别是心脏病、糖尿病和癌症等疾病,在这样的情况下,传感器和成像设备的使用就变得越来越迫切。

虽然手机更新换代成为智能手机的趋势,会提高全球人口接入互联网的普及程度,但我们还是要毫无保留地付出努力,争取消除数字界限。虽然这个星球上生存的70亿人口中,每一个人从生物学和生理学的角度讲都是独一无二的,但我们每一个人都能从数字化的趋势中获益。

其他问题遵循同样的逻辑线索。个人化医学的准入条件和成本,会不会进一步加剧已经十分严重的医疗不平等现象?个人化医学是否会因为改变了医疗护理的标准,而成为医疗过失诉讼的温床?当医疗人员通过远程设备对患者进行积极监控,医院除了重病患者之外,不再有大批患者出入,如疾风骤雨般涌向医疗人员的海量监控数据,是否会令医生们措手不及?远程监控设备收集到的实时持续生理数据,需要高效、自动、准确地得到处理和回应。否则,这一技术发展就无异于一场公然的失败。还有,数字超声录影需要快速无线传输，人们对互联网的带宽要求也会越来越迫切。在数字化医学的勇敢新世界中，与健康相关的互联网信息传输，是否会与 YouTube 和 Netflix 的视频流量以同样的方式进行处理？随着数字化医学时代的来临，上述这些问题和更多我们尚未想到的问题必将涌现出来。根本的变革，本身就是充满争议的，而应用到医学世界中，其争议的激烈程度只能更加严峻。

数字人和熊彼特医学

虽然存在各种顾虑，我还是希望你能从数字化人体的展望中获得启发和灵感。数字化人体，就是以之前不敢想象的精细度，从分子层面对个体进行界定。数字化人体、虚拟人体，或称"镜像"人体，是在医学界掀起大变革的先决条件。无论是对在最小意识状态下生存多年的个体进行唤醒，还是对个人基因组进行测序，以确诊某种威胁到生命的先天疾病，或预防某种用其他方法无法避免的，因癌症或心脏病而引发的夭折，我们现在已经拥有了相关技术能力，而且这种技术还在以前所未有的极快速度继续发展。最终，我们将有能力进行器官打印，甚至是对思想中的某些部分进行控制。人类对人类自身进行数字化处理，是改变我们生存质量的终极手段。这远比变革本身更为宏大，是熊彼特定义的创造性破坏的精华所在。如今的卫生保健和医学领域中的方方面面，都将受到影响。医生、医院、生命科学产业、政府及其监管部门，都是彻底变革的目标。

对人体进行高清晰度数字化处理，将会塑造出医学的伟大拐点，通过前所未有的 DNA 测序、智能手机和数字设备、佩戴式和嵌入式无线纳米传感器、互联网、云计算、信息系统和社交网络的超级大融合，来孕育出人类的映象。结合在一起，这数以十亿计的字节、基极和像素，就创造出了四维的人体，形成一幅合成图像，超越我们之前概念中的个人独特性。如果没有这些工具，那么健康医疗的超个体化，以及疾病预防的梦想，都将无法实现。

这种新的从个体角度出发的医学发展意识形态，如果得不到个体的充分参与，就无法在不远的将来成为现实。而个体，正是这场大发展中利害关系最大的参与者。未来，一定会见证一场伟大的变革。医学有能力，也必将以个体为单位，实现重振与复兴。

选自[美]埃里克·托普：《颠覆医疗：大数据时代的个人健康革命》，张南、魏薇、何雨师译，电子工业出版社，2014年，第297~282页，288~289页、295~299页。

四

大数据经济

1.安德森：
免费经济和一个免费的世界

免费经济学：一个老掉牙的笑话何以摇身一变成为数字经济学的定律

1838 年,寓居巴黎的数学家安东尼·库尔诺出版了如今被视为经济学名著的《关于财富理论之数学原则的研究》(尽管在当时并不为外界称道)。在这本书中,他尝试着提出了公司竞争的经济学模型,并且在经过大量数学推算后得出结论：公司间的一切竞争关系都与他们生产产品的数量有关。如果市场中已经存在一个生产碗的工厂,而另一家公司也想开办一个生产碗的工厂,那么就要注意避免产量过剩,因为市场上同类产品过多将造成价格下跌。无论如何,这两家公司都会不约而同且各自独立地规划产量,以尽可能使价格保持高位运行。

这本书很快就被外界遗忘了,即使对最具启发意义的著作而言,这也是常有的事。当时在法国经济圈占主导地位的法国自由学派对库尔诺的理论并不感兴趣,这无疑令他感到痛苦和沮丧。(不管怎么说他的学术生涯成就卓著、获奖无数,他于 1877 年逝世)他去世之后,后辈经济学家重读《关于财富理论之数学原则的研究》这一经典著作,并得出结论——库尔诺受到了他同代人不公正的忽视,他们呼吁重新对库尔诺提出的竞争模型进行研判。

1883 年,法国数学家约瑟夫·伯特兰德决定对《关于财富理论之数学原则的研究》一书做出恰当评判。伯特兰德讨厌这本书。正如维基百科在介绍库尔诺时所言,"实际上库尔诺得出的所有结论无一正确"。的确,伯特兰德认为库尔诺将产量确立为左右企业竞争的关键因素这一做法过于武断,以致他半开玩笑地将库尔诺的模型重新界定为价格而非产量是决定竞争关系的关键变量。令人感到奇怪的是,如此一来他竟然发现了一种堪称简洁的模型(即使并非特别简洁)。

伯特兰德认为,相比限制产量以提高售价、增加利润,各大公司更有可能降低价格以获取更多的市场份额。确实,他们尝试着相互压价直到价格仅比产品成本稍高,这种做法被称为"边际成本定价法"。而且,如果更低的价格催生了更高的需求,那就再好不过了。伯特兰德的竞争理论可以被简化成如下表述:在一个竞争性市场中,价格等于边际成本。当然,在当时并不存在那么多真正意义上的竞争性市场,至少与这些数学模型界定的情况差别很大,因为各企业生产同质产品(不存在产品分化)且企业相互间无串通行为。因此,其他经济学家把他们归入试图以一种并非必要的方式将复杂的人类行为与各种刚性平衡对号入座的理论家之列。在接下来的几十年里,随着另一场学术争论的兴起,上述两派经济学家的争吵已经被人们遗忘。

随着经济学的发展步入 20 世纪且市场竞争日益增强、市场可度量程度不断增加,各路研究人员又开始关注库尔诺和伯特兰德这两位观点相左的法国人。一代代的经济学研究者皓首穷经试图弄清楚库尔诺竞争模式更适用于哪些行业而伯特兰德竞争模型又适用于哪些行业。我将省略其中的细节,简单来说就是:在各种市场类型中,在哪一类市场中易于获得更多的原料,伯特兰德竞争模型就更胜一筹,价格往往就与边际成本相同。

倘若不是由于如今我们正在建设一个前所未有的最具竞争的市场环境,伯特兰德的竞争模型在很大程度上仍只能引起学术界兴趣,这是一个各项服务和产品的边际成本近乎为零的模型。在互联网上,信息就是商品,而产品和服务很容易被复制,我们看到伯特兰德竞争模型正以一种甚至会令伯特兰德本人震惊的方式发挥着作用。

如果"价格等于边际成本"是市场规律，那么免费就不只是选项，它是无可回避的终点，它是经济规律所具有的力量，而你只能长期与它进行抗争！

但是请稍等，软件难道不是另一个边际成本接近零的市场？难道微软公司没有向用户收取数百美元的 Office 和 Windows 软件使用费？答案无疑是肯定的。那么这又如何与伯特兰德的理论相符？

答案在于"竞争性市场"。微软创造了一种能从网络效应中获利颇丰的产品：用某种产品的人越多，感到不得不采取同样做法的人就越多。以 Windows 这样的操作系统为例，最流行的操作系统能吸引大多数软件开发商创造大多数能够在其上运行的程序。而以 Office 为例，由于你希望能与其他人共享文件，因此你倾向于使用大家都使用的相同程序。

这两个例子都易于造成赢家通吃的市场，这就是微软成就垄断霸业的方式。而且当你得到一项垄断权时，你可以收取"垄断租金"，也就是说装在标有"Office"标志盒子里的两张塑料光盘售价 300 美元，而制造这些光盘的实际成本只有一到两美元。

垄断权变了模样

这样的实例在 20 世纪后半叶司空见惯——令人大跌眼镜的高利润率（90%、95%，甚至更高），这似乎与伯特兰德竞争模型描述的情形恰恰相反。不仅软件业如此，任何产品价值主要在于知识产权而非物质资料的行业均是如此。药物（药片本身几乎一文不值，但药物的研发成本却高达数百万美元）、半导体芯片（与药品类似），甚至包括好莱坞大片（电影制造成本很高但复制却相当便宜）统统属于此类。

这些行业从所谓的"递增收益"（increasing returns）中获利，收益递增规律认为尽管产品的固定成本（研发、工厂建设等）可能会很高，但如果边际成本相对较低，那么产量越大，利润率越高。追求"最大化"战略的回报在于投资者的固定成本被分摊到更多的单位中，从而使得每个单位的收益都有所增加，这并无太多新意。正如经济学家保罗·克鲁格曼曾指出的，即便维多利亚时代的经济学家阿尔弗雷德·马歇尔(首先提出供求均衡理论模型的古典学派经济学家)也认为"雇用大量熟练技工,拥有专业供应商并不断改进和应用新技术的行业能大幅降低成本"(他提出的典型例子就是英格兰谢菲尔德市的餐具制造商, 他们有能力将工业革命中出现的新技术应用于银器的大规模生产)。但传统意义上"递增收益"指的是基于产品的递增收益。数字产品市场同样从消费的递增收益中获利,在该市场领域,产品的消费额越高,产品的价值就越大,这就形成了一个足以确立市场主导地位的良性循环。当然,只有当你有效遏制竞争对手时,这一良性循环才能发挥作用,而且利润如此之高的原因在于实现这一目标的各种有效方法在 20 世纪非常普遍。除垄断之外,专利权、版权和商标权、商业秘密及针对零售商的强制手段都拒竞争对手于千里之外。

上述遏制竞争战略存在的问题是其作用发挥得并不像过去那么充分。由于复制技术(从便携式电脑到生物医学设备)的迅速发展和普及,从软件制造到内容提供再到医疗服务,各行各业中的盗版行为日益猖獗。而且随着在线配送方式的逐步推广,只要有充足的货架空间,就不可能使竞争对手远离消费者,无论你的商品在沃尔玛有多么大的吸引力。通过将大众化生产工具(如计算机)与大众化配送工具(网络)相结合,互联网恰恰变幻出在伯特兰德看来只存在于想象中的东西:一个真正具有竞争性的市场。

转瞬之间,一个理论经济学模型变成了在线定价的法则,要知道,100 年前这个理论初创之时还是被用来取笑另一位经济学家的认为在线经营时无须再惧怕垄断还为时过早。正如 Google 已经非常巧妙地将其拥有的网络效应展示出来, 使微软在桌面操作系统领域确立压倒性优势地位的相同网络效应在互联网上表现得也相当突出。但在线准垄断的有趣之处在于,它自身几乎不会带来垄断租金。由于 Google 在各领域拥有压倒性优势,它无须向客户收取文字处理软件和电子表格的 300 美元使用费——它将这些软件免费赠送给客户(统称 Google Office 应用软件)。即使对收费业务而言(主要是广告位),价格也是通过竞价而非由 Google 自身决定。由此看来,对于所有在线品牌中的"老大"，从 Facebook 到 eBay 均是如此。相对于它们的整体实力，它们拥有的定价权则微乎其微。Facebook 只能实行最低广告费率，即每千次浏览不足一美元，而且每当 eBay 试图抬高广告刊登费用时，其销售商就威胁弃用 eBay，考虑到可取代的在线购物网站数量庞大，这种威胁并非空谈。

那么在这种情况下，它们又是如何赚得亿万美金的？答案是规模。并不像那个老掉牙的笑话所说：每单生意皆有损失但仍可借助规模经营予以弥补。恰恰相反，情况是面向大多数人提供产品和服务时折本，而通过向少数客户提供有偿服务弥补损失。因为这些公司追求"最大化"战略，那些相对少数客户带来的回报抵得上为千百万人提供服务创造的利润。对于消费者而言，这可是天大的好消息，他们能享受到物美价廉的产品和服务。但对那些无法实现规模最大化的企业而言又意味着什么呢？毕竟，相对于每一个像 Google 和 Facebook 这样的大公司，仍有成百上千家小公司始终无法超越利基市场。

对它们而言没有标准答案：每一个市场都与众不同。免费在所有市场中都具有持久吸引力，但围绕"免费"做文章继而赚钱，特别是当你尚未拥有庞大用户群时（某些情况下甚至你已经拥有上述条件时），确实关乎创造性思维和反复实验的运用。

免费仅仅是另一个版本

这些模型背后的经济原理基本上属于我们之前已经讨论过的四种"免费"模式，而且经济学完全可以解释得通为何价格为零。定价理论基于所谓的"版本划分"，即面向不同类别的客户定价各不相同。"欢乐时光"（Happy Hour）酒吧的啤酒定价便宜，以借此留住顾客，待涨价时他们仍继续光顾支持。版本划分这一做法的根本理念蕴涵着以不同价码向不同客户推销相类似产品的思想。当你在常规汽油和优质汽油间做选择时，你就在经历版本划分过程，而且当你半价观看一场早场电影或享受老年人优惠时，也经历了同样的版本划分。这便是免费加收费模式的核心：其中一个版本免费，其他版本则是收费的。或者说,按照每个人的需求为其提供服务,依据某些人的支付能力获取收益这一定价理论界定的固定费用("一价通吃")即价格也可以催生免费服务。在类似 Netflix 公司向客户收取的邮寄 DVD 租金中,就能够发现这样的固定费用。每月交纳固定数额的租金就可以无限量租借 DVD,每次最多可以租三张,尽管你仍须支付相应费用,但你不必为每一张新租赁的 DVD 买单(即使邮资免费)。由此看来,客户能够感知到的观看一张 DVD 的费用,即将所租 DVD 寄回而后得到一张新片的费用实际为零。这"感觉就像免费的",即便为了获得这项"特权"你一直在支付月租费。

　　这就是经济学家所说的接近零的"边际价格"实例,不能将其与接近于零的边际成本混淆。前者由消费者体验,而后者由生产者直接面对。最佳模式是将二者结合在一起时,正如 Netflix 公司所为。

　　Netflix 的成本基本上是固定的:吸纳订户、留住客户、建设配送站及研发软件和购买 DVD。邮寄更多 DVD 的边际成本相当低:一点邮费、一部分人力(尽管目前已经高度自动化)及一些增加的版税——特别是与做出这种选择、享受便捷服务的订户们得到的益处相比。因此,当 Netflix 根据客户的经济利益(支付固定费用使得租赁更多 DVD 看起来似乎并不花钱)调整自身利益(将固定成本分摊到更多的 DVD 上,以减少边际成本)时,这笔生意中的每个人都能从中获利。

　　在某种意义上,Netflix 就像一个健身房。固定成本使这个健身房得以开张并维持运营。你使用次数越少,经营它的公司赚得就越多,因为如果大多数人不是每天都出现,那么健身房就可以更少的空间为更多的会员提供服务。

　　与之相似, 如果你不是经常将光盘寄回更换新片,Netflix 赚得就更多。但不同之处在于, 你不会像使用健身房时一样感到自己使用率偏低有多么糟糕。有 Netflix 在,你就不必因迟交光盘数个星期而支付滞纳金,而相较于频繁更换新片,对公司来说这种情况可以说是赢利的。

　　在你身边,尽可找到这种接近于零的边际价格模型,从快餐到手机再到宽带互联网接入计划。在每一种情况下,固定费用将边际价格的负面心理状态——商家斤斤计较或自己被"敲竹杠"的感觉——统统消除,使消费者更乐于消费。如果他们消费额很高,这一模型就管用,因为它通常与一个低边际成本生产模型相匹配;而如果他们的消费额较低,则这一模型作用的发挥就更为充分(至少对于生产商而言确实如此)。正如 Google 首席经济学家哈尔·瓦里安所言:"谁是健身房最为推崇的顾客? 就是那些交上会费之后从未现身的家伙。"

充裕思维的十大原则

1.如果是数字产品,迟早它将变成免费商品。在一个竞争市场中,价格会下跌到与边际成本持平。互联网是这个世界上最具竞争性的市场,而且它赖以运行的科技边际成本——处理、带宽和存储——每年的成本越来越接近于零。免费不是其中一个选项,而是一种必然选择。数字信息希望成为免费的。

2.实物产品厂商也希望自己的产品是免费的,但它们在这方面表现得并不积极。在数字商业领域之外,实物产品的边际成本几乎不可能降为零。但从消费者心理角度看,免费是如此具有吸引力以致各大厂商总是希望找到方法推出免费产品,它们通常的做法是重新调整经营策略从而在出售其他产品时免费赠送某些产品——实际上并不是免费的,很有可能出现的情况是你迟早都要付费,尽管这种收费行为通常都是强制性的。如今,通过创造性地扩展其所处行业的经营范围,从航空到汽车等行业的各大公司已经找到了相应的经营模式,从而能够借助销售其他产品免费赠送自己的核心产品。

3.你无法阻止免费。在数字产品领域你可以借助法律和各种限制性措施尽量拒绝免费,但最终仍敌不过经济"万有引力"的作用。这意味着如果阻碍你的产品成为免费品的唯一因素是一条密码或骇人的警告, 可以肯定总会有人战胜它。你应该从盗版中"夺回"免费产品并出售升级版产品。

4.你能够从免费中赚钱。人们愿意为节省时间买单,愿意为降低风险买单,愿意为他们喜欢的东西买单,愿意为获得相应的身份或地位而付出金钱的代价——如果你让他们为这些付钱, 他们愿意掏腰包(一旦他们对此着迷）。可以借助很多方法围绕"免费"这一主题赚钱。免费经营策略扩大了企业的知名度,使企业推出的产品被更多消费者了解。免费并不意味着你无法从中盈利。

5.重新界定你的市场。Ryanair 航空公司的竞争对手主要在航班座位领域经营,于是它决定打破传统,采用"旅行"经营模式。这里面的区别在于:在旅行中有很多种赚钱的方法, 从汽车租赁到希望招揽游客的目的地城市给予航班补贴。这家航空公司的航班票价很便宜,有些班次甚至是免费的,从而能用这些廉价或"免费"航班运送更多游客,通过其他方式赚更多钱。

6.四舍五入。如果某件产品的成本接近于零,免费只是时间问题而非可能性问题。为何不在竞争对手实行免费策略前抢先一步呢? 第一家采用免费经营模式的公司将得到公众关注,而且有很多方法将关注转化为现金。如今什么能让你采取免费策略?

7.迟早你要与免费进行竞争。无论通过交叉补贴还是借助软件,你所在行业的某家公司将找到一种方法免费赠送你作为收费产品推出的某些产品。也许与你推出的产品并不完全相同, 但价钱方面 100%的折扣却更为重要。你的选择就是比照这一价格出售其他产品,或者确保质量方面的差异压倒价格方面的差异。

8.接受浪费行为。如果某件商品非常便宜以致无法计算其费用,那么就不要再计算。从固定费用到免费,最具革新精神的公司正是那些能洞察定价趋势的变化并提前做出判断和选择的公司。"您的语音邮件收件箱已满"便是在一个容量充足的世界里受匮乏经营模式所困的行业发出的临终哀鸣。

9.免费使得其他商品变得更贵。每一种形式的充裕都创造出一种新的匮乏。100 年前,娱乐稀少而时间充裕,如今则恰恰相反。某种商品或服务不再收费时,价值就会转移到另一更高的层次上,去那里寻找商机吧。

10. 管理充裕而非匮乏。当资源匮乏时, 它们的价格相应地保持在高位——你必须非常仔细地使用它们。因此传统的自上而下式管理方法均属于为避免代价昂贵的错误而实施的控制。但是当资源价格相对较低时,你就不必用相同的方式进行管理。随着商业的数字化,也可以在没有丧失主业风险的情况下进行更为独立的运营。

选自[美]克里斯·安德森:《免费:商业的未来》,蒋旭峰、冯斌、璩静译,中信出版社,2009年,第199~205页、291~293页。

2.布林约尔松*:
数字化前沿

计算经济:通用技术的经济实力

这些结果将波及几乎每一项任务、每一种工作,以及每个行业。多功能性是所谓通用技术(general purpose technologies,GPTs)的一个关键特性。在经济学家口中,通用技术指的是极其强大的一小组技术创新,它们打断并加速了经济进步的正常步伐。通用技术的前几代例子,分别是蒸汽动力、电力及内燃机。

通用技术的重要性,再怎么强调也不算夸张。经济学家蒂莫西·布雷斯纳汉(Timothy Bresnahan)和曼纽尔·切腾贝格(Manuel Trajtenberg)指出:"整个时代的技术进步和经济发展似乎都受通用技术的推动。(通用技术)以普及程度(有众多下游领域以之作为输入)、技术进步的内在潜力和'创新互补性'(意思是,下游领域的研发生产力随着通用技术创新的发展而增长提高)为特点。故此,随着通用技术的进步,它们扩散到整个经济当中,带来了整体生产力的提高。"

---

* 埃里克·布林约尔松(Eric Brynjolfsson)是麻省理工学院数字经济计划(MIT-IDE)的联合创始人和主管,MIT 斯隆管理学院(MIT-IDE)管理科学教授以及国家经济研究局研究员(NBER)。他的研究考察了信息技术对商业战略、生产力、绩效、电子商务及无形资产的影响。他还曾在斯坦福大学和哈佛大学任教。代表作有《第二次机器革命:数字化技术将如何改变我们的经济与社会》《机器,平台,大众》和《与机器赛跑:数字革命如何加速创新、推动生产力,并且不可逆转地改变就业和经济》等。

随着时间的推移,不仅通用技术本身得到改进(一如摩尔定律所示,计算机显然是这样),生产通用技术的流程、企业及行业也都随之出现互补性的创新。简而言之,通用技术在深度和广度上都带来了无数的好处。

计算机就是我们时代的通用技术,尤其是再结合以网络,并冠名为"信息及通信技术"(information and communications technology,ICT)之后。经济学家苏桑托·巴苏(Susanto basu)和约翰·弗纳尔德(John Fernald)着重指出通用技术如何使得企业脱离传统轨道:"廉价的信息和通信技术触手可及,使得企业以完全不同且能大幅度提高生产力的方式配置其他输入。在此过程中采用信息和通信技术的行业,又在廉价的计算机及通信设备的促动下,设计出更多的互补性发明。"

需要指出的是,通用技术不单是造福了它的"母体"产业,例如,计算机不光提高了高科技领域的生产力,也提高了所有购入并使用数字设备的行业的生产力。时至今日,这就意味着几乎所有的行业——就连美国信息技术最不密集的行业,如农业和采矿业,每年也会花费数十亿美元为自己进行数字化武装。

还请注意巴苏和弗纳尔德选用的字眼:计算机和网络为企业带来了越来越多、不断扩展的机会。换句话说,数字化并不是只能提供一次性好处的项目。相反,它是一个持续的过程:创造性破坏;创新者利用成熟的新技术在任务、工作、流程甚至整个组织层面上实现深刻的变革。这些变革以彼此为基础,又为彼此提供养料。所以,数字化提供的机遇,确确实实是不断扩展的。

只要企业使用电脑,情况就一直是这样,哪怕我们还在棋盘的上半场。举例来说,20世纪80年代初,计算机的民主化将处理能力交到越来越多的知识工人手里。20世纪90年代中期出现了两大创新:万维网和大型商业企业软件,如企业资源规划(ERP)和客户关系管理(CRM)系统。前者给了公司挖掘新市场和销售渠道的能力,还让世界的知识前所未有地便于获取;后者让企业重新设计了业务流程,监视、控制远程运作,收集并分析海量的数据。

这些进步不会过期,也不会随着时间而逐渐消失。相反,它们会将之前或之后的技术整合起来,使得收益继续累积。例如,谷歌便利了搜索之后,万维网更好用了,之后便兴起了新一轮的社交浪潮、本地化浪潮和移动应用浪潮。客户关系管理系统已经扩展到智能手机上,销售人员能在路上随时保持连线状态,现在的平板电脑则提供了个人电脑的大部分功能。

我们开始在棋盘下半场看到的创新,同样会纳入这一持续进行的产业发明过程。实际情况其实已经是这样了。莱昂布里奇公司提供的 Geofluent 技术,为客户服务互动带去了瞬时机器翻译。IBM 正与哥伦比亚大学医疗中心和马里兰大学医学院合作把"沃森"应用到医学诊断中去,同时又宣布了一项与语音识别软件厂商 Nuance 公司的合作计划。内华达州议会指示机动车辆管理部门对本州路面上行驶的无人驾驶汽车拿出一套管理规范来。当然,这些只是信息技术带来的无数创新中的极小一部分,它们正改变着制造、分销、零售、传媒、金融、法律、医药、科研、管理、市场营销以及几乎所有其他经济部门及企业的功能。

数字化前沿

我们在本书中主要关注的是日益强大的技术对技能、就业、人类劳动力需求造成了怎样的影响。我们强调,计算机正迅速抢占过去专属于人类的领域,如复杂沟通和高级模式识别。我们指出,这种侵蚀可能会导致企业使用更多的计算机来应对不断增加的任务,减少对人力的需求。

我们关注这一现象的成因是因为我们相信,健康经济的标志之一,就是能稳定地为所有渴望工作的人提供就业机会。我们指出,有充分的理由认为,日益强大的计算机在取代人类技能和工人的道路上已经行进了一段时间,它减缓了美国中值收入和就业岗位的增长。随着我们深入棋盘下半场,进入计算力指数增长带来惊人结果的时期,我们认为,经济混乱将有增无减。

我们将思考记录在这里,并对政策及干预措施提出了一些建议,希望能解决由此带来的问题。但对技术及其影响,我们绝非悲观主义者。事实上,这本书原本想要论述的是当代数字技术造福全世界。我们还为它想好了书名,叫《数字化前沿》，因为我们的脑海里不断浮现出技术进步和创新开辟出大量新的疆域画面。

这幅画面最先浮现出来是在我们研究数字技术对美国各行业竞争有何影响的时候。我们发现，一个行业引入的新技术越多，行业内部的竞争就越激烈。特别是绩效差距越来越大。一流公司和末流公司之间的利润率差距也增大了许多。这一发现暗示，一些公司——绩效最优者——在探索、利用新技术促成的商业模式上，跑在了其他企业的前面。他们推进着数字前沿，打开了新的疆域，让其他人得以容身。

以这一研究为基础，我们开始收集数字先锋和前沿实践的案例，组织了一批学生和同事开展集体讨论，一起做调查。我们把自己叫做"数字前沿小分队"。

但随着观察增多，我们对两件事变得确信无疑，由此改变了这本书的前进方向。一是技术冲击就业的问题尤为重要。经济大衰退和技术前进的步伐结合起来，让就业成了此一时期的关键问题，对很多人来说，这也是个艰难的时节。每当想到有人尝试学习宝贵技能，加入或重新加入劳动力大军时，我们总会想到一句不怎么动听的老话——"生不逢时"。

二是我们发现书里提出的问题，注意到的人非常少。在讨论就业和失业问题时，人们大部分的注意力都放在需求疲软、外包和劳动力流动上去了，几乎没有人注意到技术所扮演的角色。我们认为这是一个严重的疏漏，我们希望对此加以纠正。我们想要指出，近来的技术跑得有多快、超得有多远，并强调当前的视角和政策必须做出相应改变，以便跟上技术的步伐。

可即便写完本书，我们仍然坚定地相信数字前沿的大好前景。技术已经开辟了庞大的富饶新疆域，它还会继续这么干下去。放眼全球，经济、社会和人的生活，都因为数字产品和高科技产品得到了改善；这些幸福的趋势将持续下去，并可能加速。

因此，我们想对新崛起的数字前沿略作窥探——也即简单地介绍不断发展的计算机革命带来的部分好处。

信息技术带给世界的好处

不管怎样使用信息，也不会耗尽信息。如果埃里克吃了一份大餐，安迪就吃不了同一份大餐，但反过来说，埃里克看完一本书之后，把书交给安迪，书本身并不会有任何的损失（除非埃里克把咖啡洒在了书上）。事实上，埃里克用完这本书之后，它对安迪的价值反而有可能更大，因为两人的脑袋里都拥有了这本书的内容，能够一同利用这些信息来产生新的想法。

再加上，一旦一本书或其他信息载体得到数字化，还能开拓出更多的可能性。数字化信息可以进行无限的、完美的复制，在瞬间内传播到世界各地，且无需耗费额外成本。它和标准教科书关注的传统商品和服务经济全无半点相似之处。对某些版权持有人来说，这无异于一场噩梦，可对大多数人来说，这太好不过了。比如，我们都希望，这本书完成之后，要尽快让更多的人看到它。多亏了电子书平台和互联网，我们可以实现这一愿景。从前的世界里只有实体书籍，出版和发行说不定要耗去一年时间，书籍拷贝的物理库存，也会限制销量。数字前沿消除了这类的限制，时间期限也不再是问题。

总之，数字信息经济不再是稀缺的经济，而是丰富的经济。这是一个根本性的转变，在本质上也是极为有益的。只举一个例子好了：互联网现在成了人类历史上最为庞大的信息宝库。它还是快速、高效、廉价的全球信息流通网。最后，它是开放的，人人都可接触。这样，越来越多的人参与其中，接触到各种各样的想法，同时也把自己的想法贡献出来。

这具有不可估量的价值，也是我们持乐观态度的基础（哪怕有些事情现在看起来前景不妙）：因为计算机是为思想提供帮助的机器，经济也是在思想之上运作的。经济学家保罗·罗默写道：

> 每一代人都感觉，发展是有限的，因为资源有限，如果找不到……新想法，就会面临不良的副作用。可每一代人，也都低估了发现新……想法的潜力。我们从来搞不清到底还有多少新的想法有待发现……未来可能出现的前景，并不是简单的累加，而是累乘。

眼下看起来,我们似乎缺少宏伟的新想法,但几乎可以肯定,这是错觉。亦如大卫·莱昂哈特所指出,1992年,比尔·克林顿召集全国顶尖思想家讨论经济问题时,没有一个人提到过互联网。

罗默还指出:"或许,在所有想法里,最为重要的就是元概念(meta-ideas)了——也即,关于如何支持其他想法产生、传播的想法。数字前沿就是这样一个元概念——它比我们已经提出的任何其他东西,都能更好地促进思想的产生,更好地传播它们。"因此,要么大量有关经济和发展的基础思想全是错的;要么一大堆有益的创新将会从数字前沿发展起来。我们愿意把赌注压在后一种可能性上。

就更具体、更个人的层面来说,数字前沿还改善了我们的生活。今天,如果你有互联网接入权限和上网设备,和亲朋好友保持联系就变得很容易了,而且还免费——哪怕大家频繁流动。你可以使用诸如Skype、Facebook和Twitter等资源发送消息,拨打语音和视频电话,分享静态和动态图片,让大家都知道你在做什么,做得怎么样。亦如爱人或爷爷奶奶对你所说,这些可不是平凡无奇的本事,而是无价之宝。

我们许多人经常使用这些资源,以为这都是理所当然的,但这些资源都诞生不到10年。2001年的数字前沿已经很宽广,但在过去10年里,它变得大到无法估量,并且极大地丰富了我们的生活。

放眼望去,到处都能看到相同的现象。例如,移动电话已经改变了发展中国家。我们这些身在富裕国家的人早就忘了无奈居住在隔离环境下是什么样子——沟通只能在声音可以传递、身体可以到访的范围内进行。但全世界数十亿人都曾无奈地生活在这种隔离的可悲现实之下,直到移动电话出现。

移动电话一出现,就带来了惊天动地的结果。经济学家罗伯特·詹森(Robert Jensen)做了一次精彩的研究,他发现,每当印度喀拉拉邦的渔业地区普及了移动电话,沙丁鱼的价格就趋于稳定,而渔民的利润则会上涨。出现这一幕是因为,渔民有生以来第一回能从贩鱼市场上接到及时的价格和需求信息。这样,他们所做的决定就彻底避免了浪费。类似这样的结果,有助于解释为什么到 2010 年底，发展中国家有了 38 亿移动电话用户，为什么《经济学人》杂志会写"贫穷国家普及移动电话，不仅仅重塑了产业，而是改变了世界"。

随着数字技术提高市场和企业的效率，它造福了我们所有这些消费者。随着数字技术增加政府的透明度和责任心，给了我们全新的集结方式，让我们的声音变得更响亮，它造福了我们所有这些普通公民。随着数字技术让我们接触到观念、知识、至亲好友，它造福了我们所有人类。

所以，我们观察到，数字前沿越发走向开放，我们就越是乐观积极。历史见证了三次工业革命，每一次都跟一种通用技术相联系。首先，蒸汽动力极大地改变了世界，按历史学家伊恩莫里斯(Ian Morris)的说法是："让此前的一切都显得像是徒劳的笑话。"它给人口、社会发展和生活水平带来了前所未有的巨大增长。

第二次工业革命以电力为基础，让所有的改进趋势持续向前发展，使得20 世纪的生产力急剧加速。两轮工业革命都出现过中断和危机，但最终人类整体的生活境况，比从前有了极大的改善。

第三次工业革命，眼下正在逐渐展开，它以计算机和网络为动力。和此前的两次工业革命一样，它需要几十年时间才能完全进入状态。并且，它也将导致人类发展和历史路径出现急剧的变化。前进途中，曲折和中断难于避免。但我们有信心，大部分的变化是有益的，我们和整个世界会在数字前沿上欣欣向荣。

选自[美]埃里克·布林约尔松、安德鲁·麦卡菲森《与机器赛跑：数字革命如何加速创新、推动生产力，并且不可逆转地改变就业和经济》，间佳译，电子工业出版社，2014年，第49~54页、159~171页。

3.桑斯坦*：
信息聚合与协商

信息在社会中是广泛分散的。这个星球上的大多数人都拥有少量他们可以从中受益的信息。但是组织和机构通常未能获取个人拥有的信息。结果是，他们以做出不可避免的、有时是灾难性的错误而告终。

让我们把组织（group）这个词理解为包括人们的任何集合。根据这种理解，一个组织可能是一个公司、一个宗教组织、一个立法机构、一个工会、一个学院的全体教员、一个学生组织、一个地方政府，甚至一个民族国家。假定组织的成员作为整体已经拥有了大量的知识。组织如何选出他们需要的信息？

很容易找到四个答案——四种精选和聚合信息的不同方法：第一，组织可以利用其成员独立判断的平均数。第二，组织可以通过协商，求助于详尽地交换事实、观念和观点，改善独立判断；或许在协商后成员们会以匿名或其他形式投票。第三，组织可能会运用价格体制，发展出某种市场，借此组织成员或组织外的人基于他们的判断进行买卖。第四，组织可能会利用互联网获取关注参与人的信息以及视角。这里互联网提供了无数新的可能，它涵盖了前三种答案，并且超越了它们，这些可能性包括大规模调查、协商论坛、预

---

*　凯斯·R.桑斯坦（Cass R. Sunstein），哈佛大学法律博士，美国最具影响力、最富有冒险精神的学者之一。现为美国哈佛大学法学院教授，美国艺术与科学院院士，美国律师协会分权与政府组织委员会副主席，美国法学院联合会行政法分会主席。代表作有：《网络共和国》《信息乌托邦》《网络共和国2.0》等。

测市场、任何人可以编辑的图书和资源,以及具有某种过滤和屏蔽程序的开放参与。

　　所有这些方法都有着巨大的潜能,但是它们也都遭遇了严重的困难。潜在的问题不仅对个人生活、私人组织,而且对许多法律和政治机构包括立法机构、行政机关、不同职能的法院甚至白宫和最高法院都会产生影响。正如我们将要看到的,其中的一些问题可以通过仔细的制度设计,以及通过理解健康的信息聚合如何发生来减少。

　　至于聚合信息,互联网提供了巨大的风险与非常的承诺。通过互联网很容易获得各种观点,甚至是成百上千、上百万人的共同协作,风险和承诺都源自于此。每一天,具有相似想法的人都能并且的确把自己归入他们设计的回音室(echo chambers),制造偏激的错误、过度的自信和没道理的极端主义。但是每一天,互联网也提供极其有价值的信息聚合,人们从其他人拥有的少量分散信息中学到了大量知识。许多人具有求知欲,他们通常寻找与他们需求相对应的观念。

　　结果是,累积的知识发展出了卓越的态势,制造了惊人的新产品和活动。我们将看到,一些基础的方法是新鲜的,非常激动人心的。人们将比现在更为雄心勃勃地运用这些方法。至于信息聚合,我们还处在革命的第一阶段。

信息茧房与维基

　　在互联网的早期麻省理工学院的传媒与科技专家尼古拉斯·尼葛洛庞帝(Nicholas Negroponte)就预言了"the Daily Me"(我的日报)的出现,一个完全个人化的报纸,我们每个人都可以在其中挑选我们喜欢的主题和看法。对于我们中的某些人而言,the Daily Me 是一个真正的机会,也是风险,有时会给商业和民主带来不幸的结果。核心问题涉及信息茧房(information cocoons):我们只听我们选择的东西和愉悦我们的东西的通讯领域。

　　公司如果建立了信息茧房,就不可能兴隆,因为其自己的决定将不会得到内部的充分挑战。一些公司就由于这个原因而失败。如果政治组织的成员——或国家领导人——生活在信息茧房里,他们就不可能考虑周全,因为他们自己的先入之见将逐渐根深蒂固。一些国家就由于这个原因走向灾难。对于生活在信息茧房里的领导人和其他人而言,一个安慰是这是一个温暖、友好的地方,每个人都分享着我们的观点。但是重大的错误就是我们舒适的代价。对于私人和公共机构而言,茧房可以变成可怕的梦魇。

但是这件事还有另一面。人类知识可以被视作维基么?的确我们所知道的随着时间而积累随着每个人获得广泛分散的他人所拥有的信息并贡献自己的信息。在不久的过去,积累知识的发展更快、更便捷。首先是在产品与服务方面:在短短几秒内,就能很容易地找到"我们"知道和考虑的汽车、饭馆、电影、图书和服务。再用几秒就可以轻易地添加这些聚合的知识,其中的一些将是最合适的(你可能了解到,你认为你所喜爱的汽车需要许多维修,或者气味特别)。在互联网上,信息以惊人的速率被分享。例如,Amazon.com 通过等级评定系统和顾客评论收集信息,这些既有益又众多。通常人们会惊讶于他们的所见。其他的例子是,产品的数量和质量每一天甚至每一分钟都在增长。在大多数时间里,聚合信息的巨大好处是——惊人的准确。

产品和服务的情况也是政治、科学、文学等的情况。假设你想要学习你现在一无所知的主题,或者你感兴趣收集新的或相反的观点,你可以立刻满足你的好奇心。通常你会面临挑战——有点沮丧但也会更聪明。科技的和一般性的大量材料可以在综合性的维基上找到,涉及爱尔兰政治、流感、语言以及更多;如果材料不充分或不正确,任何人一触按钮都可以添加新的材料或更正它。

不是一个人在写维基。我们所有人都在写,因此维基是一个集体的产品,有时甚至是一个 Daily Us(大家的日报)。无论你是否为维基或预测市场出力,你的许多同胞正在这样做,他们的贡献正在制造渐增的、聚合的信息,既影响私人行为也影响公共行为。一些公司的管理层以前住在信息茧房里,将会吃惊于维基和预测市场所说的东西,并从中受到启发。

无论怎样,包含了快速增长的累积知识的 the Daily Me 不是预言。我们日益生活在其中。

协商、民主和"理性原子"

在大多数时间里，私人机构和公共机构都倾向于通过某种形式的协商作出决定。基于这个事实，许多人非常关注民主制自身的协商情况。像许多国家一样，美国渴望成为一个协商的民主政体，部分是因为通过协商，官员们可以考虑各种观点和大量信息。

协商民主的理论基础已经得到充分阐述，其中最重要的论述来自德国哲学家尤尔根·哈贝马斯。事实上，人们越发关注使民主过程更具有协商性的方法。或许一个更具有协商性的国家在和平时期和战时都能避免严重的错误。民主的批评者也是民主的理论家卡尔·施米特写道："议会是这样一个地方——不均等散布的理性原子聚集到一起，从而控制公共权力。"如果我们的目标是获得多重的"理性原子"，协商将是最佳途径。因为为数众多的人都倾向于这种观点，我对此给予了高度关注，并试图表明，它经受了极度严重的缺陷。

比如，詹姆斯·费什金（James Fishkin）首创了"协商民意测验"的理念，要求人们就公共问题一起协商，必须在协商过程完成后作出判断。费什金和布鲁斯·阿克曼还进一步提议一个新的公休日——协商日（Deliberation Day），在这一天，要求人们聚集起来、三五成群地讨论重要的公共政策问题。或许这个建议不现实，或许在一个自由社会中不期望作为整体的公民协商太多问题。但是即便大多数人不能花费许多时间在协商上，代表们也注定要做这件事。

一个关键问题是：协商是否真的会带来更好的决策？答案是通常不会。群体成员会彼此施加压力导致极端主义或错误决定，而不是正确选择。欧文·詹尼斯（Irving Janis）铸造了"群体盲思"（groupthink）的理念，指群体可能助长轻率的一致以及危险的自我审查，因而不能综合信息、扩大讨论的范围。尽管有协商群体仍然运作糟糕，而糟糕的状况就是因为群体的存在。问题是，协商群体通常不能获得其成员持有的知识。

协商严重失败的一个真实例子可以参见参议院情报委员会（Senate

Select Committee on Intelligence)2004 年的报告。这份报告鲜明地控诉了中央情报局的群体盲思,发现了认为伊拉克具有严重威胁的倾向,导致中情局未能寻找其他可能, 未能获得和利用其雇员拥有的信息。根据委员会的观点,中情局的事例"揭示了集体审议(group think)的几个方面极少的替代方案、选择性地收集信息、群体内部要求一致和抵制批评的压力,以及集体合理化(collective rationalization)"。中情局表现出了"拒绝与假设(伊拉克有大规模杀伤性武器)相悖的信息的倾向"。由于这个假设中情局未能使用其自己的定型方法,"如'红队''魔鬼代言人'和其他替代的、相匹敌的分析方法,来挑战这种假设和集体审议"。综上所述,委员会的结论强调中情局未能找到和收集其雇员已经拥有的信息。

这个主张明显甚至惊人地与 2003 年对国家航空和航天管理局(NASA)哥伦比亚号航天飞船爆炸的调查结论相似。这项调查显示 NASA 同样未能得到完整的观点,包括基于其雇员拥有的信息的观点。哥伦比亚事故调查委员会明确把事故归因为 NASA 的糟糕文化对于获取信息助益甚微。用委员会的话来说 NASA 缺少"制衡"。它强迫人们遵循一个"内部通话系统"(party line)。委员会认为,在 NASA"少数和异议很难通过该机构的等级体制的过滤",即使有效的安全项目要求鼓励少数意见,乐于接受而不是隐瞒坏消息。一般的教训是,即便是最高级别的政治领袖也通常生活在信息茧房中,协商比应然的状态提供了更少的帮助。

为了解释协商以及其他收集信息方法的失败,我考察了两种力量的效果。第一种涉及信息影响力,导致群体成员未能发现其他人公开发布的信息。如果许多人认为伊拉克拥有大规模杀伤性武器,或者拟议的航天飞船发射是安全的,那么其他人就会缄口,他们想:许多人怎么可能错呢? 第二种力量涉及社会压力,使人们缄口,以避免同级和上级的否定。即使你认为群体成员在犯错误,你也会仅仅为了避免不悦而不发言。这两种力量的结果是,群体通常让一系列问题落网,他们不是纠正,而是放大个人的错误。他们强调所有人或大多数人持有的信息,而忽视少数或者一人持有的信息。他们成为流行效应的受害者。他们会在更为极端的位置止步，以迎合其成员的协商倾向。即使是联邦法官法律专家也受制于相关压力。被任命到联邦法院的共和党人和民主党人，当他们与其他由同一党派的总统任命的法官坐在一起时，都表现出非常意识形态化的投票倾向。事实上，协商通常不能积聚信息，只是能够增加群体成员间的同意和自信。一个自信的凝聚的、具有错误倾向的群体——公司、工会、军队、国家——丝毫不值得羡慕。相反，它对于自身和其他群体可能都是极度危险的。

超越协商

如何避免这些危险？我们如何获得多人头脑中的知识？

一个可能是建立价格体制。正如社会主义的批评者弗里里希·哈耶克强调的，价格体制是一个"奇迹"，仅仅因为其聚合信息的非凡能力。正如哈耶克所讲，市场设定钢铁、图书、咖啡、糖果的价格，以此种方式综合了无数人拥有的分散信息。在市场中，人们有强大的动机得到适当的价格。某些信息仍会"隐藏"在协商群体中，但是如果有利可图，消费者和投资者都会按照那些信息行动，这些信息不会隐藏太久。部分出于这个原因，市场价格典型地反映了大量准确的信息。他们甚至可以创建一份 Daily Us。

哈耶克的认识存在一个重要的盲点。市场可以同时综合谬误与真理。近来的大量证据表明，市场同样感染了审议的问题——不仅对于普通产品，而且对于股票、汽车和不动产。尽管如此，我们仍会看到，作为新事物的预测市场，通常惊人地运作良好，仅仅因为它们在分享信息上非常有效。谁将赢得下一届选举或奥斯卡最佳女主角？什么产品挣钱，什么产品注定失败？明年沙特阿拉伯的经济会繁荣么？通过预测市场，人们可以对某些事件发生的可能性"投资"，结果他们可能输钱或赢钱。结果预测综合和提供了许多知识，它们被重要的商业领域使用；政府也可以很好地利用它们。

什么是确保革新的最佳方式？开放资源软件也分享信息，甚至是许多人的创造力——不总是出于经济动机，而且有时由于人们喜欢进行改进。一位开放资源理论家埃里克·雷蒙德(Eric Raymond)的著名口号是:"众目睽睽缺陷无匿。"开放资源的理念很难只限于软件。开放资源产品,包括生物技术(biotechnology)和医学,可能最终挽救无数人的生命,尤其是但不只是在贫穷国家。

同样的原则还有助于解释维基百科的成功,这是免费的在线百科全书,可以由任何人进行编辑。事实上,各种维基正在整个互联网上涌现。它们通常作为聚合分散信息的工具而运作良好。博客的兴起使得普通人能够获得重要的听众,还由于确保了琐碎信息进入公共领域而受到盛赞。不幸的是,博客也传播错误和谬论,尤其当趣味相投的人彼此交流时。

为了使分析尽可能简单,我不关注有争议的价值判断,而关注现在或未来具有明显正确答案的问题。二战中到底发生了什么?某个国家有核武器吗?人类可能被克隆吗?沙特阿拉伯政府会垮台吗?会发生全国性流感吗?明年会有恐怖分子袭击美国吗? 一种对于我们如何找到或者未能找到答案的理解,是这些问题的答案也包含着价值问题。如果协商通常不能产生简单问题的良好答案, 那么也不会为有价值争议的问题带来好的答案。如前所述,信息压力和社会影响产生的问题适用于所有领域,它们影响了我们对于道德和政策的最基本判断,而不仅是关于事实的判断。

············

总 结

通过询问一大群人同时假定多数的答案或者平均的答案是正确的,某些问题可以得到解答。这些"统计性群体"的结论性判断可能非常准确。如果我们接近多人智慧,我们就可能相信平均的反映,这一点瞄准了民主制自身的基础。但准确性可能只是处于可以确认的条件,人们在这种条件下不会遭遇系统性的偏见,这种偏见将使得他们的答案比随机结果更糟糕。

许多人表达了希望,协商可以确保"无力的好主张"获胜。不幸的是,希望通常落空。信息的压力和社会影响导致错误面、串联效应(cascade effects)和群体极化(group polarization)的放大。在这一点上,大的群体并不比小的群体好。

关于价格体制和预测市场,许多人对事件结果进行投资。讨论的基础是哈耶克对于价格体制的论述,以及对价格体制具有适应"成千上万不为任何人所知的事实"的巨大能力的强调。我们将看到,尽管言过其实,但这个论断包含着一些深刻的真知灼见,尤其是预测市场在不同环境下都运作良好,例如,预测总统选举的不可思议的准确,还有预测主要的奥斯卡得主、经济变化,甚至天气。但是预测市场并没能躲过协商的传染病。

运用互联网获得多人智慧的三种方法:维基、开放资源软件和博客。维基允许任何人修改文本。它们典型地缺少审查层,因而存在着故意破坏者或者无意犯错的人摧毁这项事业的危险。尽管如此,一些维基(最著名的是维基百科)曾有过了不起的成就,从这个程序中可以获益甚丰。认为可以对维基形式进行许多改进是一种谦逊的说辞。正如我们将看到的开放资源运动许多激动人心之处来自于一个简单的事实:如果我们理解开放资源软件为什么运作良好,我们就能在其他许多情况下运用开放资源的理念,包括医学和科学领域。

对于私人群体和公共群体改善审议的方法,关键问题是如何获得分散的信息,我们能从预测市场中得到什么。维基和开放资源软件提供了许多关于如何准确行事的线索,但是最终目标是修正它,而不是终结它。

正如我通篇强调的,聚合信息的努力可能把人们带向极端主义、安于现状和错误。一些人生活在信息茧房中,花费大多数时间沉迷于他们独特的 the Daily Me。但是许多其他人从发现人们实际上拥有的广泛分散知识的新方法中受益。一些美国最大的公司已经运用维基和预测市场取得了良好的效果,最成功的政府坚决抵制上述 CIA 和 NASA 出现的程序问题;它们确保挑出而不是隐藏分散的信息。我们还将看到预测市场、维基和开放资源软件提供了实现这目标的新方法——它们同时有助于表明如何使老办法运作得更好。

选自[美]桑斯坦:《信息乌托邦:众人如何生产知识》,毕竟悦译,法律出版社,2008年,第5~20页。

4.安德森:
制造业的未来

第三次工业革命

有人认为信息时代是第三次工业革命。计算机和通信技术也是"力量放大器",对服务业产生的作用与当年自动化对制造业的贡献相同。信息技术放大的不是人类的体力,而是脑力;同样可以推动现有行业的生产力成果发展并产生新的成果。凭借此类技术,我们能够以更快的速度完成已有工作,节省出时间从事新的工作。

然而,正如前两次工业革命发生时,技术的影响力需要几十年的时间方能显现,此次数字计算发明本身的力量仍然单薄。第一台商业主机替代了某些公司和政府的精算与统计工作,第一批 IBM(国际商业机器公司)个人电脑取代了某些文秘职能,但两者都未能改变世界。

只有当电脑与网络并最终与互联网相结合,它们才真正地开始改变我们的文化。即便这样,计算机的终极经济影响并未主要体现在经由软件改变的服务业中(虽然这样的实例不胜枚举),而是体现在前两次工业革命大显神威的相同领域内:产品制造。

总之,自信息时代在 1950 年左右露出了一丝曙光,经历了 20 世纪 70 年代末、80 年代初的个人电脑发展期,又走到了 90 年代的网络时代,这毫无疑问可以称之为一次革命。但直到目前,它在制造业开始显示威力之前,都不能被看作真正的工业革命。因此，不妨将新工业革命看作数字制造和个人制造的合体："创客运动"的工业化。

产品制造的数字化变革绝不仅仅是优化现有的制造业，而且是将制造延伸至范围更广的生产人群当中——既有现存的制造商又有正在成为创业者的普通民众。

听起来很熟悉吧？这正是互联网曾经历过的。互联网先是被技术和媒体公司把持，用以优化自身的工作。之后，软、硬件的进步使得互联网能够为普通民众所用（这就是所谓的"大众化"），然后这些普通使用者向互联网注入他们自己的想法、专业知识和能量。目前，互联网的建设主体是业余爱好者、半专业人士以及并不供职于大型技术或媒体公司的人群。

我们一直在谈论"无重经济"，即无形信息、服务和知识产权的贸易，而非实体产品贸易（无重经济包含了一切掉在脚面上却不会造成伤害的东西）。然而，无论比特经济规模如何庞大，信息贸易的非物质化世界也不过是制造业经济的一小部分。因此，任何能够改变产品制造进程的事物都能在全球经济发展中起到举足轻重的作用。这才是真实革命的形成。

…………

工业匠人

"匠人"运动和大规模手工制作的兴起已经引发了对特别产品的广泛需求。就在我写作时，在布鲁克林有大批手工腌菜制造商，伯克利的手工芥子酱市场也热火朝天，甚至还有用石磨磨制的纯天然芥子酱出售。Tcho 等本地巧克力制造商凭借植根最深、最符合道德规范的供应链参与市场竞争。宣称"有机"产品和"公平交易"是一回事，但你是否从选择原料开始就使用了品质最高的可可豆？而且从加纳直接进货？还能叫得出几个采摘者的名字？对于真正在意此类细节的人来说，很难因为沉醉于关心自己所做的事情去责备这些手工匠人。

那么这些毫不在意大制造业经济要求的人和团体，他们创造的实体利基产品有何不同？

对于新手来说，面向有眼光的客户群的利基产品能够赚取更多利润。例如高级定制时装和优质葡萄酒，品质独特的精品正在极化：它们可能就是你的专属，完全不合适其他人。但这些产品真正的目标客户绝对愿意为了这种专属性大笔花钱，从定制服装到私房菜馆，专属性都是花费不菲。

这被设计公司 i. materialize 称为"独特性的力量"。在被"以一对多"商品化产品控制的世界里，创造满足个人需求而非符合大众品位的产品才是脱颖而出之道。定制自行车骑行起来更舒适，不过鉴于此类产品需要手工制造，它们目前还只是富人的专享。如果能够使用数字制造生产这些产品，没有任何复杂性成本，同时还能够缩短生产周期，那么情形如何？

电脑正在对生产机器实施控制，那么制造不同产品根本不会增加成本。如果你通过邮局信件收到过刊登着针对你的个性化信息的商品目录或杂志，那是因为之前的"以一对多"的生产机器（印刷厂）变成了"以一对多"的数字机器，不过是使用了稍微大一点儿的桌面喷墨打印机而已。你在超市买的有漂亮糖衣的蛋糕也是如此，个性化的糖衣是由机器臂完成的，制作个性化的蛋糕糖衣与制作完全相同的糖衣同样迅速，个性化制作成本没有任何提高，但超市却可以将个性化蛋糕定个高价，因为这样的蛋糕看上去更有价值。老式的定制化机器非常昂贵，必须大量制作相同的产品方能弥补定制的成本，但这样的工具开支正在快速减少。

这些利基产品逐渐由人们的愿望与需求而非公司的愿望与需求驱动。当然，人们必须创立公司大量制造这样的产品，但他们也在努力保持自己的根本。此类创业者经常说他们的首要责任是服务社区，盈利被置于次要位置。消费者出身的创业者充满热情，制造出的产品散发着一种手工制作的品质光芒，并不看重工业生产的所谓效率。

从某种意义上说，这就是亚当·斯密在《国富论》中首次提出的作为高效市场重点的专业化极端情况。斯密认为，人们应该做自己最擅长的事情，通过贸易获取其他人制作的专业化产品。鉴于社会在劳动分工下（相对优势外加"贸易等于增长")能够具有更强的集体力量,单一个人或城镇不应试图完成所有事情。既然现在的专业人士能够通过全球供应链获得商品输入材料,并向全球消费者市场销售产出的利基产品,18世纪时的优势在21世纪尤为彰显。

…………

可以肯定的是,量体裁衣的原始市场一直存在。现在有何不同？简单回答就是,DIY文化突然与网络文化相遇,二者的重合落在数字设计上:实体产品首先在屏幕上创造出来。

去苹果专卖店走走看看,那些吸引人的产品(设计精美、制造精良的钛板、高端塑料和电路)都是在世界某个角落的电脑屏幕上诞生的。耐克店里的产品或是汽车店中的汽车,全部如此。

实体产品越来越多地成为由数控磨盘、印刷电路板拾放机等自动化装备赋予实体形式的数字信息。这样的信息就是被翻译成自动化生产设备指令语言的设计。从某种意义上看,现今的硬件主要就是软件,产品也不过就是知识产权的商品材料表现形式——这一法则适用于电子产品成品、芯片的驱动码或是推进制造的三维设计文件。

成为信息的产品越多,能够将产品作为信息对待处理的程度也就越高:大家共同创造,全球在线分享,重新混合和设计,免费共享,如果你愿意,也可以自己独享。总之,原子能够成为新比特的原因就在于,它们越来越多地以比特的方式运作。

…………

现实捕捉:你可以扫描任何物体

所有这些数字工具都是将比特转化成原子的方式。反向行之,把原子转换成比特,结果会怎样？在屏幕上从无到有地绘制出三维物体可不容易,如果先有了一个与你设想的三维图形相似的图像,你不过在它的基础上进行必要的修改,那就容易得多了,这一过程称为"现实捕捉"。你可以扫描任何物体,生成圆点构成的"点云",定义物体表面。然后,另外的软件会将点云连接成多边形网状结构,与电脑动画片中的人物制作相似,可在屏幕上控制、修改。

还可以购买商用三维扫描仪,使用激光器追踪物体,并通过摄像头捕捉物体表面各点的位置。不过还有成本更低一些的方法,通过 Autodesk 提供的免费在线服务 123D Catch(一、二、三维捕捉),你可以上传物体的普通照片(从多角度拍摄),之后,基于云的软件会将照片转换成你能够修改并在三维打印机上打印的三维物体图像。这个在线服务软件甚至已经有了苹果平板电脑应用版。

或者你可以制作自己的三维扫描仪:利用掌上投影仪向物体上投射格网类型光(结构光),该物体通过高分辨率网络摄像头拍摄。旋转物体,网络摄像头将从各个侧面与维度进行捕捉,当已知光线类型投射到物体表面时会发生变形,此时网络摄像头便能抽取出相应的几何形状。

最后,需要使用电脑或智能手机的内置摄像头做一些研究工作。电脑上的软件会指导你旋转、展示物体的不同侧面,填充软件内置模型中缺失的部分。使用"指导性扫描"后,如果某天你想要复制一个物体,那么只需把手机对准那个物体,按照手机上的指示转动物体,放大指定部分,然后轻触"打印"即可。物体就被复制到你的桌面三维打印机中了,而且还可能是彩色模式。

此时,各种可能性都已经清晰明了。我们可以复印现实,至少可以达到好莱坞的专业水平。分辨率不断提高是不争的事实,保真度会越来越高。下一步就要更加深入,不仅扫描外形,更要复制内在功能。我们已经能够制作喝"格雷伯爵"的茶杯了,还要用多久才能制作茶叶呢? 复制器蓄势待发。

原子与比特的终极组合

费莫奇以 2000 美元购得了"MFG.com"的域名,在 2000 年创立了一个在线制造市场。网站的构想很简单:需要制造产品的公司将产品的 CAD(计算机辅助设计)文件上传到网站,注明需要制造的数量及其他说明;机械工厂和其他制造商可以对制造项目竞标,方式与 LendingTree 网站上放贷人竞标获得抵押贷款的方式相似。假以时日,各家公司就会分出高下,排名靠前的公司不会落入最低报价的陷阱。

....

MFG 网站在 2000 年 2 月创立时,有超过 2500 家同类型的 B2B 在线市场网站,然后整个市场突然崩塌。到了 2004 年,仅有不到 200 家此类网站。数十亿美元的市值消失殆尽。崩溃的部分原因来自当时十分常见的非理性繁荣。但与其他很多网络创意一样,这些网站不能说是疯狂——只是出现得太早而已。当时,各家公司还没有习惯电子购买,很多甚至还处于传真时代,他们的采购系统或精算系统尚未与新的电子商务市场兼容,雇员只好手动输入所有资料。更糟的是,供应商不愿参与其中。他们为何要放弃花费了数十年才与大客户建立起来的购买方 / 供应商关系,转而在以降低价格为目标的市场中竞争?

MFG 网站是为数不多的能够存活下来的网站之一,鉴于其创立的时间较晚,因此没有沦为造星运动的受害者。没有失败的首次公开募股,也没有大规模的风险投资回合,只是费莫奇和几名雇员、由费莫奇独自出资在亚特兰大从无到有的创立一家最基本的网站。他们从小规模做起,没有因为太多资本或是太大压力而走形,能够从容地寻找自己的道路。

....

现在,这个网站是世界上最大的定制制造市场,在 50 个国家拥有 20 万会员。截至目前,网站交易额已经超过 1150 亿美元,月均交易额为 30 亿~40 亿美元。

....

现在,任何规模的公司都可以上传 CAD 文件,然后等着竞标者找上门来,坐在办公室里就能得到世界上最好的报价和产品。听上去很耳熟? 第 1 波电子商务浪潮涌来时,普通购买者也享受到了这样的待遇。现在,eBay 和亚马逊的效应也扩展到了制造业中。

············

1999 年,马云被网络浏览器深深地震撼了。回到家乡杭州后,他找了一个拨号上网接口,叫上几个朋友,等了 3 个小时打开了第一个网页。这是多么神奇!马云随后创立了中国首家互联网公司"中国黄页",并承担了中国对外贸易经济合作部的一个早期电子商务项目。

············

马云现在已跻身富豪之列。阿里巴巴公司拥有数家中国最大的互联网公司,目前雇员人数超过 2 万 3 千人。公司于 2007 年在港交所上市时的首次公开募股总额为 17 亿美元,是自 Google 以来最大的技术上市股。

············

MFG 网站仅限于机械工厂,而阿里巴巴则把这一模式扩展到了所有事物、所有人,就像是制造业里的 eBay,任何人都可以下单制造任何东西,数量随意。我已经从东莞一家特殊发动机制造商那里订购了自动化飞艇的电动机,说明了所需的轴长、线圈数量和电线类型,10 天之后,模型机就已经送到了我的手中,等待检验。必须承认,我真的惊呆了,我居然找到了一家中国工厂为我工作!有了这种新发现的力量,我还能做些什么呢?

从创客的角度看,阿里巴巴和其他同类型网站不同的是能动技术,本质上向包括个人在内的大小买家打开了全球供应链,让他们能够把原始模型升级为全过程生产。

制造业的未来

此时,已能够看到 21 世纪制造业经济的大概轮廓。

在产品开发领域,"创客运动"的天平偏向于最佳创新模式,而非最廉价的劳动力。已经把"联合创造"或基于社区的开发收入囊中的国家肯定会胜出,这些国家在各领域内找到并充分利用最佳人才和主动性更强的人,因此能够立于不败之地。此类国家里,最具活力的开源社区红红火火,最富创新性的网络公司蓬勃发展。这些价值是在 21 世纪市场里获得成功的保证。

　　就制造而言,自动化的普及与精益化将不断弥合东西方之间的差距,又长又脆弱的供应链上的直接与间接成本也在不断增加。柴油燃料每次涨价必然导致从中国运输产品的价格上扬,冰岛的火山爆发或索马里海域的海盗——这些都是全球供应链中的风险因素,也是靠近消费地进行生产的部分原因。我们生活的世界越来越不安定,难以预测,从政治不确定性到货币浮动,每件事情都可能在一瞬间抹去离岸制造的成本优势。

　　但也千万不要认为这就意味着我们能够重新回到底特律当年的辉煌时代,或者工厂工作能给我们带来中产生活。实际上,这意味着互联网模式将是真正的主宰:在一个全分布式的数字市场中,好的创意随处可见,迅速占领世界。想想异军突起的愤怒的小鸟(诞生于芬兰)和Interest(创立于美国艾奥瓦州),不再是20世纪传统制造业中心和公司一统天下。

　　虽然互联网蓬勃兴起,但通用汽车和通用电气并未消失,美国电话电报公司和英国电信集团也安然无恙。伴随着长尾效应,新时代终结的不是行业龙头,而是行业龙头的垄断,制造业亦是如此。我们只是会看到更多:在更多的地方有更多的人专注于更多的利基产品,贡献更多的创新。这些新的制造者将共同改变工业经济的面貌,通常一次只有几千个产品诞生,但这些产品正是眼光日益锐利的消费者所需。每家有50万员工、生产大众市场产品的行业龙头企业都会有数千家新公司与之对应,这些小公司仅仅瞄准若干利基市场,它们将一起改变制造业的格局。

　　选自[美]克里斯·安德森:《创客:新工业革命》,萧潇译,中信出版社,2012年,第47~49页、77~79页、82~83页、111~112页、228~234页、254~255页。

五

大数据政治

1.查德威克*：
互联网政治的八个主题

如果说技术具有政治属性，它必须被置于政治背景下加以考量，那么我们也需要以更广泛的概念来理解互联网的政治意义。互联网研究领域一直以来都有新的理论方法，但是当谈到政治影响时，我们总是再次回到很多年以来反复出现的一些概念上。信息科学家菲利普·阿格雷（Philip Agre）提供了最好的概念摘要。总体来讲，我列了八个主要概念性的主题。

去中心化

在新经济很是让人的着迷的 20 世纪 90 年代中期，当《连线》杂志创刊之时，它的预言就广为流传：互联网将会消除社会、经济和政治进程的所有中介形式。在互联网扩张的 90 年代，"非中介化"作为一个非常有用的专业术语，首次被用来描述股票市场上技术对证券机构的影响。而一般说来，这个词汇用来表示网络能够减少对一些人的社会需求，这些人具有在某些前互联网时代的专业知识，或者拥有某些不是建立在技术基础上的传统职位。售卖杂货的互联网公司将会使得曾经很发财的超市退出市场。以较低的成本建立起来

---

* 安德鲁·查德威克（Andrew Chadwick），伦敦经济学院博士毕业，政治传播学教授，也是在线公民文化中心（O3C）的主任。他还是政治传播研究灯塔负责人，参与编辑的《互联网政治手册》获得了美国社会学协会最佳奖图书奖，著作有《互联网政治学：国家，公民和新通信技术》（2006）、《混合媒体系统：政治与力量》（2013）等。

的新闻在线网站，将会终结传统媒体报纸、电视和广播的主导优势。在线政治共同体的联合将会逐渐削弱传统的政治中介，如政党、利益集团、立法机关及行政当局。历史上第一次有人认为互联网技术将会成为积极的网络公民社会的联系纽带，并取代此前被精英政治的把关人控制的决策过程的正式程序。这些把关人将会发现可以通过网络调和的意见而使他们自动出局。

然而除了改变我们消费物品和服务的形式，互联网还缓慢改变着公民与已经建立的政治程序之间的关系，没有任何迹象表明把关人和中介形式正在被弱化。传统的中介机构发现它们掌握的技能与网络时代具有高度的关联性。在某些情况下，新的中介机构正在迅速成长。特别顾问们传布电子政府、电子民主或在线精选的教义。政治博客在美国 2004 年大选中爆发，它一方面激发了普通选民的激情，另一方面也催生了选举进程中的新中介，像掌握了技术和有着高度兴趣的个人——泽弗·蒂侨特，他有技术并制定了霍华德·迪恩的电子竞选的战略。甚至，学者们也在将自己发展为新的中介机构，他们利用互联网创造关系网络，走出象牙塔进入思想库和政策智囊团。看来，中介形式依然存在。

去中介化理论虽然存在很多问题，但是它对互联网的社会与政治影响方面的认识较为温和，有很多益处。早就有人断言，互联网的技术结构将会引发权力转移，因为大众传播越来越让信息扩散到整个社会。由此看来，正如互联网是反对政治行为体对媒介经营的"专业化"要求，互联网也是全球媒介领域的兼并联合与市场垄断的反对者。就像我们在本书"导论"中所看到的，用经济术语来说，网络技术降低了信息出版后广泛传播的进入门槛。网络创造了一个合理的游戏空间，各种不同的观点可以在此百花齐放并参与竞争。当很多人的自我出版成为常态之后，大的传媒机构和政治传播专业人士主导公共舆论的情况将会逐步减少。由于利用信息技术可以使观点迅速传播，这项积极的公民社会的特征使得政治多元主义返璞归真。政治组织的网络形式开始取代旧的阶层划分形式。按照劳伦斯·格罗斯曼（Lawrence Grossman）的说法，"这将会扩展政府政策制定的参与范围，从权力中心的少数人扩大到外围许多想参与的人中间"。

…………

参　与

即使是偶然浏览互联网的人，很快也会发现网络空间正在进行的行为是交谈。成千上万的论坛涌现出来，不同身份的人们在这里争论、竞争、合作或者只是简单地分享思想。工人、市民、消费者、罪犯、技术人员、网络沉迷者——暂且这么称呼，在网络空间都有自己特定的位置。但是一旦提到政治，网上会自动有些人谈及当代自由民主中的许多根深蒂固的焦点问题，就像古代人一样关心政治哲学中的废除代议制民主而建立直接民主。

…………

自从互联网出现以来，有些学者已经修正了强化式的研究理念来指导其经验研究。而且很多学者得出的结论是，增加网上政治信息的数量并不一定有助于提高公民参与度。在20世纪90年代后期的网络政治学研究中，这几乎成了一项共识：是业已对政治感兴趣的人来搜索和使用网上的政治信息。这与以前对广播、电视和报纸的影响的研究结论相一致。但是这种研究路径的问题在于，他们的分析大多是基于相对静止的和90年代中期的自上而下的网站模式上。互联网在美国2003年至2004年的总统初选和竞选的长期影响尚难推测，但是可以清楚看到的是，新的网上竞选方式是一种更为积极的传播互动模式，特别是博客，它创造了一个不同的环境——公民的政治冷漠减少并提高了参与度。但是我们不能根据新近现象就得出结论：明尼苏达州式的电子民主到来了，即最成功的网络论坛几乎全是通过电子邮件进行讨论的。

社　团

大多数的主张认为，互联网提高政治参与度的功能来自于潜在的社团。这种观点认为，互联网是医治当代社会已知弊病的一服药剂：孤独、分裂、争强好胜的个人主义、本土身份的削弱、传统宗教与家庭结构的衰微,以及爱慕与交流的情感方式的减少。

　　…………

　　网络互动具有现实世界中不具备的人人平等的内在品质。因为社会不平等的标志——特别是性别、种族和年龄,而且还有地方口音和身体残疾——全都隐藏在了以文本作为主要交流工具的网络世界的背后。而且,网络空间并没有因为视觉文化的兴起而顿失光彩。一个很久以来广为流传的时髦语句,来自彼得·施泰纳1993年在著名的《纽约客》杂志上,对于坐在电脑桌旁的两条狗的描绘:在互联网上,没有人知道你是一条狗。

　　…………

　　实际上,网络化个人主义是看待世界的一种理性乐观主义。但是有些学者指出,网络社团的特征与理想状态距离甚远。面对面的互动交流通常具有众所周知的文明礼仪准则,而网络环境消除了这种规则的约束,这使得社会与政治上的边缘行为更容易表达其观点。种族主义、性别歧视和其他社会偏见都在网络上爆发,但表达这些偏见的人却可以用匿名或假名来遮掩自己的身份,而匿名或假名在网络上是被广泛接受的。

　　桑斯坦的"回声室"的观点也与此相关。当新的和强大的社团出现的时候,他们与社会经常是高度隔离的。虽然对于社团而言,主要根基在于大多数人认可的富有魅力的基础上。桑斯坦对于潜在社团的假定是:一个健康的公共领域应该是各种观点相互冲突和挑战共识。这种观点根植于观点竞争(虽然存在潜在共识的背景)的理念,它是西方自由主义中占据主导地位的理念。但是其他人看待这个问题时可能缺少了这一点。身份,在任何社团中都是一种凝聚力,一些研究者发现,网络互动经常具有复杂的身份建构、规则制定和执行等特征。最终,通过社会凝聚来提升社团和社会资本,将不可避免地伤害桑斯坦关于政治争论的公共空间的理想形式。

全球化

我们来看与互联网相关的三个趋势,即政治、文化和军事。除了讨论政治是否还能按照国家社会目标有效地管理市场之外,围绕着信息自由流动以及应对距离消亡而产生的全球治理体制新形式,有着非常多的议题。互联网的某些技术方面的管理,尤其是制定标准的程序,就是很好的例证。自20世纪90年代后期,围绕着互联网,新的治理体制开始产生,其中包括各种不同类型的国际组织,如联合国、国际电信联盟、互联网名称与数字地址分配机构(一个著名的新兴机构)和世界知识产权组织。国家和商业机构以各种不同的手段来影响互联网,有时为了促进全球电子商务市场而设法免费沟通,而有时则尽可能地施加国家管制力量。如果考察互联网对于文化全球化的作用,相似的复杂情况也在出现。一方面,互联网相对不受限制的传播秉性,被看做是创造了一个全球性文化大同世界,不同的文化相互混合和融合。另一方面,互联网是西方价值观出口到全世界的终端工具,而另外一点是,非西方文化需要建立和保持自己在网络环境中的身份,以及为了自己的目的培育和保持自身能力来抵御和适应西方媒介价值观。

…………

互联网对全球化的贡献,还要求我们不仅要思考距离,而且要思考空间和位置。具有讽刺意味的是,政治的空间要素经常被忽视,可能是因为新传播技术的发展可以使地理位置不太重要。但是在政治见解中,控制物理空间是重要的权力资源。对此,虽然明显但相当重要的一个观察点是,抗议者影响政治机构通过将活动地位放在机构所在地附近;另一个同样明显的观察点是,绝大多数公共空间和建筑周围具有防御工事以防御空间侵袭。因此,当我们将物理政治空间命名为"自然的"限制之时,比如地理空间分离了国家或一个国家之内的地区,实际上也建构了对物理政治空间的人为的限制。互联网减少了这样的空间限制。在网络空间上,边界和地理虽然依然存在,但它们比现实的物理世界中对人类行为的限制弱了许多。这为具有颠覆企图的政治行动开启了新的可能性,正如强势者控制物理空间一样,网络可以重置"地理通道"。比如,当人们移民到其他地区甚至是其他国家,他们依然可以很容易地参与和推动当地的政治运动。

后工业化

新的生活政治的核心力量更多的是自发产生而不是等级网络形式的组织。人们通过去中心化的和灵活的联系方式组成政治联盟,而且经常是跨边界联盟,这种方式省略了各种活动和主义。互联网上的各种动员,其基础来自这些不同的和碎片化的政治认同上,因为每个人在网上都可以加入很多群体和运动中,远远超过了网络以外能够参加的数量。比如,反对新自由主义行动中的许多参与者,看不出来他们在自己国家的政治冷漠(选举中不参加投票)和他们参与的跨国行动之间有什么矛盾之处。最近有关生活政治的例证包括:反对耐克公司的血汗工厂运动,最初由"环球交流"网站进行协调;反对孟山都公司的转基因食品;反对微软公司的全球运动,主要是由名为"网络行动"的公司进行网上协调。

运用生活价值观进行社会动员,已经使得一些学者认为,在某种程度上,政治上建立在文化转向基础上的新政治文化正在形成。与传统媒体不同,网络看起来特别适合将简单而强有力的理念扩散开来,从而使得社会关注具体化。从这个意义上讲,互联网颠覆了 20 世纪 80 年代确定的一些趋势——在那个时期,电视政治固定了下来。关于新政治文化的主张尚不清晰,还没有达到没有争议的地步。但是,不管西方国家的政治中是否有了根本性质的变化,可以清楚看到的是,互联网降低了专门技能和专业知识的层次,这是政治诉求中文化形式的结果;缩小了反对声音与权势集团制造的制度信息之间的传统差距。

理性主义

在社会科学中,理性主义长期被用做含义广泛的批评性词汇。在马克斯·韦伯的思想中，理性主义是一套催生了以计算、计划和控制为原则基础的组织的理念。官僚机构是理性主义的经典象征，这些组织要求个人服从规则而不是表达情绪或创新。大型组织的监视和测算的各种技术发展持续反映了理性主义的逻辑。有些学者——最为著名的是社会学家乔治·瑞泽尔（George Ritzer）——认为，理性主义已经成为当代生活的主导力量。瑞泽尔将快餐工业作为理性主义的极端例证，因为为了达到效率最大化，生产过程中的每一个步骤都被"科学化地"控制着。

互联网的理性主义运用，在很多方面影响了政治。电子政府和电子商务或许可以被看做是理性主义倾向的延续。因为它们像快餐店一样，尽可能地对工作的很多环节加以有效控制和自动化。关于选举活动的研究发现，使用数据库迅速收集选举人意向的大量数据，现在被作为选举大战中的既定组成部分。对选举人意见的大量数据储备和轻而易举的信息检索，使得很容易对想要影响的特定选举人群进行目标锁定，并且可以进行有的放矢的"小众传播"。在候选人的政策平台上，利用数据开发系统可以发出非常契合选举人生活选择的电子邮件。同样，私人公司在通过他们的网站追踪用户如何选择，政府机构以此确定哪些问题是最吸引人的。对那些关注某项政策的选举人，在线模式能够发出合适的电子邮件。选举人网站的某些部分专门针对报纸和广播电视已是普遍现象。这只是互联网发挥监视作用的几个例证——韦伯式的理性主义的经典模式。

治 理

政治学研究的核心是权力。这方面没什么新鲜说法。但是由于其本质意义上的复杂性，很难理解权力关系如何演化和日常政治互动如何进行。理解这种复杂性，现在更具挑战性，因为国家行为与非国家行为在不同形式和不同层次上的复杂性纠缠在了一起，从地方到国家，从超国家到国际社会。这就强调了，对研究互联网政治与政策来说，政策层次的复杂性和政策范围以及网络的中心地位是特别有用的。网络的政治性在国家与公民、各领域的公共行为与私人行为之间，其中一些甚至还没有表现出其政治性——至少表面上如此。

治理的研究路径的主要优势是意识到了网络、互动和参与，正越来越成为当代政治的重要特征。互联网正在促进、强化和重构这些趋势。很多当代政治行为的网络化特点使得政府模式不再像从前那样有用。国家主权仍然存在并运行良好。但是，在本书中我们将会看到，国家只是政治进程中的一种行动主体，互联网产生的力量有时会威胁到国家权威。政府和法律机构虽然在努力，但无法一直处理"命令与控制"模式的网络行动意义。理解网络技术政治学——它们的习惯用法、分类、设计和规则——要求我们依据不同的行动主体、新的社团、利益集团以及它们之间的相互依赖。

自由主义

自由主义作为互联网的默认意识形态曾经引起激烈的争论。从事建设技术基础的科学家和工程师们，可能具有自由传播和信息分享的幻想。但是企业家想从新媒介中追逐利润的想法，可以与科学家和工程师们的热情相匹配。一些学者在他们的网络自由主义理念的评论中想要揭示的，正是这种对资本主义价值观念的侵犯。

....

自由主义所说的竞争性不仅表现在政治的其他领域，也一样多地表现在了互联网上。换句话说，"网络自由主义"在描述互联网的作用目的和影响时，我将其作为一个具有合法性的术语，它是互联网文化的重要构成，几乎可以把处于不同阶段的网络用户联系起来，它囊括了各种不同的观点，这些观点依据对不同自由的优先次序理解也不同。网络自由主义有一种强大的观点，即高歌英雄的企业家，并谴责国家的市场管制；同样，也有一种重要观点认为，自发的、授权的和自我组织的网络特征以及组织的自我管理机会，已经赋权给网络社团，并将其他用户排除在外，这种舆论还谴责互联网经济权力的新的中心化，比如在软件方面的市场领域。憎恶政府进行市场管制的网络自由主义在网络空间随处可见,然而网络自由主义在公共和私人监视方面对政治或企业精英的不信任感正在上升。网络自由主义作为企业追逐利润的动力促使技术创新。

虽然这八个主要概念不是全部,但是大体确定了我在政治科学领域对互联网研究的基本概念,它们也将从社会学、传播学、经济学、商务和管理学中总结出不同的思想。它们的共同点是试图找到更丰富的概念体系来理解互联网的影响。

选自[英]安德鲁·查德威克:《互联网政治学:国家、公民与新传播技术》,任孟山译,华夏出版社,2010年,第27~29页、31~45页。

2.桑斯坦：
网络共和国

我在本书中的多数主张，取材自两位自由与民主的伟大理论家，约翰·密尔和约翰·杜威。先看密尔：在人类求进步的现阶段中，跟不同于自身的人接触，以及跟不熟悉的不同思想模式接触，这是再怎么强调都不为过的价值。这样的沟通一直是（尤其对现在来说），我们进步的主要来源之一。（密尔《政治经济学原理》）

然后是杜威：因为法律限制的解除，思想及其传播才得以自由。这样的想法是荒谬的。这样的想法源自不成熟的社会知识。因为这个想法模糊了我们对自己真正所需拥有的观念的认知，我们需要能够引导探究的观念，也需要能够在实际运用中得到测试、修正并成长的观念。没有任何人和心灵可以因离群索居而获得解放。（杜威《公众及其问题》）

基于这些观点，我曾大力强调，自我隔离的情境——我们之间很多人对同胞关心的议题和意见完全不闻不问——对个人或社会都是严重的问题。消费者主权的理想，在完全"个人化"的乌托邦境界里发挥得淋漓尽致，却给民主带来严重的问题。与其说消费者主权这个理想是乌托邦境界，不如说它是一个梦魇，是科幻小说的材料，是忽略了民主自治的许多重要条件后，我们将承受的惨痛教训。

圈内和圈外

由无数版本的"我的日报"来主宰市场,将不利于自治的推动。在很多方面,它会降低而非增加个人的自由。它也会造成高度的社会分裂,让个人和团体更难相互了解。当然还是有许多人会好奇地利用新科技去看看多方面的主题和看法,现在就有几百万人这么做。但即使只有少数人选择只跟同类交流,分裂、群体极化还是很明显的危机。一个自由社会所创造出来的公共领域,应该涵盖不同的人和不同的身份。

一个自由社会也提供圈内商议的空间给志同道合的人,这和以上的观点并不抵触。我们已经看到,这样的圈子确保那些被迫安静或被压迫的人有了抒发的机会。这些团体的成员,有时候难与广大的社会沟通意见,让这些人彼此说话,对个人或对社会来说都是好事。

虽然我说过,群体极化和地方串联会造成严重的危险,但类似的现象却在运动中扮演了重要的角色,并广为大家赞同:南非的抨击种族隔离政策、美国的公民权运动和谴责奴隶制度,都是例子。群体极化和地方串联也不只跟历史有关。例如,非裔美国人、政治异议者、穷房客和少数宗教成员彼此间的私人对话。目前来看,新科技能够帮助这些有共同经验和抱怨的人,建立可以沟通的圈子。这样的圈子是有危险,但也有其好处。例如,在人们觉得相当孤立,而且相信他们的困难处境无人能比,或是没有希望时,网络上的讨论群组可以让人们分享受挫的心情。这种情形不管对个人或社会整体而言都是相当好的。

这种圈子的危险现在看来并不陌生。跟志同道合的人商议后所产生的特定压力,可以预期会将成员推向没什么好处的位置。在极端的例子中,圈内商议可能会危及社会的安定(有时候会变得更好,但经常都是更坏)。我认为,如果新科技被用来使圈内商议的成员自绝于反对意见之外,并增加彼此的相似性,那就是社会的大不幸了。

但我们也可以毫不困难地去想像另一种不同的景象,与"我的日报"带来的影响完全相反。例如,假设大部分的人渐渐相信,寻找不同的意见和知道各式各样的主题是非常重要的。于是,大家把网络和其他科技发展所提供的机会,当成行使公民权的工具,这些机会大部分是国内的信息,有时候甚至是国际的信息,人们因此持续扩大自己的视野,并且经常以另一种观点来测试自己原有的观点。我们可以很容易地想像一个受此影响的社会准则,甚至社会文化的转向,在其间人们就是这样地使用新科技。

我们也能想像一种文化,在这种文化里,类似这样的期望是被私人和公共机构支持,而非贬抑。网站会经常帮助人们去认识其他的看法,甚至是与该网站不同的看法。在这样的文化里,和一堆不同想法的网站相互链接,将会相当普遍。而且在这样的文化里,政府会尽可能以不干预的方式,确保传播系统成为帮助民主自治的利器,而非阻力。

消费者和公民

许多人认为传播系统应该以它是否尊重个人选择来评价。从这一观点来看,一般人认为自由言论唯一真正的威胁是"箝制"。言论只是另一种商品,消费者依照供需去选择。关于一般消费性产品,我们自然相信越多人能"量身定制"或个性化他们喜欢的产品,情况越好。一个运作良好的市场,烤面包机、汽车、巧克力和计算机等,若能提供个人一大堆的选择,那就更好了——所以你有的,我没有,除非那是我能力所及也想要的。

然而我们已经看到,到目前为止,网络让消费者拥有更多选择,对消费者而言,却不是单纯的祝福。"消费攀比"的意思是,人们购买更多更好的商品,只会让人们花更多钱,却不能让人们更快乐或改善他们的生活。但更基本的问题是,自由表达的机制完全不应该用在消费者和消费这件事情上。在一个自由的共和国,这样的机制是用来维持民主自治的条件——以服务公民,而非消费者。因此,公共论坛原则确保开放街道和公园给演讲者使用,即使我们中间许多人不喜欢听我们同胞想说的话。

20世纪早期,当公共论坛原则刚发展出来时,要避开街道和公园远比今天要困难得多;因此,公共论坛原则有相当实际的重要性。但事情愈来愈不是这么一回事。现在完全有可能,而且愈来愈有可能,不把时间投入到公共论坛上。20世纪中晚期的公共媒体——那些报纸、杂志和广播电视台的经营者——偶然间取代了传统街道和公园的工作,它们促使人们置身于原本可能被忽略的议题和看法,而且这些议题和看法并没有事先被选择。同时,它们确保了异质社会里的共同经验。

在一个自由社会里,人们可以避开公共媒体,政府机构不会强迫成年人去读或看。然而,民主的中心目标是借由培养同情心和丰富人类的生活来确保社会整合——不仅超越种族团体,还打破其他界限。一个拥有公共媒体的社会,就像拥有一组公共论坛的社会一样,能将未经选择的信息和意见暴露在数不尽的人面前,同时促进经验的分享。当个人能够个人化自己的传播包裹时,这些表达自由体制的特点也许会荡然无存。

我从头到尾都强调,共和国不是直接民主,而是一个好的民主体制,其设计的机构拥有确保深思熟虑与辩论的机制——不需要对任何人在任何时刻碰巧想说的话作立即的响应。依此,原有的美国宪法是基于实现一组特殊的"过滤"——用以增进政府中商议的可能。你可以在大部分的民主国家看到相同的设计,以避免时时刻刻都得响应民众的要求。当新科技让人们更容易表达自己短期的看法,并诱使政府响应时,他们带来的危险多过愿景。但是当新科技能让人们更轻易地和他人商议及交换意见时,他们也发扬了自由表达体系的积极理想。

我们也看到,对于网络和其他传播科技,若说"毫无规范"是未来的道路,这是无用且不当的说法。任何保护财产权的体制都需要一个主动的政府,而政府依据法律制定规范,让财产拥有者有权排除他人使用。如果网站拥有者和经营者要对抗"虚拟恐怖主义"和对他们财产权的入侵,政府和法律(更别说纳税人了)必须扮演核心的角色。问题不在我们是否有规范,而是我们应该有什么样的规范。

言论自由从来不是绝对的。每个民主体制都会规范某些形式的言论,不仅仅借由创设财产权，还包括借由控制不同的表现形式，像做伪证、行贿、恐吓、儿童色情作品以及虚伪不实的商业广告（更别提用电子邮件寄发病毒）。问题不在于我们是否该规范言论，而在于如何规范言论——尤其当我们设法提升自由表达体制的价值，强调民主自治时，我们又该怎么做？

我同时强调自由表达和许多重要的社会目标两者之间的关系。当信息是自由的，专政就不可能有存在的空间。这也就是为什么网络是民主自治的大引擎。我提到经济学家沉恩的论著，并且特别参照了新科技，所以我也认为自由表达对社会的良好发展很重要，因为政府会承受压力。回想沉恩的发现，拥有自由言论和开放选举的社会不曾闹饥荒。我们应该把这一发现当作一个象征，没有什么方式比自由表达的功能更能作为政府为人民谋福利的保证了。

超越悲观主义、怀旧和预测

我曾提出三个特别的意见。第一，传播系统授予个人无限过滤的力量，将导致极度的分裂。如果不同的个人和团体，不管依据人口统计上的、宗教上的、政治上的或其他的定义，以自己的偏好来选择素材和观点，并排除他们不想要的，无疑将带来一个更分裂的社会。群体极化的现象会加剧这种危险，受到预设判断所引导，商议团体会向更极端的方向移动。事实上，网络之所以能制造群体极化的大危机，只因它能让志同道合的人更容易相互沟通——最后走向极端甚至暴力一途。那些最需要听别人声音的人至少该去寻找另一种观点，而非只听自己的回音。虚拟串联通常的结果都不是我们乐见的，错误的信息常散布给成千人甚至几百万人。我们已经看到受此影响的证据，其中大多是极端主义分子和种族组织，但我所谈的这一点要更一般化，不仅限于此。

第二，无限过滤的体系不利于信息与经验的分享，当许多或多数人关心同一个主题，至少在某些时间里，一个自由的体系能够产生一种社会黏性。更重要的是，从信息是公共财产这个角度来看——得到信息的人，会把信息散播出去,使他人获益。公共媒体在这方面提供了许多便利,只因为我们一旦获得信息,就会传播给其他人,而他们也可从中得利。

第三,从民主的观点来看,无限过滤的体制可能会牺牲自由。对共和国的公民们来说,自由就是要置身于不同的主题和看法中。这不是说人们应该被迫去阅读和观看那些他们厌恶的题材。这里主张的是,一个民主政体是通过民主机关去执行,设法提升自由,不单只是尊重消费者主权原则,而且要创造一个传播机制,让更多的议题和看法曝光。

我在此所说的并不是要当作实证的论据,套用在未来十年或更久后个人可能的选择。我们大部分人都带有强烈的好奇心,而且有时候我们会想瞧瞧那些能挑战我们的题材,而不仅仅只是强化我们既有的品味及判断。这些事情天天在发生,因为网站数量正以惊人的速度成长。没有人知道大多数人在长期或是短期内会选择什么。我不想带来怀旧或悲观,更不想去预测未来(恐怕也是徒劳无功),只想探索新科技和民主自治体制的关系。为了理清我们的理想,我们不要再为悲观、怀旧和预测分心,反而要超越这三者,去看看为了让理想成为现实,我们还可以做些什么。

富兰克林的挑战

回想一下群众问富兰克林,他们"给了"美国大众什么,这位宪法制定者回答:"一个共和国,如果你们可以保持的话。"富兰克林的回答表达了希望,却也是个难题,是永续义务的备忘录,甚至是个挑战。他的意见是,任何共和自治的文件是否能够发挥作用,仰赖的是它的效能,而非制定者的决定,是公民的行动和承诺,而非崇拜宪法原文、权威和祖先。想想"疏懒的人民"所引发的危险,布兰代斯大法官所言,只不过是延续富兰克林的主题罢了。

我大部分的主题是探讨维持一个共和国的先决条件。我们已经看到,最主要的因素是运作完善的自由表达体制——用麦迪逊的话来说,就是"其他权利唯一有效的保障"。可以确定的是,这样的体制必须限制官方不去钳制具争议性的想法与意见。不仅仅如此,它还需要某种公共领域,让各式不同的演讲者可以接触到不同的群众和特定的机构,让他们可以提出抗议。最重要的是,一个共和国或一个异质的社会,需要一个竞技场,让一群经验、见解和想法各异的公民们可以在此和他人碰面磋商,讨论什么是对大家都好的,什么才是对的。

新兴科技在此不是敌人,它们带来的希望远多于危险。事实上,从共和国的观点来看,它们带来伟大的希望,特别是它们能让一般人轻易地知道无数的主题,并且可以去寻找无止境的不同看法。但反过来说,新科技又让人更能拒绝那些他们想要逃避的主题和意见,所以也可能造成莫大的危险。如果我们相信自由表达的体制是让个人消费者有毫不受限的选择,我们就无法体会这些危险。这样的危险是否会出现,最终要看我们对自由和民主的期望以及作为而定。我尝试要在此确立的是,在一个自由的共和国里,公民期望一个体制,这个体制可以提供广泛的经验——包括人、主题和想法——而这些是他们未经事先筛选的。

选自[美]凯斯·桑斯坦:《网络共和国:网络社会中的民主问题》,黄维明译,上海人民出版社,2003年,第135~142页。

3.舍基*：
承诺、工具、协议

社会性工具的成功应用并无诀窍，而每个有效的系统都是社会因素和技术因素混合作用的结果。

好莱坞有个古老的笑话："好消息是要拍一部好的电影有三个简单的法则，坏消息是没人知道那些是什么。"社会性工具的良好运用则没有那么晦涩——我们至少知道这三条法则是什么。这里讲到的每个故事都依赖于一个值得相信的承诺、一个有效的工具和用户可接受的协议的成功融合。承诺对于每位要参加一个群体或者为它做贡献的人解决的是"为什么"的问题；工具帮助的则是"怎样做"——如何克服协调的困难，或至少把它控制在可控水平；协议则确立了路上的规则——如果你对于这个承诺感兴趣并采用了那些工具，你可以预期得到什么，以及群体将期望你做到哪些。不过，如同神秘的好莱坞法则，承诺、工具和协议的互动并不能当做什么诀窍使用，因为不同成分之间的互动实在太复杂了。

承诺、工具、协议的顺序也同样是它们对于任何群体成功的重要程度的顺序。创造一个能让足够多的人相信的承诺是基本要求。从承诺产生参与的基本欲望，而后就是工具了。如果有正确（或者足够正确）的承诺，下一个障

---

*　克莱·舍基(Clay Shirky)毕业于耶鲁大学，是一个研究互联网技术的社会和经济影响的美国作家，在纽约大学的毕业互动电信项目(ITP)担任客座讲师讲授新媒体。代表作有《人人时代》《认知盈余》《未来是湿的》等。

碍就在于确定哪个工具最能帮助人们共同靠近所承诺的目标。用维基达成共同的判断比用它主持讨论更为容易，而电子邮件则具有相反的一组特征，因此选择正确的工具对于群体互动形式十分重要。接下来就是协议。工具并不完全决定行为，例如，不同的邮件列表都有不同的文化，而这些文化都是用户之间经常秘而不宣的协议的结果。对于一个邮件列表，其用户协议可能是我们期望大家都礼貌相处，不礼貌的人将受到谴责。而也有可能是全然不同的协议："怎么样都行。"你可以看出各群体都使用同样的工具，这些协议可能引向多么不同的文化，而上述两种模式都是大量存在的。一个成功的用户协议必须良好地适应于相关的承诺和所采用的工具。将这三个特征一起考察将有助于理解依赖各种社会性工具的群体的成功与失败。

承　诺

承诺是核心的成分，它能说服一位可能的用户成为真实的用户。每个人每天都有太多事要做，而无论你怎么看待那些选择（"我永远也不会看那么多的电视""他们怎么会晚上 10 点还在工作？"），那些都是他们的选择。要对他人的时间提出新的要求，显然必须提供某种价值。更重要的是，所提供的价值必须高于他已经在做的别的事情，否则他不会释放出时间来。这个承诺必须在几个极端之间找到一个平衡点。信仰者之声的最初承诺既不太过寻常（"让我们对于那些实施性侵犯的神父表达愤慨"），也不是太缺乏尊重（"让我们推翻天主教会"）。相反，它的信息将愤怒与忠诚平衡——"保持信仰，改变教会"，至少对招募成员的目的而言恰到好处。同样，邀请人们参与开发 Linux 操作系统的第一封信既不显得太不确定（"让我们试试看是否能一起做点事"），也不太过宽泛（"让我们创造一个改变世界的操作系统"）。相反，托瓦兹最初的建议谦虚而有趣味——一个新的但是小型的操作系统，主要是作为共同学习的方式来做的。恰到好处。

对于任何群体，其内在的承诺比外在的承诺更为重要。也就是说，群体所表述的原则立场不一定就是他们实行的那一个。拿支持厌食运动的那些网站来说,其外在的承诺都是使人变得或保持病态的瘦削,而当你阅读网站上发表的那些内容,你会看到其实际的承诺更像是:"有人会注意到你。"这些网站上许多材料所表达的都是那些已经从厌食症恢复过来的女孩们的观点:像在其他俱乐部中一样,有他人相伴的乐趣经常和最初相聚的借口一样重要,甚至有时更为重要。做出正确的承诺和传统的市场营销有所不同,因为绝大多数的营销都是围绕出售给听众生产的东西,而不是由他们产生的东西。"来买芝士泡芙"和"快点加入,我们要一起发明芝士泡芙"传递出不同的信息。由于被称做"群体悖论"(paradox of groups)的某种因素,后一条所传达的信息更为复杂。这个悖论十分简单——没有成员就不存在群体(显而易见),但没有群体也不会有成员,因为哪里有成员可当呢? 从文字处理软件到俄罗斯方块,单一用户类型的工具对于潜在用户只有一个简单的信息:如果你使用的话,你会发现它令人满足,或者有效,或者两者兼具。而对于社会性工具,群体才是它的用户,因此必须说服众多个体,不仅他们本人会发现该工具令人满足且富于效用,其他人也会有同样的感受。因为无论这个承诺多么有吸引力,一款社会性工具只有一个人用就毫无意义。因此,使用社会性工具的用户要做出相互关联的两个判断:我会喜欢使用这个工具或参加这个群体吗? 会有足够多的其他人和我感觉一样吗?

工 具

考虑确定了针对某一群体的承诺的复杂性之后,决定选用哪种工具似乎应该是容易的问题。然而这里具体情境又增加了问题的复杂性。不存在一般意义上的好工具,只有适合于特定工作的工具。与无数管理人员所希望的相反,技术并不是具有无限弹性的结构材料,可以随意拉伸来应付任何场景。好的社会性工具更像是好的木工工具——它的设计必须得适合要做的工作,而且它必须帮人们做他们实际想要做的事情。如果你设计了一把更好的铲子,人们是不会冲出去挖出更多沟的。

这种"适合度"(goodness of fit)主张有一个令人惊讶的结果,那就是当现有的工具得到改进,那些可信的承诺的范围也同时扩大。回头去看,林纳斯·托瓦兹关于 Linux 的最初承诺是微小的,然而如果直言不讳地说——"让我们使来自世界各地的一帮人写出复杂得惊人的软件,并且对每一个人都不付钱"——这个提议将会显得完全是疯话(事实上很多人多少年来就是这样看待 Linux 的)。之所以理查德·斯托曼更重视管理的软件开发方法在那时看上去比托瓦兹的要好,是因为到那时为止它的确更好。到 20 世纪 90 年代早期,托瓦兹的提议与新的社会性工具带来的可能性迎头相遇,而随着工具的改进,新的可能性继续扩大规模。Linux 社区所采用的社会性工具好比格子架之于葡萄藤——前者并不是后者生长的原因,而是以帮助后者克服重力的方式支持和延伸它的成长。

我们所处的世界正经历各种可用工具数量的巨幅增加:文本信息工具 Twitter 的发布正在本书写作之时。面对这样的盛况,我们可能对于未来的社会图景说些有用处的话吗? 答案是肯定的,但我们必须将关注从各工具个体转移到期望它们支持的群体类型上来。两个最关键的问题是:"这个群体需要是小型还是大型的? "和"它需要短期生命还是长期存在? "两个二选一形式的问题就意味着四种可能的组合:快闪族是一个小型而短期的群体,而为 Linux 做贡献的人们则构成了一个大型、长期的群体,这样的例子还可以再举下去。

小型群体的核心特征在于其成员可以更加紧密地互动,因为小型群体比大型群体更容易支持密集的社会交往(生日悖论的数学结果,也是小世界模式背后的部分因素)。因此小型群体比大型群体提供了更好的交谈环境,并且更容易出现趋同思维,即大家都就一个观点达成一致。这就是社会性工具未能改变的群体生活的特征之一——小型群体在达成并维护一致和共识上更有成效。

大型群体的核心特征则相反。平均而言,人们必须相互连接得较不紧密。这样的结果是,这些群体能够更好地产生詹姆斯·索罗维基(James Surowiecki)所称的"群众的智慧"(the wisdom of crowds)。在以此为题的著作中,他确认了成员不相连接的分布式群体经常具有找到更好答案的种种方法,其途径在于汇集各人的知识或直觉而无需达成一致意见。从市场定价机制到索罗维基所拥护的预测市场(prediction market)的投票,我们有形成这类聚合的许多方式,然而这些方法都具有两种共同特征:它们在大型群体中表现更好,并且不要求成员间习惯上的直接沟通。(事实上,在有关市场的情境下这类沟通通常是被禁止的, 理由是小群的共谋者可能败坏大系统的正常运行。)

············

可能更重要的是,新工具并非总是更好。事实上,新工具开始都面临重大的社会性不利条件,即绝大多数人都没有在使用它,而如果可能从中吸收成员的池子有所局限,工具的社会效应也就受到限制。此外,每种社会性工具都为极端丰富的用户实践所包围,从而决定了它的用途。当电视剧《吸血鬼猎人巴菲》(*Buffy the Vampire Stayer*)的在线讨论组青铜的成员得知,该电视网络将不再对他们的社区提供支持,成员们于是聚集起来,募集起足够的钱请人在别的地方开发新的软件,像一只寄居蟹住进新的甲壳一样。当他们雇用一家公司开发新的工具,他们只有一个简单请求——不做重大改动。他们已经用习惯的老工具简朴到了极点,然而他们意识到,如果增加复杂的功能可能会对社区不利。他们于是请求并且得到了按新近的软件标准简单得有些可笑的产品。他们的直觉结果证明是对的:社区经历搬家之后在新的地址存活下来,而他们给它取名为青铜之 Beta 版。

协　议

协议放在最后, 是因为只有当承诺和工具都已具备并且共同作用之后它才变得要紧。对于一个正常运行的群体,协议也是最复杂的一方面,部分因为它是最不明确的一点,另外也因为它是用户最能参与创造的一点,这就意味着它不可能被事先完全确定。对协议的需求要归于群体活动的最基本问题——交易成本。协议有助于确认你可以期望于其他人的和他们所能期望于你的。设想你到某个外国去旅行并且计划在那里开车。你是想在路的右边还是左边开车呢？答案当然是问路的右边或者左边是错误的——其他人开在路的哪边，你就应该开在哪边；与当地人同步本身就是价值。对于依赖中间媒介的群体（mediated groups）情况也是一样。社会期望也有很多不同形式能够实现，然而如同道路上的规则，要紧的是明确了一种形式并且每个人都了解它。

在有些情形下，与用户的协议简单并具有精确的平衡。例如，维基所提供的基本协议就是，你可以编辑其他任何人的文章，而其他任何人也可以编辑你的。以为维基会因为这种自由失败的绝大部分人都低估了当每个人都拥有自由的时候它所具有的价值。

…………

协议的核心部分在于用户必须赞同它。它不能以一套合同式规则来具体表现，因为用户不会读那些以极小字号印刷的细则。（你上一次读完一篇"点击这里表示你已同意"的网页内容是什么时候？）协议应该成为用户真实交互体验的一部分。

但有的时候合同成为协议的核心部分，不是因为合同的直接用语，而是因为它所揭示的相关服务的含义。林纳斯·托瓦兹采用通用公共许可证（GPL）的规范推出 Linux，是因为这样能使开发者们放心他们的工作永远都不会被掠夺。这是他表达个人诚意的重要方式，而且远在 Linux 有足够的价值被独占之前。托瓦兹一早就采取这步措施，正是为了杜绝他在未来改变主意而就 Linux 申请专利或将其出售的可能性。Linux 变得有价值恰好是因为他所提出的协议限制了他在未来的自由——采用 GPL 成为承诺的严肃象征。维基百科早期也面临了类似的挑战。2002 年，它的西班牙语版发展非常之快，然而西班牙用户们担心它可能选择商业化的广告驱动的模式。于是他们威胁要带走他们贡献的全部内容创建一个另外的版本（这个过程被称为"forking"，意为分岔）。这一件事就使吉米·威尔士确信应该正式放弃维基百科在未来的任何商业化计划，而将站点从 Wikipedia.com 转移到 wikipedia.org 以与其非营利性组织的状况保持一致。类似地，他决定让 GNU 自由文档许可证（GNU Free Documentation License，GFDL）适用于维基百科的全部内容。如同林纳斯·托瓦兹将 GPL 公共许可证适用于 Linux，GNU 自由文档许可证也使内容贡献者相信公众将一直能免费得到他们所提交的内容，从而使他们更有可能贡献内容。多年以后威尔士可能会评价说维基百科当初已"值数十亿美元"，然而按这种说法历史可能会改写。由于多方面的贡献者对于商业化的忧虑，有一种可能就是整件事会演变出一打互不相同的版本，而没有一个会像今天的维基百科一样成功。通过正式保证网站的内容将永远不会同创建者分离，即便这意味着放弃将维基百科转为商业性服务的可能，但帮助形成了用户为其长期效力所必须有的信任。

维基百科也为用户提供了有助于执行站点协议的办法。它在上面列出了许多网站规则，包括以中立观点写作，并在意见不同的情况下实行善意推定（assuming good faith）。这些规定并无直接的强制机制，但当用户为某篇文章的内容发生争论也同样会经常援引它们。这种援引并无正式的作用，却为用户提供了某种道德劝诫并经常足以化解争执。

群体成员需要紧密协调的程度也对社会性协议的构造发生影响。如奥利弗·温德尔·霍姆斯（Oliver Wendell Holmes）所说的，"我挥舞拳头的权利止于另一个男人的鼻端"。城市在物质层面上通常对于群体生活的异常行为有比乡村更多的规定，完全是因为城市生活形成的社会性接触在数量上要比乡村生活形成的巨大得多。这种社会密度和协议的复杂度之间的联系对于以技术作为媒介的群体同样真实。成员彼此之间的互动越多，他们就越需要同意达成一致的行动，而管理他们之间关系的规则就越复杂。关于分享的协议可能相当简单，而就合作或集体行动制定的协议必定较为复杂，因为用户可动的频率、复杂度和时长都要更高。用霍姆斯的话来说，群体的结合度越高，虚拟的拳头打到虚拟的鼻子的危险就越大。

选自［美］克莱·舍基：《未来是湿的——无组织的组织力量》，胡泳、沈满琳译，中国人民大学出版社，2009年，第162~170页。

4.彭特兰*:
数据新政

用共享促进更大的想法流

人们早就认识到,促进土地和商品市场流通的第一步就是要保证所有者权利,从而使人们能够安全地买卖。与此类似,创造更大的想法流("想法流通")的第一步就是要定义所有者权利。政治上唯一可行的途径就是把关于公民自身数据的控制权交给公民本人。事实上,欧盟宪法已经自然赋予了公民这项权利。我们需要认识到,个人数据是个体有价值的资产,把它交给企业和政府是对它们所提供的服务的回报。

一个个体拥有其自身的数据究竟意味着什么? 最简单的定义方法就是与《英国普通法》(*English Common Law*)中的财产所有权、使用权和处置权做类比。

●你拥有关于你的数据的所有权:无论是谁收集的数据,这些数据都属

＊　阿莱克斯·彭特兰(Alex Pentland)被称为"可穿戴之父",拥有 MIT 人工智能和心理学两个博士学位,是麻省理工大学传媒、艺术和科学学科的"东芝教授",媒体实验室和人类动力学实验室主任。在全球计算机科学领域,他是被引述次数最多的科学家之一,《Newsweek》杂志评选出的"改变 20 世纪的 100 位美国人"之一,荣获《哈佛商业评论》颁发的"突破性思想奖"、*Technology Review* 颁发的"十大新兴技术奖",他也是世界经济论坛"大数据和个人数据"倡议的共同发起人。代表作有《智慧社会》《诚实的信号》等。

于你，并且你可以在任何时候使用自己的数据。因此，数据收集者起着一种类似银行的作用：替客户管理数据。

●你拥有对使用你的数据的完全控制权："使用"这个词必须要明确界定，并用通俗易懂的语言清楚地加以解释。如果你对某个公司使用你的数据的方式不满意，你可以删除它。这就如同如果你对某家银行的服务不满意，你就可以注销你在这家银行的账号。

●你拥有关于你的数据的处置权或发布权：你可以选择销毁或者散布关于你的数据。

个体拥有对个人数据的权利，企业和政府的日常运行对使用诸如账户活跃度和账单信息等数据存在需求，在这两者之间需要实现一个平衡。因此，这一"数据新政"赋予个体对这些所需要的运行数据的拷贝以及诸如位置等附带数据的拷贝的所有权、控制权和处置权。请注意，这些所有权并不完全等同于现代法律中的所有权本义，然而，其实际效果是以一种与土地所有权争论不同，更为简单的方式解决了争论。

2007 年，我首次向世界经济论坛提交了"数据新政"。从那以后，这种想法经历了各种讨论，并逐渐推动形成了美国政府于 2012 年提出的《消费者隐私权利法案》（*Consumer Privacy Bill of Rights*），以及欧盟与之相呼应的《个人数据保护》（*Personal Data Protection*）这些新法规一方面希望把数据从目前所储存的地方释放出来以服务于公共利益，另一方面又赋予个体对于涉及自身数据的更大的控制权。当然，这仍然是一项未竟的事业，个体对于自身数据控制的战斗仍在持续。

开放PDS，信任网络与数据公地

我们如何能够实施这一"数据新政"？单纯"诉诸法律"的威胁是不够的，因为如果我们无法看到他们在滥用数据，就无法起诉他们。而且，谁又想诉讼缠身呢？

信任网络与数据共享系统

目前最佳的实践是一个被称为信任网络的数据共享系统。信任网络是计算机网络和法律合约的结合：计算机网络持续记录对每一段个人数据的用户许可，而法律合约则明确了数据能做什么、不能做什么，以及在违反许可时该怎么办。在这样一个系统中，所有的个人数据都有说明该数据能用于什么和不能用于什么的附加标签。这些标签完全是按照法律合约中的条款来写的，而所有参与者之间的法律合约规定了不遵守许可标签要受到的惩罚，并赋予了我们审查数据使用的权力。有了许可和数据的出处，我们就可以对数据的使用进行自动审查，并使个体可以改变他们的许可，甚至收回数据。

一个与此类似的系统已经使银行间的转账系统成为世界上最安全的系统之一，但是这样的技术直到最近还只是为巨头所用。为了赋予个体类似的安全方法以管理个人数据，我的研究小组在 MIT 与由约翰·克利平格（John Clippinger）和我创建的数据驱动设计研究所（Institute for Data Driven Design）合作，帮助建造了开放 PDS（Open Personal Data Store，开放个人数据商店），这是这类系统的一个消费者版本，我们现在正在与一系列工业和政府部门合作检验这一系统。也许不久之后，共享个人数据就可能变得和银行间货币转账一样安全可靠。

狂野的万维网

到目前为止，我着重介绍了新的由传感器得到的个人数据源，因为许多人对这些数据的范围和性质还不熟悉。当然，万维网上已经有海量个人数据。绝大部分数据包含的信息来自社交网站、博客和论坛用户；线上商店和机构的交易和注册数据；以及浏览和点击的历史记录等。有些公司正开始挖掘用户提供的图像和视频资料。尽管这些资料是用户主动提供的，但这类挖掘仍有可能造成许多不经意的伤害——就如同通话记录和电话位置数据这类被动收集的传感器数据一样。

万维网是在一种无约束的环境中发展起来的，其中没有关于个人数据的一致性的隐私标准。因此，这些数据的权限是不清楚的，而且不同网站之间的标准也各不相同。与之相反，移动电话、医疗和金融数据是由高度规范的企业收集的，他们具有相当清晰的所有权规则，并且把"数据新政"与现有框架相融合以使这些数据得到更广泛的使用，从而使这类个人信息在周密控制下的共享成为可能。

但是，狂野的万维网又是怎样的呢？幸运的是，现有的万维网公司已经开始在压力之下遵守针对受管辖行业的更高的标准。也许最好的例子就是Google（谷歌），它也是世界经济论坛中我参与领导的"重新思考个人数据"项目倡议（Rethinking Personal Data）的参与者之一。经过在世界经济论坛最初轮的讨论，Google 发布了信息中心（Google Dashboard，www.google.com/dashboard），它让用户知道了 Google 拥有他们的哪些数据。经过第二轮讨论，Google 组建了"数据解放前线"团队（Data Liberation Front）。这是由一群 Google 工程师组成的团队，其使命是"用户应该能够控制他们储存在任何 Google 产品中的数据"，其目标是"使数据的移入和移出变得更为容易"。当我以前的学生布拉德利·霍罗威茨（Bradley Horowitz）在 2011 年 6 月领导发布 Google 时，数据的所有权和便携性是关键设计元素之一。通往个体对个人数据控制的步伐才刚刚迈出，就已经对所有公司形成压力使它们完全接受"数据新政"了。

数据新政的挑战

安全共享数据的能力无疑会产生更多被数据驱动的治理方案和政策。通过使用大数据和社会物理学分析，我们可以期待实现好得多的社会结果。也许同样重要的是，社会物理学使我们可以通过使用大数据和可视化技术近乎实时地观察政策的运行。这种更大程度的透明能够帮助公众更有目的性地控制政策的调整和修正。

例如，我的实验室正在开发一个基于 Google 地图的网络工具。但是，这一工具不只显示道路和卫星地图，还会显示贫穷程度、婴儿死亡率、犯罪率、

GDP 变化和其他社会性指标，而且每天都会对每个地区的数据进行更新。使用这一新的绘图能力，我们可以很快看到政府的哪些新举措在起作用或不起作用。

然而，使用如此大量数据建造更好的社会系统的最大障碍既非数据的规模或速度，也不是共享数据的隐私和责任——最大的挑战是要学习如何基于数十亿的个体连接的分析建造社会组织。我们需要社会物理学，以此跳出基于平均和陈规的系统，走向基于个体互动的分析的系统。

走出封闭的实验室

传统的检验和改进政府、机构的方法在建造数据驱动的社会方面用途有限。即使是我们通常使用的科学方法也不再可行，因为潜在的连接如此之多，以至于传统的统计工具得到的结果根本没有意义。

面对如此丰富的数据，我们很容易被虚假的相关性误导。例如，我们研究了一个小的大学社区分钟级的行为数据，包含持续一整年、每天数千兆字节的数据流。我们注意到，如果人们特别喜欢东奔西跑，就常常预示着流感即将爆发。但是，如果我们只能使用传统的统计方法分析数据，就难以理解为什么会这样。是因为流感病毒使得人们更为活跃，从而使病毒传播得更快吗？或者是因为与比平常多得多的人的互动使人们更有可能患流感？还有其他什么原因吗？我们无法从实时的数据流本身知道答案。

其中的关键是标准的分析方法不足以回答这类问题，因为我们不知道所有可能的选择，从而无法得到一组有限、可检验、清晰的假设。我们需要想出新办法来检验现实世界中的连接的因果性。我们再也不能依靠实验室实验，我们需要在现实世界里做实际的实验，并且通常会面对大规模的实时数据流，使用真实数据来设计组织和政策已经超越了我们管理事情的标准方式。我们生活的时代是建立在数百年的科学发展和工程建设的基础之上的，并且对改进系统、政府和机构等的标准选择方案已有相当好的了解。因此，我们的科学实验通常只需考虑少数几个清晰的选择(即合理的假设)。

但是随着大数据时代的到来，我们的生活将会在很大程度上运行于传统、熟悉的范围之外。这些数据经常是间接和有声的，因此需要特别小心地加以解释。更重要的是，大量数据是关于人类行为的，我们要寻找方法，把物理条件与社会结果联系起来。只有当我们有了坚实、证据充足和定量的社会物理学理论时，才能以一种简洁明了的方式形成和检验假设，这种方式使得我们今天可靠地设计桥梁和测试新药物。

因此我们必须超越目前正在使用的封闭的、基于实验室的问答式过程，开始用新的方式管理社会。与以前相比，我们必须开始使用我的研究小组针对"朋友和家庭"或"社会演化"研究建立起来的方法，更早且更经常地检验现实世界的连接。我们需要建造生活实验室——那些愿意尝试做事情用新方式的社区，或者直白地说，愿意成为实验对象的人群，以检验和证明我们的想法。这是一个新领域，重要的是我们要在现实世界中持续尝试新想法，以了解哪些想法是可行或不可行的。

特伦托与开放数据城市。作为生活实验室的范例，在意大利特伦托市政府、意大利电信、西班牙电信、布鲁诺·凯斯勒基金会（the Research University Fondazione Bruno Kessler）数据驱动设计研究所和当地公司的合作支持下，我们近期在意大利的特伦托市（Trento）启动了"开放数据城市"（Open Data City）项目。重要的是，这一生活实验室得到了所有参与者的知情与同意——他们知道所参加的是一个庞大的实验，其目标是创造更好的生活方式。这个项目旨在建立数据共享的新方式，以促进更多的市民参与和探索。其特定的目的是建造并检验诸如开放 PDS 系统这样的信任网络系统。诸如开放 PDS 这样的工具可以通过控制数据的去向和用途，使得个体能够安全地分享个人数据（如健康数据和孩子的资料）。

我们研究的问题依赖一组个人数据服务，这些服务使得用户可以收集、管理、发布、共享以及使用关于他们自身的数据。当这些数据聚合在一起时，可用于每个成员的自我授权或者通过使用社会网络激励的公地用于社区的改良。这种安全共享数据的能力可以促成个体、公司和政府之间更好的想法流,我们希望通过研究证明其对城市生产率和创意产出的促进作用。

由开放 PDS 信任框架促成的一个应用例子就是家庭之间分享关于幼儿最佳教养的经验。其他家庭是如何花钱的? 他们经常出去参加社交活动吗? 人们和哪些幼托机构或医生相处的时间最长? 一旦个体授予权限,开放 PDS 系统就使我们可以安全自动地对这些数据进行收集和匿名化处理,并分享给其他的年轻家庭。

开放 PDS 系统让年轻家庭可以互相学习,并且不需要手工处理数据或者冒着在现有社交媒体上分享的风险。尽管特伦托市的实验尚处于早期阶段,参与家庭的初步反应已经表明:这类数据共享能力是有价值的,而且使用开放 PDS 系统分享数据让他们感到安全。

特伦托生活实验室让我们有机会研究如何应对在现实世界中收集和使用深度个人数据的敏感性问题。这个实验室将特别用作"数据新政"的一个试验,建立赋予用户对其个人数据控制使用的新方式。例如,我们要研究不同的技术和方法以在保护用户隐私的同时允许他人使用其个人数据以生成有用的数据公地。我们也将研究不同的用户界面以用于隐私设置,配置收集的数据、发布供应用的数据,以及与其他用户共享的数据,所有这些都将在一个信任框架下完成。

对人类理解的挑战

构建数据驱动的社会面临的另一个挑战是人类理解。随着稠密、连续的数据和现代计算的到来,我们已经能够绘制出社会的细节并构建相应的数学模型。但是这些未经加工的数学模型远非大部分人所能理解。对于人类而言,这些模型中的变量太多并且关系太过复杂。尽管这些高度精细和数学化的模型有助于建造交通和电力之类的自动化系统,但是它们对于指导个人决策几乎毫无用处。

为了帮助政府和公民做出有关社会的决策,我们需要给出一个人类尺度的、直觉的对社会物理学的理解。我相信,在我们的人类直觉和大数据统计之间需要进行一场对话，我们需要今天的大部分管理系统中都不存在的一些东西。大多数人对于如何使用大数据分析、它们意味着什么，以及应该相信什么都鲜有概念。我们需要有一种新的语言以帮助建立上述理解，这种语言需要超越市场和阶层，描绘人们之间的详细连接如何决定变化。我希望本书中的语言和概念能够有助于缩小原有的距离。

…………

开放市场，即提供开放和公开的数据以支持公平的市场，是实现社会效率目标的传统方法，这是在 20 世纪主导我们思维的解决方案。尽管我们对开放数据的依赖已经使许多制度提高了透明度，但公开数据的数量和丰富程度导致了我们对"隐私的终结"的担忧。我们发现，对个人数据进行简单匿名化处理并不可靠，因为人们往往仍然可以通过组合分析不同的数据集来实现识别。

…………

一个着眼于一对一交换和对数据拥有强大个人控制的信任网络可以带来社会效率、公平性和稳定性，这些都是交换网络的内在性质。正如上面"熟悉的陌生人"的例子说明的那样，交换网络甚至比启蒙运动时期推崇的开放竞争环境更为自然。也许这是由于交换社会似乎是人类心智发展所处的那种环境，如果确实如此，交换网络就特别适合我们的社会本能和快速推理能力。

开放市场和强大的个人控制模型只是实现社会效率的两种方法，这两种方法的混合也是有可能的。例如，我们可以生成一个对公众免费开放的有限制的数据公地，当把它与个人隐私数据结合时就能够产生大得多的收益。

选自[美]阿莱克斯·彭特兰：《智慧社会：大数据与社会物理学》，汪小帆、汪容译，浙江人民出版社，2015年，第173~183页、195~197页。

六

大数据社会

1.卡斯泰尔*:
信息流空间

信息经济、新兴企业结构与流动空间

信息处理在现代工业社会结构中，逐渐成为起决定作用的角色，服务业、手工业和农业也是如此。我们的经济应该定性为信息经济，而不是服务经济。在社会结构变化、经济重组、技术革新的共同作用下，信息处理普遍处于有深远意义的改造过程中。新的空间形式甚至更重要的新型空间关系，成为这些变革的结果。

组织层面上，在以下四种主要的趋势联合作用下，生成一种新型企业结构：大型企业不断增长的主导地位；分散经营；企业把承包的工作部分或全部转包给第三者，即少数附属的中等规模商业机构；互联网把企业与其各部门和附属机构联系起来，形成了一个等级森严而又多样化的复杂的组织结构，它具有以时间、地点、活动领域变动为基础的几何学特点。

管理不善、经营危机、世界性竞争的扩展，种种因素导致企业及下属部

---

　　*　曼纽尔·卡斯泰尔(Manuel Castells)是知名的信息社会研究专家、城市社会学家,1967年在巴黎大学获社会学博士学位以及梭尔邦大学人类学博士学位,先后在巴黎大学、蒙特利尔大学、加州大学伯克利分校任教,代表作有:《城市问题:马克思主义思路》(1972)、《高技术、空间与社会》(1985)、《西班牙的新技术、经济与社会》(1986)、《信息技术、经济重构与城市发展》(1988)、《信息化城市》(1989)以及被称为信息时代三部曲的《网络社会的崛起》(1996)、《认同的力量》(1997)、《千年的终结》(1998)等。

门忙于节省开支,力求产品多样化,开拓新市场,重组生产程序,这些举措的唯一目的就是使企业在新型的充满挑战的环境中赢得更多的效益和市场份额。为了求得生存,劳动生产率和资本的增长成为决定企业集团命运的底线。

重大的技术革新是组织变化和经济重组的有力工具,同时也给组织施加压力并引进商业运作中新的劳动管理流程。日常工作的自动化程度越来越高,更高水平的生产任务重组,强调专业系统之上的决策,在企业各部门及经济实体之间建立互联网,这些发展趋势体现了互联网和决定企业生死存亡的组织关系的重要性。

技术主要是放大了组织内在的机制,而不是创造新的机制。虽然生产自动化程度在不断提高,但仍然要求企业把注意力放在决策的时刻,这一决策是其他任何活动都必须遵守的。在一个大规模的相互影响的系统中,经营活动应该能对来自高水平的决策予以迅速处理,而不用等它先输入系统后再找出来。在不同的企业集团和它周围的网络中,这遵从于一个非常扩散的、但是极端等级化的对劳动的分类。这种复杂的扩散系统是高度集中的,新的信息技术使之在灵活的同时达到等级分明成为可能。而且根据了解信息和操作的水平,对于信息系统的设计会逐渐反映出它们的等级制度和先后次序(优先权)。

信息活动的空间动力学说明了复杂组织的技术模式。这种模式同时还可以通过另外两种活动来描述:一是在大都市内的中央商务区范围持续集中的高水平活动;一是后方办公向小区域的扩散活动,首先是扩散到大都市郊外。另外,组织总部向郊区和其他地方的有限扩散,证实了在整个经济环境中信息活动无处不在。除了以上所提的两种趋势外,零售服务的扩散特别是向郊区的扩散也是大趋势,它反映了三个方面的变化走向:决策集中化,组织自动化和细分市场的政策制定。通过在更大地理范围内复制同样的基本空间模式,使得行业行为人口和工作收入的地区性变化成为可能,在一个地理上扩展了的区域里再产生相同的基础空间逻辑如同在其他国家的疆域中投入了一个新的发展动力。

　　在这个复杂的地域发展过程中,集中或扩散过程都不重要,重要的是两者之间的关系。一方面,要注意集中的是什么,扩散的又是什么。高水平的决策越来越集中。在大都市组织管理从根本上得到扩散;在地方,服务的提供、用户信息的检索与提供,在全国范围内扩散。另一方面,通过信息流建立的相互关系是所有这些空间的基本特点。决策的集中只能在提供个性化服务和信息检索服务的基础上进行。后勤办公室为决策提供资料,而大范围的信息处理组织只能根据中心发出的命令来执行。与工厂的每个处理环节都有关系的服务群也依赖于信息互联网的通信水平。组织之间的网络连接就是在新的空间关系中的联系模式。同一个组织的不同单位之间,或者不同组织之间,在流动空间执行任务、履行职责,因此对任何现存组织的生死存亡来说最重要的是空间。在信息经济中的组织空间正逐步成为流动空间。

　　但是,这并不说明组织是居无定所的。相反,我们会看到决策的制定依然依赖于环境,这也正是大都市的优势所在;提供服务必须依赖扩散的、局部的、分离的市场;办公室的大量工作也极大地依赖于特殊的劳动人员,这些人员在一些都市的郊区被召集起来。因而信息处理结构中的每一个组成部分都是有特定地点适于某种特定环境的。

　　而且,企业的组织关系和分公司的活动从根本上依赖于互联网,网络使系统中的不同组成部分得以相互影响、相互联系。组织有固定地点,它们的分部也同样如此,而组织关系是无地点的,根本上依赖于流动的空间。人们用“流动的空间”这一说法来表达信息网络的特征,但是这种流动并非是没有结构的。企业进行指导和管理,通过两种形式来共同实现:一种是组织的扩散关系,如同在指导过程中所反映的一样;另一种是信息系统基础结构的物质特性。在一个特定地点和一个特定时间里,电信和电脑的基础结构规定了组织的扩散区域,据此建立相应的组织流动程序。流动空间仍然是大规模复杂信息处理企业所需的基本空间结构。

　　这个推论所预示的结果是意义深远的,因为组织越是依靠流动和网络,它们受当地社会各方面的影响就会越小。由此可以得出这样一个结论:组织关系正逐步从社会关系中独立出来。这种趋势，在韦伯瑞恩（Weberian）的观点中被称为"官僚主义化"，也就是说，方法的合理性比目的的合理性更为重要、更有优势。获得流动的网络是任何组织进行业务活动的基本条件，而这一条件比来源于输入资料操作的任何一个要求都具有优先权，因为输入资料必须建立在互联网上任何一个指定的组织的特殊地址上。有许多具体的问题，诸如一位当地商业精英的兴趣、一位当地工薪阶层的居民的爱好、一个当地商场的利润，等等，都会不断地服从于组织。组织同时与下列因素有关：金融市场、劳动共享、世界经济战略同盟、更新和使用现代技术的能力、找出可能的关键的组织内部要求。以上这些因素都在流动的空间中相互依靠、相互影响。既然大多数组织（或聚集一处的组织群）趋向于与其他系统发生联系和相互影响，对一个组织来说，关键因素是保持这些联系。组织流动在肉眼可以看见的流动空间中相互依存。

大多数的流动具有精确的、基于地点的方向性。比如，总部设在纽约的高级金融机构的决定，一定程度上与本地社会生活环境和商业精英的认识相一致。但是，如果世界经济和国内经济相互依赖程度越高，用以满足迅速决策需要的信息技术越来越多，那么通过通讯网络传送而实现一系列指令的全球组织联系，就会变得越加独立于本地精英群体的文化价值趋向和个人偏爱。深植于流动模式中的组织关系无法剥离出来。由于资源的多样性和主要利益表现模式的多变性，使得公司决策者的个性通讯网络中的信息流动结构、电脑工作指令和报告之间的张力会越来越大。因而在最后的分析中，集中与扩散之间的辩证关系，地点和流动之间增长的张力可以反映出权力的流动正在转变为流动的权力。

············

重构信息空间的社会意义

经过以上分析，我们可以洞悉出一种主要的社会趋势：信息空间历史性的出现正逐渐取代城市空间的意义。由此我们知道，在不囿于特定场所、非对等的网络交流中，为达到其基本目标，权力组织的逻辑功能开始发挥作用。新的产业空间和新的服务经济,根据信息部门带来的动力组织运行,整个过程最后通过信息交流系统来重新整合。新的专业管理阶层将城市、乡村和世界之间相互联系的专用空间殖民化了,他们从当地社会中分离出来,结果在重新组织工作和生活的过程中备受挫折。新政府鼓励现代科技基础设施的发展,以便通过相互连接的秘密空间分散它的要素。新的全球化经济创造了生产和消费、劳动和资本、管理和信息等可变因素,这些可变因素否定了网络中错位生产的意义，网络的形式会根据无形信号和未知代码传递的讯息随时发生变化。

新信息技术不是转变空间社会含义的组织逻辑的根源，它是使这一逻辑以历史事实来体现其自身的基本手段。在实现不同的社会实用目标的过程中,信息技术能够得以利用,因为它所提供的基本上是一种适应性。它的应用通常取决于资本主义社会经济的重组进程,它构成这一进程发展所必需的物质基础。

信息网络所引发的地点转换是一个已经被详尽分析的重组进程的基本目标。这是因为重组的根本逻辑是基于回避历史已确定了的社会、经济及执政党的政治操纵机制。既然大多数控制机制依赖于社会区域的基层机构,它们便避免嵌进任何特定背景,成为仅仅与当权者相联系的实现自由的方式,因为这些人掌握、分担着社会逻辑、社会价值及组成流动空间结构的趋于制度化的信息体系的评判标准。流动空间的出现,实际上代表着由来自权力与生产组织形成的以区域为基础的社会与文化的不明晰,尽管这些组织继续支配社会并不屈从于它的控制。结果,在一系列对抗中,即使是民主政体也变得权力脆弱。这些对抗力量包括:资本的全球流通、信息非公开传播、市场洞察与关注、抛开国家意识形态的政治军事长远战略,以及被包装、销售、记录和传播而出入于人们心智的文化信息。

在流动空间中的这一重组进程所显露的,并不是在信息技术基础上被专制国家或组织的领导者所操纵的极权主义世界,像奥威尔式(Orwellian)的预言那样。它是更为微妙的,从某种程度上讲更加具有破坏性的一种社会分裂与再统一形式。这里没有明显的压制,没有可辨明的敌人,没有一个可以承担确切社会责任的权力中心。这些源流本身已变得模糊,或者即使表现明确但又无法被处理应用,因为它们经常针对一个不被领会的社会缘由的更高层面。基本的事实是,社会含义在于地方消失进而从社会中,从流动空间重组的逻辑中,变得淡化而普及。这一空间的轮廓起源和最终目标不为人知,甚至对于在网络交易中合而为一的实体而言也是如此。能量流动孕育了流动的能量,它的原料实体迫使其自身成为不被控制和预测、只能被接受和处理的自然迹象。这正是目前在新信息技术基础上拓展的重组进程的真正意义。

尽管如此,社会并非由顺从于结构支配的消极主题组成。地域的无意义、政治机构的无权力正分别被各种各样的社会实践者所憎恶和抵制。人类在区域术语上已认定其文化本身,动员起来以实现他们的要求,组织他们的社区,护卫他们的领地,恢复他们可以工作和居住的任何有限的控制,在崭新的有关历史风景的抽象概念中重现爱与欢笑。正如我已在有关都市社会多元文化的研究中所阐述的一样,与其说这是社会变革中的有意识行为,不如说更多的是结构矛盾的活跃性征兆。面对空间流动的易变几何现象,乡村地区趋于防御、保护、区域定界,以致于它们的自我确认代码变得不可传达。然而能量构成了一个分明的流动结构空间,只有在付出破坏不同文化和地区之间交流的代价时,社会才能使历史文化不断加重各自的地方化色彩,恢复地区的含义。在历史流动和不可缩减的当地社区之间,城市和地区作为富有社会意义的区域而消失。与此相联系,不再可能把其他地方的民众视为"外国人",甚至是潜在的敌人。能量流动的全球化和地方社区的部落化,成为历史重组同一基本进程的一部分,技术经济的发展和与这一发展相适应的社会控制之间的日趋扩大的分离。

新的技术经济使得信息空间成为不可逆转的经济和实用组织的空间逻辑。于是,这个问题就变成怎样将城市意义和新的实用空间连接起来。重构以城市为基础的社会意义,需要在文化的、经济的和政治的三个层面上进行社会和空间规划的同步整合。

在文化这一层面上,地方社会是从领土上加以界定的,必须保护它们的个性建立及其历史根基,而不管其经济和职能是否存在对信息空间的依赖。城市的符号标记、识别符的保护、实际交流中集体意志的表达,都是城市借以持续存在的手段,而不必通过实现其功能运行来判断它的存在。但是,为了避免不参照任何更广阔的社会框架就过分强调地方个性的危险,至少还需要另外两种措施:一方面必须建立与其他个体交流的代码,这种代码要求作为亚文化的社区定义,能识别并能与更高层次的文化交流;另一方面,必须把文化个性的表达和经济政策、政治实践结合起来,由此,才能克服部落主义的危险。

由城市和地区构成了"地域"概念。城市和地区必须找到它们在新的信息经济中的角色定位。这也许是将城市纳入社会控制新策略的最困难的一个方面,因为新经济的一个主要特征是它在信息空间中的实际连接作用。由于信息经济的特定性质,地域在新的经济地理中是必不可少的要素。在这样一种经济中,生产力的主要源泉是产生和处理新信息的能力,而信息本身依赖于象征性的劳动操作能力。劳动带来的信息潜能是其总的生活状态的职能,不仅从教育上来说,而且从不断产生、刺激知识发展的社会环境上来说也是如此。从根本上说,社会再生产成为直接的生产力。置身于信息空间,信息经济中的生产变得很有组织,但社会再生产仍然只具有地域的特定性。生产和管理系统的总逻辑还在信息流的层面上运转,作为新生产力关键要素的生产和再生产,需要与城市系统和劳动发展相互联系。这种联系必须由地方来详加识别,以便当地劳动力能提供产生交流网络的生产系统需要的技能。劳动力(实际上是个体的市民)必须意识到他们在信息化城市空间活动中的角色。基于这样一种意识,他们将会更好地给自己定位,以考虑控制整个与其利益息息相关的生产系统。但是,如果没有文化个性提供的社会力量给予支持,如果没有新一任地方政府的政治力量配合和实施的话,信息劳动力能产生的经济购买力是相当脆弱的。

在组织城市社会对信息空间的实用逻辑进行控制的过程中，地方政府必须担任中心角色。它只有通过强化自身角色，才能对经济和政治组织施压，以恢复地方社会在新的实用逻辑中的意义。这种观点违背了一种普遍的看法，即在全球化经济和信息空间中，地方政府的角色将会缩小。我相信那正是因为我们生活在这样的世界里——地方政府能够而且必须作为市民社会的代表起决定性的作用。联邦政府在处理难以识别的信息流时和地方政府一样常常是无力的。而且，由于信息流的起点和终点是不能控制的，问题就变得复杂多变，这要求对每个特定条件下信息网络的潜力和需要表现出一定的适应性。由于地方政府要保护自己与当地社会相联系的特定利益，它们也易于识别这种利益并且灵活应对权力的要求，因而在任何情况下都能找到最佳的交易位置。也就是说，在总体缺乏控制的情形下，交易议程越是具体，对信息网络的正反馈能力就越是灵活，恢复某种社会控制的机会就越大。我们不妨回顾一下，14世纪至16世纪，世界经济的形成导致了城邦的出现，作为一种灵活的政治机构，城邦能参与世界范围内和超国家的经济力量的谈判及解决冲突。时下的经济全球化进程也可能导致地方城邦的复兴，以此取代功能萎缩、机构官僚化的国家。

然而对于担当这一基本角色的地方政府而言，它们必须至少在两个方向上延伸它们的组织功能、增大它们的权力。首先，它们必须通过吸引公民参与、动员当地民众社团以支持其具有地方意义的重组的整体策略，这些策略具有无位置能量的原动力。社区组织和广泛的活跃的公民参与，是作为经济发展和社会调控代理人的当地政府的活动所不可缺少的要素。其次，这样做时，当地政府必须与其他有组织的、有标志的、自我确认的集体协作，注意避免部落意识，与在工作和能量基础上运作的社区相联系。地方政府尝试重建发展过程的社会调控时，需要建立它们自己的信息网络，制定决议和建立战略同盟以便应对当权政党组织的易变性。换句话讲，它们必须重建一个基于位置空间基础上的二者择一的流动空间。依靠这种方式，它们可以通过流动的基础组织的无地点特性逻辑来避免地点的无构造。

　　两个策略十分有趣——热情的公民参与和国家或世界范围的地方政府网络,它们可以在新信息技术的基础上被相当有效地运行。公民的数据银行、相互作用的交流系统、以社区为基础的多媒体中心,成为提高公民政治参与度的强大工具。信息技术可以提供有伸缩性的手段,来逆转由社会经济重组进程所形成的流动空间的支配逻辑。然而,技术媒介本身不可能转变这一没有社会动员、政治决议和公共机构策略的进程,当地政府挑战流动的能量,使反能量地区的复原成为可能。

　　这个观点并不试图为政治行为和社会变化提供具体的政策议程,它们仅仅希望在学术界和政界引起争鸣,使其能开始着手迎接信息空间的出现对我们城市的意义和社会福利带来的挑战。我提出的政策指向性可能表现为一种乌托邦;但有时,乌托邦的视角会动摇体制机构的短视行为,迫使人们去思考不可想象的事,因而增强他们不可避免的社会转型意识和社会控制意识。我们不惜一切代价要阻止的是信息流的单向发展,同时我们还努力维持一种假象,即我们的城市社会一直保持着的平衡。除非能找到由新的社会运动激励的另一现实政策,以重建信息空间内地域的社会意义,否则,我们的社会将会割裂成不能交流的地域部门。地域与地域部门之间的相互隔离将会导致毁灭性的暴力和历史进程的倒退。

　　但是,如果新一任地方政府实行革新的社会政策,就能掌握信息技术革命带来的势不可挡的力量,那么新的社会空间结构就可能由控制和确定生产信息流网络形式的地方社区网络组成。也许到了那时,我们的历史时间和社会空间将会把知识和意义的重新整合汇集成一个新的信息化城市。

　　选自[美]曼纽尔·卡斯泰尔:《信息化城市》,崔保国等译,江苏人民出版社,2001年,第182~186页、390~395页。

2.舍基：
当自由时间累积成认知盈余

　　人口数量和社会总财富的增长使创造新的社会制度成为可能。和丧失理智的群众不同，新社会的建筑师们察觉到，工业化的副产品——某种公民盈余(civic surplus)出现了。

　　⋯⋯⋯⋯⋯⋯

　　想象一下，如果我们将全世界受教育公民的自由时间看成一个集合体，一种认知盈余(cognitive surplus)，那么，这种盈余会有多大？为了算清这笔账，需要一个计量单位，那么就让我们从维基百科开始吧。

　　马丁·瓦滕伯格(Martin Wattenberg)，一位致力于研究维基百科的 IBM 研究员，帮助我得到了这一数据。虽然他用的是"在信封背面涂涂画画"的粗略算法，但在数量级方面是正确无误的。显然，累计达 1 亿小时的思考时间已经很多了，然而和我们花在电视上的时间相比，这些时间仍是小巫见大巫。

　　美国人一年花在看电视上的时间大约是 2000 亿个小时。这几乎是 2000 个维基百科项目每年所需要的时间，甚至这个时间的一个零头都无比庞大：每周末我们都会花大约 1 亿小时仅仅用来看电视。这是很大一部分盈余。那些提出"人们哪儿来的时间花在维基百科上"的人没有意识到，相比我们全部所拥有的自由时间的总和而言，维基百科项目所占用的时间是多么微不足道。这是一个不平凡的时代，因为我们现在可以把自由时间当做一种普遍的社会资产，用于大型的共同创造的项目，而不是一组仅供个人消磨的一连串时间。

导致电视消费量减少的选择可以是微小的,同时也可以是庞大的。微小的选择是一种个人行为,一个人只是简单地决定下一个小时是用来和朋友聊天、玩游戏还是创造一些事物,而不再是单纯地看电视。庞大的选择则是一种集体行为,是数以百万计的微小选择的集合。整个人群中不断累积的对参与态度的转变,使得维基百科的产生成为可能。这种对自由时间的使用选择使得电视行业为之震惊,因为"看电视是消磨时光的最好办法,这一曾经为观众所认可的观念",已经作为社会的一种不变特征存在了很久。一位研究协同工作的英国学者查理·利德比特(Charlie Leadbeater)在报告中指出,一位电视主管人员最近告诉他,年轻人的分享行为会随着他长大而逐渐消失,因为工作会耗费他们太多的精力,以至于在他们回家后的空闲时间里除了"瘫在电视机前"什么都不想做。轻信"这种行为过去稳定,因此将来也会稳定"是错误的——这不仅仅错误,而且构成了一种特殊的错误。

…………

联想到媒体,我们也面临同样的问题。当我们谈起网络和短信的作用时,我们很容易犯错误,我们只会关注工具本身。我这么说是根据我的自身经验,20世纪90年代我开展了大量关于电脑和互联网性能的研究,却很少考虑到其实是人类的欲望塑造了它们。

新媒体工具的社会化应用令人惊叹,究其原因,一部分在于这些应用方式的可能性并不固有存在于工具本身之中。从便携式收音机到个人电脑,整整一代人在个人技术的伴随下成长起来,因此他们会把新的媒体工具纳为己用也并不奇怪。然而,人们对社会科技的使用却很少由工具本身来决定。当我们使用网络时,最重要的是我们获得了同他人联系的接口。我们想和别人联系在一起,这是一种电视无法替代的诉求,但实际上我们可以通过使用社会化媒体来满足它。

我们很容易设想,当今的世界反映了某种对社会的理想表达,所有背离这种神圣传统的事情都是骇人听闻和不正当的。尽管互联网已经出现了40

年，万维网技术也已出现了 20 年，社会中以往喜欢将大量自由时间用于消费的个体成员开始主动创造并分享事物，但仍有很多人对此感到惊讶。和以往相比，这种创造并分享的行为的确令人惊讶。然而媒介的单纯消费从来都不是一个神圣的传统，它们仅仅是一连串偶然事件的累积，当人们使用新的传播工具能达到旧有媒体无法完成的目标时，它们就失效了。

⋯⋯⋯⋯⋯

少数人使用廉价的工具，投入很少时间和金钱，就能在社会中开拓出足够多的集体善意，创造出 5 年前没人能够想象的资源。这教会了我们几个不同的道理：

人们想做一些事情来让世界变得更美好；当他们受到邀请时愿意伸出援手；在尝试新事物时，使用简单灵活的工具可以排除很多困难；如果你想充分利用认知盈余，不必拥有一台高级的电脑，一部手机就足够了。这个故事教给我们最重要的道理之一是：一旦你弄明白如何通过一种让他人在意的方式来充分利用认知盈余，那么他人也会复制你的技术，一而再、再而三地传遍世界。

⋯⋯⋯⋯⋯

20 世纪，社会生活的原子化使我们远离了参与文化，以至于当它回归时，我们需要用"参与文化"（participatory culture）这样一个词汇来描述它。在 20 世纪之前，我们并没有一个真正意义上的词组来形容参与文化。这实际上是一种同义反复，文化中很重要的一部分便是参与——聚会、活动和表演，除了这些，文化还能从哪儿来呢？和别人一起创造并分享某样事物，这一简单的举动至少代表了对某种旧有文化模型的回应，而这种文化模型现在正披着科技的外衣。

只要你接受了人们实际上很喜欢创造并分享事物这个观点，不管分享的内容有多笨拙，完成得有多糟糕。

⋯⋯⋯⋯⋯

我们总能抽出时间来做我们感兴趣的事情，因为那些事情吸引着我们，而这些时间是从争取每周 40 小时工作制的斗争中得来的。19 世纪末,在为谋求更好的工作环境而进行的抗议活动中, 有一句很受欢迎的工人口号是这样说的:"8 小时工作,8 小时睡觉,8 小时做我们想做的事!"一个多世纪后的今天, 对无组织时间显见而具体的利用已经成为了工业化廉价商品的一部分。然而在过去 50 年中,我们却把这来之不易的时间的大部分都花在了一项简单的活动上, 这种行为普遍到连我们自己都已经忘记了我们的空闲时间始终属于我们自己,我们可以凭自己的意愿来消费它们。

"人们哪儿来的时间",问这样问题的人通常并不是在寻求答案。这个问题很浮夸,说明问问题的人认为某些特定的行为很愚蠢。

…………

20 世纪的媒介作为一种单一事件发展着,这种单一事件就是消费。在那个时代,鼓舞媒介的问题是:"如果我们生产得更多,你会消费得更多吗?"人们对于这个问题的普遍回答曾经是"是",因为人们平均每年都会消费更多的电视资源。但实际上媒介就像铁人三项运动,由三种不同的活动组成:人们喜欢消费,但他们也喜欢创造和分享。我们喜欢所有这三种活动,但直到最近为止,电视媒介依然只回报其中的一种。

日积月累的迹象表明,如果你为人们提供了创造和分享的机会,那么他们有时会和你辩论,即使他们此前从没有过那样的举动,即使他们对此并不像专业人士那样精通。这并不能说明我们将停止盲目地看电视,它仅仅说明了消费已经不是我们利用媒介的唯一方式。对于我们每年消耗的空闲时间来说,任何转变——不管多么微小,都可能是很大一部分时间。

将我们的关注点拓展到包括创造和分享在内, 并不需要通过个人行为的大幅度转变来使结果发生巨大变化。全世界的认知盈余太多了,多到即使微小的变化都能累积成巨大的后果。

规模起了很重要的作用,因为盈余需要能够被累积起来。对于像 Ushahidi(平源报警平台)这样的工作,人们必须同心协力贡献自己的空余时间来创造认知盈余,而不仅仅是完成一系列微不足道而又彼此分离的个人行为。累积规模一部分和受教育人群如何利用空闲时间有关，另一部分则取决于累积行为本身，和人们越来越多地在单一的分享型媒介空间内彼此互联有关。2010 年，全球通过互联网联系到一起的人口即将超过 20 亿，手机用户更是早已突破了 30 亿。因为全世界大概有 45 亿成年人（全球人口约 30% 的年龄在 15 岁以下），所以我们生活在一个崭新的历史时期中——对大多数居民来说，作为全球范围内互动组织的一部分已经变得再正常不过。

规模能区分大小盈余作用之间的不同。我第一次发现这个原理是在 30 年前。那时父母为了给我过 16 岁生日，送我去纽约市找我的堂兄。我的反应和你们眼中被扔进那种环境的中西部孩子很像，我心中充满了对高楼、人群和喧闹的敬畏。但是除了那些大事以外，我还注意到了一件小事——切片比萨，它改变了我对于可能性的观念。

在我 16 岁时，那个启发了我的切片比萨，它所蕴涵的意义是：当群体足够大时，不可预知的可以变得可预知。如今任何一天你都不必知道谁会来买比萨，只需要确定一定会有人来买就行。一旦对于需求的确定开始远离个人顾客，而向集体顾客回流，那么崭新的行为种类便成为可能。如果我 16 岁那年有更多的流动资金，那我也会在观察雇出租车和等公交车两种行为的过程中发现同样的原理。更普遍的是，一个事件发生的可能性就是它可能发生的次数和频率的或然率。在我长大的地方，顾客在下午 3 点购买一小片切片比萨的可能性太低，因此我们不会冒险提前做好一整张比萨。而在 34 号大街和第六大道的拐角处，你就可以做上一整张比萨来等待生意上门。任何人类活动，无论看上去多么不可能，在人群中发生的可能性都会增加。规模较大的盈余和小盈余就是不同。

…………

规模上的变化意味着曾经不可能的事情变成了可能，曾经不太可能的事情变成了肯定。我们曾经依靠专业的摄影记者来记录那些事件，而现在我们越来越多地成了彼此的基础设施。用这种方式来看待分享或许比较冷血——我们越来越多地通过陌生人随机决定分享的内容来了解世界，但即使这样也是对人类有好处的。

…………

如果我们仅仅使用媒介来指代这些商业形式和素材，这个词汇就会变成一个时代错误，而妨碍当今发生的事情。我们平衡消费与创造和分享的能力以及彼此联系的能力，正在把人们对媒介的认识从一种特殊的经济部门，转变为一种有组织的廉价而又全球适用的分享工具。

认知盈余，一种全新的资源

我在之前写的《未来是湿的》一书中，讲述了社会化媒体历史性的崛起，以及随之产生的群体行为环境的改变。该书从上一本书遗留的地方开始，观察人类的联网如何让我们将自由时间看成一种共享的全球性资源，并通过设计新的参与及分享方式来利用它们。我们的认知盈余只是一种可能，它自身并不代表任何事物，也做不了任何事情。为了了解我们能利用这一新资源来做什么，我们不仅要了解那些可以利用它的活动种类，而且要知道如何以及在哪里利用它们。

当警察想要了解某人是否会采取特殊行动时，他们会寻找一些手段、动机或机会。手段和动机是指怎样和为什么要采取这种特殊行动，而机会指的是在哪里行动以及和谁一起行动。人们有能力、动机和机会来利用不断累积的自由时间做一些事情吗？对这些问题的积极回答能帮助建立人和行动之间的联系。把这个问题放大来阐述的话，手段、动机和机会能帮助解释社会上出现的新行为。了解一件因为我们的认知盈余而变得可能的事情，意味着理解我们累积自由时间的方式，利用这种新型资源的动机以及我们事实上正在彼此创造的机会的本质。

…………

要想从共享的自由时间和才能中得到任何东西，我们必须彼此协作，因此利用认知盈余并不仅仅是个人喜好的堆积。不同用户群体的文化对成员间的互相期待以及成员如何一起工作的影响巨大。文化会决定我们从认知盈余中获得的价值中有多少是公用的（communal），被参与者所欣赏，但对整体社会没太多用处；而有多少是公民的（civic）。

从过去孤立的时间和才能中脱颖而出的认知盈余，仅仅是一种原材料。要从中获得价值，我们必须让它变得有用或者能利用它做一些事情。我们大家并不仅仅是认知盈余的来源，也是设计它的使用方式的人，这种设计是通过参与，以及当我们以新的方式联系在一起时对彼此的期待而展开的。

选自［美］克莱·舍基：《认知盈余：自由时间的力量》，胡泳、哈丽丝译，中国人民大学出版社，2011年，第6页、13~15页、17页、20~21页、24页、26~33页。

3.卡斯泰尔：
网络社会新结构

信息化社会中的自我

新信息技术正以全球的工具性网络整合世界。电脑中介的沟通(Com-puter-mediated Communication)，产生了庞大多样的虚拟社群。然而，20 世纪90 年代独特的社会与政治趋势，却是围绕着原始认同而建构社会行动与政治，不论这些认同的获取是根植于历史和地理，还是刚刚立基于对意义和精神的焦虑追寻。信息化社会在历史上迈开的最初几步，其特征似乎是以认同作为首要的组织性原则。我所谓的认同，是指社会行动者自我辨认和建构意义的过程，主要是奠基于既定的文化属性或一组属性上，而排除了其他更广泛的社会结构参照点。对认同的肯定，不必然意味着无法和其他认同身份有所关联(例如女人与男人有关系)，或者无法将整个社会涵括在这种认同底下(例如宗教基本教义派立志要改变每个人的信仰)。但是社会关系相对于他人(异己，others)的界定，乃是以规定了认同的那些文化属性为基础。例如，占野小樱(Kosaku Yoshino)在他对"日本精神"(日本独特性的观念)的研究中，非常犀利地界定文化民族主义为"当感受到有所匮缺或受到威胁时，通过创造、保存与强化人民的文化认同来重建民族共同体(National Communi-ty)的一种计划。文化民族主义认为民族是其独特历史与文化的产物，是具有独特属性的集体凝聚"。克格·卡尔霍恩(Craig Calhoun)虽然认为这种现象在历史上并非新鲜事,也曾强调当代美国社会界定政治认同时的决定性角色,尤其是妇女运动、同性恋运动、美国民权运动,这些运动"不仅追求各式各样的工具性目标,还要肯定那些遭受排斥的认同,认定它们在公共社会中是善良的,在政治上是显著的"。阿兰·图尔纳更进一步,主张"在后工业社会中,文化服务已经取代了物质财富在生产核心里的地位,捍卫主体的人格和文化,以对抗机关和市场的逻辑,取代了阶级斗争的观念"。那么,如费尔南多·考尔德伦(Fernando Calderon)与罗伯特·拉舍纳(Roberto Laserna)所述,在一个同时展现全球化与片断化特征的世界中,关键的议题变成"如何结合新技术与集体记忆,普遍科学与社群主义文化,情绪与理性呢?"没错,怎么做呢?还有,我们为什么会观察到遍及全世界的相反趋势,亦即,在全球化与认同之间,以及网络与自我之间有日增的距离?

雷蒙·巴格洛(Raymond Barglow)在其探究这个问题的启发性论文里,从社会心理分析的角度指出了其怪异之处:虽然信息系统与网络化已扩张了人类组织与整合的能力,但同时也颠覆了西方传统里分离、独立之主体的概念:"由机械技术到信息技术的历史转移,有助于颠覆主权与自足的概念,而这些概念从2000多年前希腊哲学家阐述之后,便一直由个人认同的意识形态支撑。简而言之,技术有助于拆解它过去所助长的世界视野。"随后,他提出一个动人的比较,对比了弗洛伊德书中的古典之梦,与他自己的病人在90年代旧金山高科技环境之中的梦:"一个头的意像……其后挂着一个电脑键盘……我就是这个程式化了的头!"与弗洛伊德的古典再现比较之下,这种绝对的孤寂感是新的:"作梦者……表现了一种孤寂感,那是根本存在且无法逃脱的经验,根植于世界的结构之中……全然孤立,自我似乎完全无可挽回地失落了自己。"因此,要以共享的、重构的认同为核心,追寻新的连接状态(connectedness)。

无论多么具有洞察力,这个假说只是部分解释。一方面,这意味着自我的危机仅限于西方的个人主义式概念,受到无法控制的连接性所震撼。然而,虽然东方有强大的集体认同感,以及在传统文化上个人从属于家庭,东方也在寻求新认同与新的精神。1995 年日本奥姆真理教引起的共鸣,特别是在受过高等教育的年轻一代中,可以视为既有认同模式发生危机的征兆,还搭上建立一种新的集体自我的极度渴望,意味深长地混合了精神性、先进技术(化学、生物、激光)、全球企业联系,以及千年劫数的文化。

另一方面,要解释导致认同上升的力量,也需在更广的层次上寻找诠释架构的元素,连接制度变动的宏观过程,而这在相当程度上与新全球系统的浮现有关。譬如阿兰·图尔纳与米歇尔·威佛卡(Michel Wieviorka)曾指出的,目前西欧风行的种族主义与仇外症,与其认同变成抽象概念(欧洲人)的危机有关。与此同时,当欧洲社会的国家认同模糊了,却发现欧洲社会里的少数民族仍然继续存在(至少从 20 世纪 60 年代以来,它已是人口学上的事实)。或者同样地,如同我在第三卷里会讨论到的,在俄罗斯与苏联,后共产主义时期里民族主义的高度发展与 70 年末强加的排外意识形态认同所造成的文化空洞有关,并且在历史上脆弱的"苏维埃人民""幻灭"之后,结合了朝向初级历史认同(俄罗斯、格鲁吉亚)的回归,以之作为仅有的意义来源。

宗教基本教义派的浮现,似乎也连接上全球趋势与制度危机。从历史可以得知,各种类型的观念与信仰,总是有现货等着在合适的情况下点火:意味深长的是,正当全球财富与权力的网络连接了全球的节点和有价值的个人,同时孤立与排除了社会的大部分地区段、区域,甚至是整个国家的历史时刻里,不论是伊斯兰教或基督教的基本教义派,已经且将会散布到整个世界。在这个世界里,似乎有一种排除了"排除者"(excluder)的逻辑,一种重新界定价值与意义之判断逻辑,这个世界便是电脑文盲、无消费能力的群体,以及通信低度发展的地域,空间都越来越狭小的世界。当网络(Net)切离了自我(Self),这些个体或集体的自我,便无需参照全球的、工具性的参照来建构其意义:脱离的过程变成是双向的,因为被排除者也拒绝了结构支配与社会排斥的单向逻辑。

这就是要探索的地带,而不只是宣告。此处所提出的信息化社会中,有关自我之矛盾展现的一些想法,仅是为了描绘我的探索历程,给读者提供信息，而非预作结论。

…………

网络社会

我们对横越人类诸活动与经验领域而浮现之社会结构的探察，得出了一个综合性的结论：作为一种历史趋势，信息时代的支配性功能与过程日益以网络组织起来。网络建构了我们社会的新社会形态，而网络化逻辑的扩散实质地改变了生产、经验、权力与文化过程中的操作和结果。虽然社会组织的网络形式已经存在于其他时空中，新信息技术范式却为其渗透扩张遍及整个社会结构提供了物质基础。此外，我认为这个网络化逻辑会导致较高层级的社会决定作用甚至经由网络表现出来的特殊社会利益：流动的权力优先于权力的流动。在网络中现身或缺席，以及每个网络相对于其他网络的动态关系，都是我们社会中支配与变迁的关键根源。因此，我们可以称这个社会为网络社会，其特征在于社会形态胜于社会行动的优越性。

…………

首先，我将界定网络的概念，因为它在我所刻画的信息时代社会里扮演了核心的角色。网络是一组相互连接的节点（nodes）。节点是曲线与己身相交之处。具体地说，什么是节点根据我们所谈的具体网络种类而定。在全球金融流动网络中，节点是股票交换市场及其辅助性的先进服务中心。在统治欧盟的政治网络中，节点是国家部长会议与欧洲委员会。在贯穿世界经济、社会与国家的毒品交易网络中，节点是古柯田、罂粟田、地下实验室、秘密着陆的简易机场跑道、街头帮派，以及洗钱的金融机构。在信息时代文化表现与公共意见之根源的新媒体全球网络中，节点是电视系统、娱乐工作室、电脑绘图环境、新工作团队以及产生、传送与接收信号的移动式设备。如果两个节点位于同一个网络之中，那么由网络所界定的拓扑地形决定了这两点（或社会位置）之间的距离（或互动强度与频率），要比不属于同一个网络的两点之间来得短（或更频繁，或更强烈）。另一方面，在一个既定网络中，流动在两点之间没有距离,或有相同距离。这样,既定点或位置之间的(实质、社会、经济、政治、文化的)距离在零相同网络中的任一节点与无穷大(网络外的任何节点)之间变化,由光速操作信息技术所设定的网络包含排斥,以及网络间关系的架构形成了我们社会中的支配性过程与功能。

　　网络是开放的结构,能够无限扩展,只要能够在网络中沟通,亦即只要能够分享相同的沟通符码(例如价值或执行的目标),就能整合入新的节点。一个以网络为基础的社会结构是具有高度活力的开放系统,能够创新而不至于威胁其平衡,对于奠基于创新、全球化与分散性集中的资本主义经济;立基于弹性与适应性的工作、劳工与公司;无穷无尽地解构与重构的文化;致力于即时处理新价值与公共心态的政治体;以征服空间和消除时间为目标的社会组织,网络都是适切的工具。然而,网络形态也是权力关系剧烈重组的来源。连接网络的开关机制(例如金融流动控制了影响政治过程的媒体帝国)是权力的特权工具,如此一来,掌握开关机制者成为权力掌握者。由于网络是多重的,在网络之间操作的符码和开关机制就变成塑造、指引与误导社会的基本来源。社会演变与信息技术的汇聚,创造了整个社会结构活动展现的新物质基础、在网络中建造的这个物质基础标示了支配性的社会过程,因而塑造了社会结构自身。

　　…………

　　在网络社会的理想类型下所概述的社会转化过程,超越了生产的社会与技术关系领域:这些过程也深刻地影响了文化与权力。文化表现抽离了历史与地理,变成主要由电子传播网络中介与观众以多样化的符码和价值互动,而最终汇集于数字化的视听超文本(hypertext)之中。因为信息与沟通主要经由多样化的综合性媒体系统流通,政治逐渐在媒体空间表现。领袖权被人格化了,而创造形象就是创造权力。并非所有政治都能演变为媒体效果,或是因为价值与利益对政治结果不重要。但是不管谁是政治演员,或他们的取向如何,都通过与利用媒体而存在于权力游戏之中,位于日渐多样化的整个媒体系统里,包括电脑中介的沟通网络。政治必须架构在以电子为基础的媒体语言上,这个事实对政治过程、政治行动者与政治制度的特性、组织和目标都有深刻影响。从根本上说,媒体网络里的权力与体现于这些网络的结构和语言里的流动之权力相比较,乃是第二位的。

在更深的层次上,社会、空间与时间的物质基础正在转化,并环绕着流动空间和无时间之时间(timeless time)而组织起来。在这些表现的隐喻价值之外,还可以提出一个主要假说:支配性的功能在与流动空间相匹配的网络里组织起来,而流动空间横跨全球将这些网络彼此相连;同时,片断化的附属功能及人民位于多重的地方空间之中,这些地方空间则由日益相互区隔与分离的地域构成。无时间之时间似乎是在流动空间的网络里否定时间的结果,不论是过去或未来。同时,根据各种过程在网络中的地位而有不同度量和评价的时钟时间,则继续塑造着附属性功能与特殊地域的特性。由电脑化金融流动的循环回路,或外科手术式战争的即时发生,带来的历史之终结压倒了贫困的生物时间,或工业劳动的机械时间。空间与时间之新支配形式的社会建造发展出了一个后设网络,限制了非必要的功能,统治社会群体,并且贬抑疆域。因此,在这个后设网络与全世界的个人、活动和地域之间,创造了无尽的社会距离。并非人民、地域与活动消失了,而是它们的结构性意义消失了,湮没在后设网络看不见的逻辑之中。在此,价值被生产,文化符码被创造,而权力被决定。网络社会的新社会秩序对大部分人来说都越来越像是后设的社会失序(meta-social disorder);换言之,像是自动化随机的事件序列导源于不受控制的市场逻辑、技术、地缘政治秩序或生物决定论。

从一个更广的历史角度来说,网络社会代表了人类经验的性质变化。假如我们根据古老的社会学传统,认为在最基本的层次上,社会行动可被理解为自然与文化之间关系的变迁模式,那么我们的确是置身于新纪元之中。人类存在的这两个基本极端之间关系的第一个模式,几千年来所表现的特征乃是自然支配了文化。社会组织的符码几乎直接表现了在不可控制的严酷自然下挣扎求生存的状况,一如人类学教导我们可以追溯社会生活的符码,直到我们生物实体的根源;第二个关系模式则建立在现代的起源基础上,并且与工业革命和理性的胜利有关,看到了自然受到文化的支配,劳动过程创造了社会,人类却由此同时发现自己脱离自然力而得到解放,以及屈从于其他人的压迫和剥削的深渊。

我们已然进入文化(仅指涉文化)的新阶段,已经超越自然,到了自然人工再生("保存")成为文化形式的地步:这事实上正是环境运动的意义,将自然重建为理想的文化形式。由于历史演变与技术变迁的汇聚,我们已经进入社会互动和社会组织的纯文化模式之中。这便是为何信息是我们社会组织的主要成分,以及为何网络之间的信息和意义流动构成了我们社会结构的基本线索。这并不是说历史已经在人类与自身的快乐和解之中完结。事实刚好相反:历史才刚要开始,此时我们所理解的历史乃是指这样一个时刻:经历了数千年与自然的史前斗争(首先是求生存,然后是征服自然)之后,我们的物种所达到的知识与组织水平已容许我们生活在一个根本上是社会性的世界之中。这是一个新存在的开端,事实上也是新时代的开端,即信息时代,其独特之处乃是文化相对于我们生存的物质基础获得了自主性。但这未必是令人振奋的时刻,因为终于在人类世界里独处的我们,必须在历史真实之镜中观察自己,但我们可能不喜欢见到类似景象。

选自[美]曼纽尔·卡斯特:《网络社会的崛起》,夏铸九、王志弘译,社会科学文献出版社,2001年,第26~30页、569~571页、576~578页。

4.凯利：
数字社会主义

统一体机器的规模

人类技术下一阶段的进阶产品应该是一台具有庞大规模的,囊括思维、网页、计算机为一体的统一物。这台巨大的机器将是有史以来最大、最复杂、最可靠的机器。同时,建成之后,它也将是大部分商业和文化的运行之所。网络是这台统一体机器的初始操作系统,而我们每人所拥有的小型个人终端将是进入其操作系统的途径。未来,这些小玩意将成为我们进入统一体机器的网关,而为这台新机器设计产品和服务则需要独特的思维模式。

这台全球统一体机器的尺寸规格到底是怎样的呢?

如今,它包含 12 亿台个人电脑、27 亿部手机、13 亿部固定电话、2700 万台数据服务器,以及 8000 万部无线 PDA。上述所有终端的处理器芯片整合起来才能达到互联网、网页、通信系统的计算要求。那么,为统一体机器供电,又需要多少晶体管?

2004 年英特尔奔腾处理器需要大约 1 亿个晶体管,而到了 2005 年,服务器内的安腾处理器则需要超过 10 亿个晶体管。电流模型越多,所需的晶体管当然就越多,但这些老模型所需的晶体管数量还是很接近平均值的。

需要注意的是,统一体机器的处理器的芯片(1 亿台在线个人电脑的 1 亿个芯片)与安腾处理器芯片中的晶体管一样多。统一体机器的"超级"之处在于它的每个"晶体管"都是一台计算机。粗略估计,这个统一体机器的计算能力大概相当于有 1018 个晶体管。由于只有最新的服务器有 1 亿个处理器,这个数字很可能是个较小数量级。经过计算,当我们把手机和掌上终端的晶体管都算进去的时候,连入统一体机器的有线晶体管可能达到 170 万亿个。

人类大脑里有大约 1000 亿神经元,而当今统一体机器的晶体管数量则可达到并超过这个数字的五次方之多。而且统一体机器与大脑最大的区别在于,每隔几年其规模至少扩大一倍。

2003 年,我们生产了大约有 1000 亿亿个晶体管,但并非所有的都被连入统一体机器。多数晶体管被用于相机、电视机、导航仪及类似的电子产品,还有少部分目前被用于互联网。但总有一天,所有的晶体管都将被应用于统一体机器,每一个芯片最终都会以某种方式链接入网,这意味着终有一日,我们将像现在这样,为未来的统一体机器加入尽可能多的晶体管。

如果统一体机器有 10 万亿亿个晶体管,那么,它的运行速度能有多快呢?如果将垃圾邮件也纳入计数,那么全球每天收发的邮件是 1960 亿封,也就是说,每秒钟收发 220 万封,即 2 兆赫。每年收发的文字讯息为 1 万亿封,也就是每秒 31000 封,或 31 千赫。每天有 140 亿即时讯息被发送,即 162 千赫。操作中的搜索数量是 14 千赫,点击链接的速度是每秒 52 万次或 0.5 兆赫。

网络世界中,可见、可搜索的网页约有 200 亿个,而不可见、不可搜索或深层网络的网页(比如输入密码登陆后才可见的页面,或者你在亚马逊查询时显示的动态页面)则有近 9000 亿个。每个可搜索网页上链接的平均值是62 个,假设动态页面也一样的话,那么这意味着整个网络中的链接数量超过 55 万亿个。我们可以把每个链接设想为一个突触———一个待我点击的潜在链接。人类大脑中约有 1000 亿~100 万亿的突触,而统一体机器也差不多。

2003 年,世界上已存储的信息超过 5EB(即 1018)字节,多数在线下存储于纸媒、电影、CD 和 DVD 中。自此以后,线上存储犹如雨后春笋般涌现出来。如今,统一体机器的信息内存总量达到了 246EB(即 2460 亿 GB),预计到 2010 年,其存储量将增长到 600EB。

　　并非所有流向统一体机器的信息都会被存储。越来越多的信息以临时副本的形式被产生、推送或进入网络。一项研究估计，2007 年的信息流量为 255EB，但信息存储量为 246EB，而且这种信息产量与存储量之间的差距将扩大到每年 20%。我们可以将这些信息差异量视为"移动存储"，甚至可以视为随机存储器（REM），尽管两者相差 9EB。预计 2010 年，统一体机器的移动存储总量将达到 1ZB（1021）字节。

　　如果一切正常运行，统一体机器每年将耗电约 8000 亿千瓦时，约为全球电量的 5%。

　　关于这台统一体机器，我们讨论过的问题之一是，其尺寸远远超过我们惯于使用的普通单位，因此我们无法估测其规模。例如，统一体机器的国际宽带总量约为每秒 7TB。我们曾经谈到过国会图书馆，其信息量大约是 10TB，但这个数字如今看起来是那么微不足道。未来 10 年内，你平板电脑的容量将以 TB 计算。以此为单位，统一体机器每秒钟可以压缩一个国会图书馆的全部信息。这是非常惊人的处理周期。15 年后，我们还能用什么单位来度量信息流量呢？

　　我们可以说统一体机器目前等量于 1HB（HB，Human brain，人脑），这个单位大概能使用 10 年左右，但当它达到 100HB、10000HB 时，仍然使用 HB 就好像在用英尺来计算星际空间一样不合适了。

　　虽然个人电脑功率的增幅与摩尔定律的速度大致类似，每隔几年就翻一番，但统一体机器功率的增幅却更快，因为它的总功率是组成它的所有个人电脑的幂数倍。不仅其"晶体管"的功率会翻番、数量会翻番，而且它们之间的连接也成倍增加。为了在另一维度扩大晶体管的数量，计算机芯片制造商都只考虑制造 3D 芯片，而不是传统的平面 2D 芯片。统一体机器提供的思路还不止于此，它可以在其自身的各个层面内扩张，这样，其功率的增速也可以超过其零部件。

　　2020—2040 年，统一体机器的信息量将超过 60 亿 HB，这也就意味着，它将超越人类的处理能力。

（2007 年 11 月 2 日）

物联网的四个阶段

第一阶段：当前信息传播演进的第一阶段是与电脑联机。我们称这种联接为网络群之间的网络，或者互联网。联机阶段的互联网有用但很枯燥——有点像没有电话的电话系统。如果你要订机票的话，最好的办法是联接航空公司的电脑。联机系统的积极参与者得采取开放的姿态——互联网上的电脑必须乐于中转其他人的数据包。在联机系统中，单机并不能完全控制它的数据包（这与电话系统是不同的）。

第二阶段：信息数字传播的第二阶段是联接文件和网页，而这就是网络。在第二阶段可以进入关于你航班的页面或文件，而非航空公司主页。信息分辨率的细化使系统更为有用。但是，想要在这个信息的竞技场有所表现，参与人员需要公开并分享他们的网页，那些登陆后才能显示页面的设置往往会弄巧成拙，而且你也不能限制那些联接着你的文件的网络链接。新手们往往会在上述几个方面误操作。当你网页的内容被复制粘贴时——有时是部分，有时是搜索引擎索引的全部——你得心胸开阔地接受它。这是个信息共享化的阶段，但联接的价值基本上都获得了普遍认同。

第三阶段：我们现在处于第三阶段开端的收尾之处。在这一阶段，我们继开始联机共享电脑和文档之后，开始了共享文档中的数据。我们联机共享各自文档中的内容及其相关信息，并主动制作链接。因此，我们现在可以直接联入航班信息，而非之前的航空公司电脑或者航班页面。数据已被拆分成便于在任何网络设备上阅读的形式，事实上，当这一阶段正确完成时，信息就可以被网络本身所包含。因为在这时，它不再以英文等语言文字呈现，而是以一种一般语义形式存在。这种普遍形式是存在于数据库中的。其实，你可以将此阶段理解为全球数据库。

第四阶段：顺便说一句，我不认为第三阶段是历史的终结，或是故事的结尾（我已经学会了质疑那些三段论的历史）。我认为我们可以迈向第四阶段，即趋向于连接起事物本身的阶段。你想把关于某物的所有数据都嵌入其中，你想要把位置的信息嵌入到位置本身中去。其实，你想要联接的并非航空公司的电脑，也不是航班页面，更不是航班数据，而是航班自身。理想的情况下，我们可以连接到嵌入式数据处理程序及飞机的原始信息，连接到机舱里的特定位置——所有这些我们称之为"航班"的复杂项目和服务。我们最终想要的，就是物联网。

语义网

在物联网中，我们制造的所有东西都包含一条连接链——虽然还有段路要走，但我相信我们能够创造它。数据的互联网——全球数据库——正在加速建设中。据我所知，这正是人们理想中语义网的样子。这是因为，为了共享，信息被从自然语言中提取出来，并被简化为截然不同的信息元素，而后进行标签，放至数据库。在这一基础形式中，它可以被以数以千计的新方式重组为有意义（具语义）的信息分子。但当它还停留在浅层的未注明的原始文件状态时，这些新方式则毫无用处。

我想数据的这种共享式提取也是人们所理解的 Web3.0。在这个版本的网络层中，数据激增、流动并在网站间扩张，就像它出于大型数据库或大型机器中一样。我的网站索取了来自爱丽丝和鲍勃的稳定数据流，通过以新的（语义学的）方式重组的过程，这些数据增加了价值，而后，我将我自己组织好的数据流发布出去，使它们成为别人消费的原始数据。这种数据生态系统在一种开放的交互系统下运行，即使并非所有数据都被共享或公开，但这也是一种经双方同意的协议。

一个运行良好的语义网、全球数据库、巨型全球图表、Web3.0，将让数百万看起来更聪明的服务成为可能。我不会重复告诉每个网站谁是我的朋友，一次就够了。如果我的名字出现在文本中，它就会知道那是我。我所在的城镇也将成为网络上的城镇———一个拥有可定义字符的地方——且别的字符不能替代。这种遍在性使任何我所在城镇的消息都链接到关于这个城镇的真实信息。网站看起来更聪明了,这表现为它"知道"更多东西——并不是以一种有意识的方式,而是表现在程序化方式上。呈现在网络上的概念和物品将能够互相指认并了解对方——以一种它们现在还不可用的基本途径。

细节很重要。哪项协议成功?哪个标准有效?哪个公司保持多数优势? ——这些都是未知数。政策细节也很重要。文档和电脑作为所有物,不像数据那么不可预断,因为数据是出名的难以标定所有权的。再有就是难以界定的身份问题。如果网络知道你总是你,那么"你"是谁?如果绝对的个人服务的代价是绝对的个人透明度,那么与绝对的个人监视又有什么区别?

语义网的灵活性将使很多人焦躁不安。尽管它将与人类保持很大的距离,但它对事及对人的无所不知仍然会使很多人畏缩不前,并推迟其发展。我只能指望孩子们会喜欢上它了。

(2007 年 11 月 29 日)

亿万差级

多即不同

一样东西,一旦拥有巨大的数量,就能改变这些东西的性质。就像斯大林所说:"数量,本身就是一种质量。"计算机科学家 J.斯托尔斯·霍尔(J. Storrs Hall)在《超越人工智能》(*Beyond AI*)里写道:

如果一样东西有足够多的数量的话,会显示出单独的时候完全没有的特性,这有可能发生,但这样的机会并不常见。能产生这一差异的数量至少是在 1 万亿这个数量级。在我们的经验里,任何一个涉及到 1 万亿的案例都不仅仅是数量上的差异,而是质量上的差异。1 万亿是太小看不见太轻摸不着的一粒尘埃和一头大象重量上的差别, 是 50 美元和全人类一年的经济产出的差别,是一张名片的厚度和地球到月亮的距离的差别。

我把这个差别称为亿万差级。

通过复制的过程,特别是数字化的复制,可以把日常事物的数量放大到前所未知的巨大量级。这一数量可以从 10 一直到 10 亿、万亿乃至不可数的量级。

你的个人图书馆可以从 10 本书扩充到谷歌图书馆中全部的 3000 万本电子书籍。你的音乐库可以从 100 张唱片扩充到世界上所有的音乐。你的个人文档可以从一盒旧信件扩充到跨越你一生的几百 PB（PB 为数据量单位，1PB=1 百万 GB）的信息。一个公司也许需要管理每年几百 PB 的信息。科学家也许需要产生每秒几个 GB 的数据。政府部门需要去追踪、加密和分析的文档可能会达到 1000 的六次方那么多。

亿万差级是一个新的领域，是我们新的家园，在这个尺度上需要新的工具、新的数学和新的思维转变。

当你达到万亿、亿亿及更大的数量单位的时候，陌生的新的力量出现了。在这个数量级上，你可以做一些以前绝不可能做到的事情。1 亿亿个超链接带给你的信息和行为，是永远无法从几百或几千个链接中得出的。1 万亿个神经元会带给你智能，而 1 百万个不会。1 亿亿个数据点会给你几十万个数据无法给出的洞察。

但是，管理亿万差级所需要的技能却并不简单，概率和统计统治了这个领域，我们人类的直觉却往往都不可靠。

我曾经这样写过：数学让我们知道，拥有数量巨大的部件的系统和少于一百万个部件的系统有着截然不同的运作方式。亿万差级是一个容量极其庞大的状态，由许多个一百万构成。网络经济意味着亿万个部分、亿万件物品、亿万份文件、亿万个机器人、亿万个网络节点、亿万个连接和亿万个组合。相比我们近代才出现的生产社会，亿万差级更像是进入了生物学的领域——亿万个基因和组织已经在那里存在了很长时间。生命系统知道如何去处理亿万差级，我们可以仿照生物学来处理亿万差级的多样性。（《新经济的新规则》，1998 年）

社会网络也在亿万差级的领域运作。人工智能、数据挖掘以及虚拟现实都需要掌握亿万差级。随着我们创造了越来越多的东西，特别是我们集体创造的成果,我们正在将媒体和文化也提升到了亿万差级的领域。供我们选择的音乐、艺术、影像、文字——任何东西——的数量正在达到亿万差级的水平。

我们要如何才能不被亿万差级的选择弄得瘫痪?如何不被它伤害?亿万差级是无限的吗?这个长尾如此长、如此宽、如此深,以至于最终它将完全变成另一样东西。

多即不同。

(2008 年 4 月 17 日)

数字社会主义

数字社会主义运动究竟能带领我们多么接近一个非资本主义、开源、大众生产的社会?每当这个问题被问起时,答案都是:比我们想象得近。想想 Craigslist。它只含有分类广告,对吧?但事实上,这个网站放大了有用的社区交换板块,以接触地区用户;并且用图像和实时更新强化了其有效性——分类网异军突起,成为国家宝藏。Craigslist 的运营没有国家资助或控制,但却实现了公民的直接对接,这个绝大部分免费的市场在取得社会效益上的效率,让任何政府或传统组织相形见绌。的确,它破坏了报纸的商业模式,但同时也无可置疑地表明,对于营利组织和依靠税收支持的民事机构而言,分享模式是一种有效的替代模式。

贫穷的农民能从地球另一端的陌生人那借 100 美元,然后归还,这种事谁会相信?这就是 Kiva 从事的点对点借贷。所有公共医疗专家都信心满满地宣布照片分享还好,但没人会分享自己的医疗记录。但在 Patients Like Me(像我这样的患者)网站上,患者们分享各自的治疗结果,为自己谋得更好的治疗服务,这证明集体行动能同时战胜医生和担心泄露隐私的恐惧。日益增加的平常习惯——分享你所想(Twitter)、分享你在读的东西(Stumble Upon)、你的财务(Wesabe)、你的一切(互联网)——正在成为我们文化的基础。与此同时,跨洲际的人们正组成各种小组,协作创建百科全书、新闻机构、视频档案馆和软件,这些人互不相识,不论阶级——这让政治社会主义看起来像是社会发展的合理趋势。

20世纪自由市场发生的变化也与之类似。每天都会有人问：市场不能做什么？我们列出了一长串似乎只有合理规划或家长型政府才能解决的问题，但却在这些问题上采取了市场逻辑。在绝大部分情况下，市场解决方案的效果要好得多。近几十年来的大部分繁荣都得益于市场力量在社会问题上的释放。

现在我们正在协作社交技术上采取相同套路，在不断壮大的愿望清单上应用数字社会主义——时不时也会用于解决自由市场不能解决的问题——看其是否能奏效。到目前为止，结果令人惊讶。几乎每一次，分享、合作、协作、开放、自由定价和透明的力量都被证明要比我们这些资本主义者所想的更为实际。每当我们尝试应用数字社会主义，我们都发现新社会主义的力量要比我们想象的大。

我们低估了重塑我们思维的工具的力量。我们是否相信，我们真能协作创建个虚拟世界，每天身处其中而不被其影响我们的观点？在线社会主义的力量正在壮大。其动力正超越电子——也许正在进入选举。

(2009年5月24日)

信息的速度

这个星球上数量增长最快的是我们正在生产的信息。其增速一直快于我们近几十年来所创造且能衡量的任何东西。这意味着在所有最富于变化的变化之中，信息遥遥领先。信息的累积速度远远超过其他任何材料、任何造物以及任何人类活动的副产品。其增长速度甚至快于同等规模的任何生物。

…………

其次，相比我们捕捉和记录到的信息而言，我们制造的信息要多得多，这些未加阐释的新生信息是"原始"信息，同时也是非获利增长的。博客圈和社交网络的域名中，我们可以察觉很多信息是不明确的。在日常生活中，我们所做的一切,比如对话、抉择,包括那些无聊的举动,统统都制造信息,这些信息几乎不亚于线上信息。"原始信息"开疆扩土的速度远远超过了经济的增长速度,事实上,商业的努力成果在于通过正式获利来"驯服"这些信息,但驯服的速度总是赶不上原始信息的增速。

长远趋势很简单:关于和源于某一进程的信息,将比进程本身发展得快。信息生产力产生过剩,我们的发展也一样,信息的增长速度将比其他任何生产的东西都要迅速。

我们可以从另一面来探讨这个问题:如果不是信息的话,那么几十年间,这个世界上还有什么可测量物的增速是最快的? 如果不基于信息,有什么东西数十年间的增速能够超过66%? 经济学家们紧盯的物质生产,在先进国家每年可增长3%,而在中国这样的超新兴国家则可能达到7%,这意味着信息的增速要比物质生产的增速快10倍。

很难想象这个世界上还有其他任何东西的增长速度能够快过信息,即便如此,也很难想象它能以这种增速增长,因为人类毕竟不能以同样的速度进行繁殖。信息如何在数十年间持续每年增加66%的? 答案在于人们使用的机器。多数人在一小时内消耗的信息多于其生产的信息(比如看视频就比拍视频简单得多),但机器正好相反。在人的视野之外,嵌入式传感器、照相机、网页上的机器人甚至电脑运行系统,都生产汪洋般的数据。可见,对数据生产实现机械化时,全球范围内信息成倍增加的预测是合理可信的。

我的结论是:几十年或更长时间以后,信息将是这个星球上生长最快的东西。

(2006年2月20日)

选自[美]凯文·凯利:《技术元素》,张行舟、余倩、周峰、管策、金鑫、曾丹阳、李远、袁璐译,电子工业出版社,2012年,第202~205页、218~221页、234~236页、242~243页、331页、334~335页。

七

大数据政策

1.联合国秘书长执行办公室：
大数据时代的机会

2012 年 5 月 29 日,联合国"全球脉动"(Global Pulse)计划发布《大数据开发:机遇与挑战》报告,阐述了各国特别是发展中国家,在运用大数据促进社会发展方面所面临的历史机遇和挑战,并为正确运用大数据提出了策略建议。

在世界各国研究大数据发展战略的同时, 联合国秘书长执行办公室于 2009 年正式启动了"全球脉动"倡议项目,旨在推动数字数据和快速数据收集和分析方式的创新。作为该项目的研究成果,由"全球脉动"资深发展经济学家艾玛纽尔·勒图(Emmanuel Letouzé)牵头撰写的《大数据促发展:挑战与机遇》报告于 2012 年 5 月发布。该报告全面分析了各国特别是发展中国家在运用大数据促进社会发展方面所面临的历史机遇和挑战, 并系统给出了在应用过程中正确运用大数据的策略建议。

引　言

技术创新和数字设备的普及带来了"数据的产业革命"。对日益扩大的数字数据的分析将揭示关于集体行为的潜在联系,并有可能改进决策方式。大数据的开发,关键在于将不完善的、复杂的数据转换成可操作的信息,这要利用先进的计算工具揭示大型数据集合内部及之间的尚未被发现的趋势和相关性。这些方法的应用带来了很大期望,也引发了很多问题。

机　遇

(1)数据革命

世界正在经历一场数据革命。在上一代,相对小体积的模拟数据是通过有限的渠道生成和获取的,今天,大量的数据通常通过不同的渠道、从不同的来源生成和流动,数字时代随时都在发生。一方面是数据发射和传播速度和频率的增加,另一方面是它散发的各种来源的增加,两者共同构成了"数据洪流"。在全球范围内可用的数字数据数量从 2005 年的 150EB 增加至 2010 年的 1200EB。预计在未来几年,数据总量每年将增长 40%,这一增长率意味着数字数据的存储预计将在 2007 年和 2020 年之间增长 44 倍。大数据开发来源通常都具有以下一些特点:

①数字化生成。例如,数据是通过数字化创建而成,并且能够通过使用一系列的 1 和 0 进行存储,进而可以通过计算机进行操纵。

②被动生成。通过人们日常生活用的产品或者与数字化服务交互生成。

③自动化收集。例如,存在一个系统能够提取和存储其正在生成的相关数据。

④在地理上或暂时性可跟踪化。例如,移动手机定位数据。

⑤持续分析。例如,信息与人类健康和发展相关,并且可以进行实时分析。

(2)与发展中国家的关系

数据革命不仅在工业化发达国家发生,在发展中国家也同样发生,且趋势越来越明显。2010 年,世界各地有超过 50 亿部手机在使用,其中超过 80% 在发展中国家。在发展中国家,移动电话不仅用来实现个人之间的通信,也非常普遍地用来转账、求职、购买和销售商品、传输数据,移动服务的发展和应用已经超过了传统情况。

北美、西欧及日本的互联网流量在 2011 至 2015 年间增幅预计为 25%~30%,而拉美、中东和亚洲预计将超过 50%,其中大部分来自移动设备。

广播节目、信息热线和信息亭也有显著发展,例如"问答盒"(Question Box)或者联合国基金会的"数字鼓"(Digital Drum)项目,方便偏远地区的人们搜索有关农业、健康、教育、贸易、娱乐等方面的信息。

社会媒体的利用也在快速发展。跟踪在线新闻或者社会媒体的趋势可以获得与全球发展密切相关的区域信息。此外,参与指标收集的联合国机构和其他为弱势群体提供服务的组织是另一个有发展前景的实时数据源。

(3)增长波动时代应用大数据的目的

目前,一种非常普遍的看法是,世界正变得越来越不稳定,弱势群体遭遇严重困难的风险正在增加。价格、就业和资本流动的波动出现已久,过去几年的全球经济体系也正变得越来越容易产生动荡。

过去五年里,随着2007至2008年的食品和燃料危机以及2008年开始的经济大衰退,一连串的危机出现。到2011年下半年,世界经济进入了另一个混乱时期,非洲之角出现饥荒,欧洲和美国出现金融危机。按照经济合作与发展组织的说法,世界经济受到的冲击将越来越频繁,并会导致更大的经济和社会困难。由于世界经济的互联互通,经济外溢引起的事件(如金融危机)将迅速发展。对于这种相互关联,局部的影响可能不是立即可见或可跟踪的,但可能是严重和持久的。这些过程往往不会引起传统监控系统的注意,很难判断哪些地方、什么时间、哪些群体会受到多严重的影响。当确凿的证据出现在报纸头条或决策者的案头时,通常已经太迟了,需要花费昂贵的代价去补救。

政策制定者已经越来越认识到这些不断发展的危机带来了昂贵的代价,并知道预防损失的发生或将损失控制在最小显然比损失发生后再挽救要更容易、代价更小。调查数据会提供重要的信息,然而这些数据需要花费时间去收集、处理、核实和公开。官方统计资料和调查数据等传统数据会继续产生适用的信息,但是数据革命为人们得到更有效、更深刻的观察提供了绝佳的机会。

同时,私营部门成功利用大数据分析的案例展示了实时数据应用的前

景。世界经济论坛、麦肯锡、《纽约时报》等重要协会、机构和媒体也在促进
"大数据驱动的决策"。民间社会组织也表明它们渴望用更灵活的方式利用
实时数据。由此,各国政府都逐渐意识到大数据的作用和能力。一些政府通
过支持开放数据等举措,以提高公共服务能力。

在全球经济持续波动的时代,对海量数据及更迅速、更有效的信息进行
利用已经得到了双重认可。除了原始数据本身和利用它的目的,也需要有效
理解数据和使用数据的能力。

挑 战

(1)数据

①隐私

受概念、法律和技术的影响,隐私是最为敏感的问题。但隐私可能会因
新技术的兴起而受到影响,因此需要有必要的保障措施。隐私可能在许多情
况下被泄露。例如,人们通过简单勾选一个选项,同意采集和使用网络产生
的数据,但并没有完全意识到这些数据如何被使用或滥用。人们也不清楚,
是否博客和微博用户同意对他们的数据进行分析。

②访问和共享

尽管大部分公开可获取的在线数据具备开发的潜在价值,但是企业掌
握着更多有价值的数据。私人企业和其他机构并不愿意共享这些数据及自
身业务的数据。原因主要包括法律或名誉上的考虑,保护自身竞争力、保密
文化等。从公共或私人部门获取非公开数据,需要特定的法律以确保能以可
靠的机制访问数据集,备份数据只用于回顾分析和数据培训。此外还有数据
内部可比性和系统互操作性的技术挑战,但相比围绕数据许可问题上的正
式访问或协议处理问题要简单得多。

大数据的发展存在一些非常严重甚至具有破坏性的挑战。任何在该领
域的倡议都应该充分注意隐私问题和处理数据的方式,以确保隐私不受损
害。应当以建设性的方式,围绕数据隐私方面的争议,制定强有力的原则和

严格的规则,提供足够的工具和系统支撑,以确保隐私安全。与此同时,如果机构(主要是私人部门)拒绝共享数据,这个承诺将无法实现。为了强调这个必要性,"全球脉动"项目提出"数据慈善事业"的概念,即企业主动以匿名方式向改革者提供数据集(去掉所有个人信息),以便从数据里挖掘出深刻的观点、模式和趋势性的数据。

(2)分析

利用新的数据源带来了大量的分析挑战。这些挑战的相关性和严重程度将取决于这一正在进行的分析类型,以及最终确定的数据类型。"数据真正告诉我们什么?"这一问题是任何社会科学研究和基于证据决策研究的核心,有一种普遍的共识认为"新"的数字数据提出了更为具体和严峻的挑战。因此,通过简单易懂的方式将挑战描述出来是十分必要的。为了使理解更清晰,可将其分为三种不同的类别:

①形成直接图形,即总结数据;

②通过推断更好地理解数据;

③定义和检测异常。

应　用

(1)新数据流带来的变化

①了解你的数据

无论是大数据坚定拥护者还是怀疑论者对大数据都有一个基本误解,那就是大数据可以解决所有问题。数据就是数据,它有自身的缺点和价值。需要开发的大数据肯定不是完美的数据,只有当其被正确地理解和分析,其价值才是巨大的。

新的数据流肯定是有缺陷的——特别是数据的可靠性、准确性和典型性,但是如果充分理解这些数据,就不会造成严重后果。可能需要设计内部策略来确认所获得的或者选择报告的信息的准确性。同时,还要考虑到并非所有用户生成的数据内容都有价值。

只有当限制和偏见被充分理解、根本特性被充分利用时,大数据才能最有效地促进发展。对利用大数据信息源的任何挑战进行评估时,不能脱离信息的预期使用目的。这些新的、数字数据来源可能不是非常适合于严谨的科学分析,但对许多极大影响发展结果的应用,它们具有巨大潜能。

②大数据开发的应用

一个备受争议的途径是在大型数据集中找到相关性和数据特性。在积极寻找大数据相关性的同时,必须确定核查过大数据没有被误解和滥用。在某些情况下,新的数据源可以作为更便宜和更便捷的替代指标,反映出官方统计结果。除了相关性,分析大量的数据能帮助发现程式化事实,例如明显反复出现的行为和模式。程式化事实不应该像法律一样被认为总是真理,但它们会给出一种可能性,即某种趋势上的偏差可能会发生。因此,它们成为异常检测的基础。例如,国际粮食政策研究所(IFPRI)的研究人员开发了一种方法来探测食物价格的异常波动性,用于确定特定国家的食品安全反应水平。类似的方法可以应用于检测社区成员使用手机、出售家畜的异常情况。

访问大型实时数据源能帮助拯救生命。美国地质调查局已经开发出监视微博的系统来收集有关地震的消息。位置信息被提取并传递给美国地质调查局的地震学家们,用来证实地震发生、定位震中并量化级别。哈佛大学的研究人员和麻省理工学院共同开展的关于2010年海地霍乱疫情可追溯的分析证明,挖掘微博和在线新闻报道能够在两周内为卫生官员提供一个高度精确的疾病扩散的指示。

经过正确分析的大数据提供了一种理解人类行为的机会,可以通过三种方式支持全球的发展:

●预警:早期发现异常现象,并在危急时刻教人们如何使用数码设备和服务快速响应;

●实时意识:大数据可以描绘一副细粒度和反映当前实际的图像,以帮助确定项目和政策的定位;

●实时反馈:实时监测人口的能力,使之了解哪些政策和项目是失败的,并做出必要的调整。

（2）以大数据促进发展

①语境化是关键

迄今为止所提出的例子和讨论都强调了语境化的重要性，包括两种方式。一是数据内容：不应孤立地解释指标。如果某指标表现异常,除非它发生第二次、第三次甚至更多次,也未必能反映出事实和趋势。

二是文化背景：了解在一个国家或地区的正常情况是识别异常的先决条件。世界各地不同的文化习俗差异必然延伸到数字世界,因此在使用大数据时有一个深刻的人群(民族)维度。不同的人群以不同的方式使用服务,并在如何公开交流他们的生活方面有不同的规范。

②成为先进信息的使用者

从信息分类的选择,到在适当的时机解释结果,分析师在各个阶段都起到关键的作用。首先,需要依靠各种信息来源,用挑剔的眼光进行评估。遵守相关的指导原则将使与发展有关的大数据实现其最终目标：帮助决策者和发展实践者对弱势群体获得更丰富和及时的见解,并实现更好地了解和更加灵活的干预。

关于大数据的开发

大数据技术是类似纳米技术和量子计算的一个翻天覆地的变化，将塑造一个新的 21 世纪。一些专家认为,通过大量数据的挖掘,科学将向新的方法论范式推进,这将超越理论和实验之间的界限。其他观点认为这一新的能力能够作为"科学的第四范式"(fourth paradigm of science)由大型数据集合揭示程式化的事实。报告并不认为,大数据将取代支撑工作的各种方法、工具和系统,但大数据确实带来了历史性机遇,让人们能够深入理解数字化信息,提升支持和保护人类社会的公共能力。

如果想知道随着大数据的应用不断扩展,多少工作将会在 5 到 10 年间受到影响,答案并不简单。因为大数据对发展工作的影响是介于显著和根本之间的,很难判断这些影响的确切性质和强度有多大。一是因为人们在未来10年将产生的新的数据类型是未知的;二是因为计算能力也同样不确定;三是因为这将取决于未来由无数人——主要是决策制定者所做出的战略决策。但是可以肯定的是,大数据必将因其巨大潜力而实现更大利益。大数据的成功取决于两个主要因素:一是来自政府的政策和财政支持水平,以及私营机构和学术团队与政府合作的意愿,包括分享数据、技术和分析工具。二是制定和完善新的规则,以及通过新的机制结构和伙伴关系来保障大家能负责任地使用大数据。

选自 UN Global Pulse:Big Data for Development: Challenges and Opportunities 报告,刘晓、徐婧检索,刘晓编译。

2. 国务院：
《促进大数据发展行动纲要》

　　大数据是以容量大、类型多、存取速度快、应用价值高为主要特征的数据集合，正快速发展为对数量巨大、来源分散、格式多样的数据进行采集、存储和关联分析，从中发现新知识、创造新价值、提升新能力的新一代信息技术和服务业态。

　　信息技术与经济社会的交汇融合引发了数据迅猛增长，数据已成为国家基础性战略资源，大数据正日益对全球生产、流通、分配、消费活动以及经济运行机制、社会生活方式和国家治理能力产生重要影响。目前，我国在大数据发展和应用方面已具备一定基础，拥有市场优势和发展潜力，但也存在政府数据开放共享不足、产业基础薄弱、缺乏顶层设计和统筹规划、法律法规建设滞后、创新应用领域不广等问题，亟待解决。为贯彻落实党中央、国务院决策部署，全面推进我国大数据发展和应用，加快建设数据强国，特制定本行动纲要。

一、发展形势和重要意义

　　全球范围内，运用大数据推动经济发展、完善社会治理、提升政府服务和监管能力正成为趋势，有关发达国家相继制定实施大数据战略性文件，大力推动大数据发展和应用。目前，我国互联网、移动互联网用户规模居全球第一，拥有丰富的数据资源和应用市场优势，大数据部分关键技术研发取得突破,涌现出一批互联网创新企业和创新应用,一些地方政府已启动大数据相关工作。坚持创新驱动发展,加快大数据部署,深化大数据应用,已成为稳增长、促改革、调结构、惠民生和推动政府治理能力现代化的内在需要和必然选择。

(一)大数据成为推动经济转型发展的新动力

以数据流引领技术流、物质流、资金流、人才流,将深刻影响社会分工协作的组织模式,促进生产组织方式的集约和创新。大数据推动社会生产要素的网络化共享、集约化整合、协作化开发和高效化利用,改变了传统的生产方式和经济运行机制,可显著提升经济运行水平和效率。大数据持续激发商业模式创新,不断催生新业态,已成为互联网等新兴领域促进业务创新增值、提升企业核心价值的重要驱动力。大数据产业正在成为新的经济增长点,将对未来信息产业格局产生重要影响。

(二)大数据成为重塑国家竞争优势的新机遇

在全球信息化快速发展的大背景下,大数据已成为国家重要的基础性战略资源,正引领新一轮科技创新。充分利用我国的数据规模优势,实现数据规模、质量和应用水平同步提升,发掘和释放数据资源的潜在价值,有利于更好发挥数据资源的战略作用,增强网络空间数据主权保护能力,维护国家安全,有效提升国家竞争力。

(三)大数据成为提升政府治理能力的新途径

大数据应用能够揭示传统技术方式难以展现的关联关系,推动政府数据开放共享,促进社会事业数据融合和资源整合,将极大提升政府整体数据分析能力,为有效处理复杂社会问题提供新的手段。建立"用数据说话、用数据决策、用数据管理、用数据创新"的管理机制,实现基于数据的科学决策,将推动政府管理理念和社会治理模式进步,加快建设与社会主义市场经济体制和中国特色社会主义事业发展相适应的法治政府、创新政府、廉洁政府和服务型政府,逐步实现政府治理能力现代化。

二、指导思想和总体目标

(一)指导思想

深入贯彻党的十八大和十八届二中、三中、四中全会精神,按照党中央、国务院决策部署,发挥市场在资源配置中的决定性作用,加强顶层设计和统筹协调,大力推动政府信息系统和公共数据互联开放共享,加快政府信息平台整合,消除信息孤岛,推进数据资源向社会开放,增强政府公信力,引导社会发展,服务公众企业;以企业为主体,营造宽松公平环境,加大大数据关键技术研发、产业发展和人才培养力度,着力推进数据汇集和发掘,深化大数据在各行业创新应用,促进大数据产业健康发展;完善法规制度和标准体系,科学规范利用大数据,切实保障数据安全。通过促进大数据发展,加快建设数据强国,释放技术红利、制度红利和创新红利,提升政府治理能力,推动经济转型升级。

(二)总体目标

立足我国国情和现实需要,推动大数据发展和应用在未来5—10年逐步实现以下目标:

1.打造精准治理、多方协作的社会治理新模式。将大数据作为提升政府治理能力的重要手段,通过高效采集、有效整合、深化应用政府数据和社会数据,提升政府决策和风险防范水平,提高社会治理的精准性和有效性,增强乡村社会治理能力;助力简政放权,支持从事前审批向事中事后监管转变,推动商事制度改革;促进政府监管和社会监督有机结合,有效调动社会力量参与社会治理的积极性。2017年底前形成跨部门数据资源共享共用格局。

建立运行平稳、安全高效的经济运行新机制。充分运用大数据,不断提升信用、财政、金融、税收、农业、统计、进出口、资源环境、产品质量、企业登记监管等领域数据资源的获取和利用能力,丰富经济统计数据来源,实现对经济运行更为准确的监测、分析、预测、预警,提高决策的针对性、科学性和时效性,提升宏观调控以及产业发展、信用体系、市场监管等方面管理效能,保障供需平衡,促进经济平稳运行。

2.构建以人为本、惠及全民的民生服务新体系。围绕服务型政府建设,在公用事业、市政管理、城乡环境、农村生活、健康医疗、减灾救灾、社会救助、养老服务、劳动就业、社会保障、文化教育、交通旅游、质量安全、消费维权、社区服务等领域全面推广大数据应用,利用大数据洞察民生需求,优化资源配置,丰富服务内容,拓展服务渠道,扩大服务范围,提高服务质量,提升城市辐射能力,推动公共服务向基层延伸,缩小城乡、区域差距,促进形成公平普惠、便捷高效的民生服务体系,不断满足人民群众日益增长的个性化、多样化需求。

3.开启大众创业、万众创新的创新驱动新格局。形成公共数据资源合理适度开放共享的法规制度和政策体系,2018年底前建成国家政府数据统一开放平台,率先在信用、交通、医疗、卫生、就业、社保、地理、文化、教育、科技、资源、农业、环境、安监、金融、质量、统计、气象、海洋、企业登记监管等重要领域实现公共数据资源合理适度向社会开放,带动社会公众开展大数据增值性、公益性开发和创新应用,充分释放数据红利,激发大众创业、万众创新活力。

4.培育高端智能、新兴繁荣的产业发展新生态。推动大数据与云计算、物联网、移动互联网等新一代信息技术融合发展,探索大数据与传统产业协同发展的新业态、新模式,促进传统产业转型升级和新兴产业发展,培育新的经济增长点。形成一批满足大数据重大应用需求的产品、系统和解决方案,建立安全可信的大数据技术体系,大数据产品和服务达到国际先进水平,国内市场占有率显著提高。培育一批面向全球的骨干企业和特色鲜明的创新型中小企业。构建形成政产学研用多方联动、协调发展的大数据产业生态体系。

三、主要任务

(一)加快政府数据开放共享,推动资源整合,提升治理能力

1.大力推动政府部门数据共享。加强顶层设计和统筹规划,明确各部门数据共享的范围边界和使用方式,厘清各部门数据管理及共享的义务和权

利,依托政府数据统一共享交换平台,大力推进国家人口基础信息库、法人单位信息资源库、自然资源和空间地理基础信息库等国家基础数据资源,以及金税、金关、金财、金审、金盾、金宏、金保、金土、金农、金水、金质等信息系统跨部门、跨区域共享。加快各地区、各部门、各有关企事业单位及社会组织信用信息系统的互联互通和信息共享,丰富面向公众的信用信息服务,提高政府服务和监管水平。结合信息惠民工程实施和智慧城市建设,推动中央部门与地方政府条块结合、联合试点,实现公共服务的多方数据共享、制度对接和协同配合。

2.稳步推动公共数据资源开放。在依法加强安全保障和隐私保护的前提下,稳步推动公共数据资源开放。推动建立政府部门和事业单位等公共机构数据资源清单,按照"增量先行"的方式,加强对政府部门数据的国家统筹管理,加快建设国家政府数据统一开放平台。制定公共机构数据开放计划,落实数据开放和维护责任,推进公共机构数据资源统一汇聚和集中向社会开放,提升政府数据开放共享标准化程度,优先推动信用、交通、医疗、卫生、就业、社保、地理、文化、教育、科技、资源、农业、环境、安监、金融、质量、统计、气象、海洋、企业登记监管等民生保障服务相关领域的政府数据集向社会开放。建立政府和社会互动的大数据采集形成机制,制定政府数据共享开放目录。通过政务数据公开共享,引导企业、行业协会、科研机构、社会组织等主动采集并开放数据。

专栏1　政府数据资源共享开放工程

推动政府数据资源共享。制定政府数据资源共享管理办法,整合政府部门公共数据资源,促进互联互通,提高共享能力,提升政府数据的一致性和准确性。2017年底前,明确各部门数据共享的范围边界和使用方式,跨部门数据资源共享共用格局基本形成。

形成政府数据统一共享交换平台。充分利用统一的国家电子政务网络,构建跨部门的政府数据统一共享交换平台,到2018年,中央政府层面实现数据统一共享交换平台的全覆盖,实现金税、金关、金财、金审、金盾、金宏、金保、金土、金农、金水、金质等信息系统通过统一平台进行数据共享和交换。

形成国家政府数据统一开放平台。建立政府部门和事业单位等公共机构数据资源清单,制定实施政府数据开放共享标准,制定数据开放计划。2018年底前,建成国家政府数据统一开放平台。2020年底前，逐步实现信用、交通、医疗、卫生、就业、社保、地理、文化、教育、科技、资源、农业、环境、安监、金融、质量、统计、气象、海洋、企业登记监管等民生保障服务相关领域的政府数据集向社会开放。

3.统筹规划大数据基础设施建设。结合国家政务信息化工程建设规划，统筹政务数据资源和社会数据资源，布局国家大数据平台、数据中心等基础设施。加快完善国家人口基础信息库、法人单位信息资源库、自然资源和空间地理基础信息库等基础信息资源和健康、就业、社保、能源、信用、统计、质量、国土、农业、城乡建设、企业登记监管等重要领域信息资源，加强与社会大数据的汇聚整合和关联分析。推动国民经济动员大数据应用。加强军民信息资源共享。充分利用现有企业、政府等数据资源和平台设施，注重对现有数据中心及服务器资源的改造和利用，建设绿色环保、低成本、高效率、基于云计算的大数据基础设施和区域性、行业性数据汇聚平台，避免盲目建设和重复投资。加强对互联网重要数据资源的备份及保护。

专栏2　国家大数据资源统筹发展工程

　　整合各类政府信息平台和信息系统。严格控制新建平台，依托现有平台资源，在地市级以上(含地市级)政府集中构建统一的互联网政务数据服务平台和信息惠民服务平台，在基层街道、社区统一应用，并逐步向农村特别是农村社区延伸。除国务院另有规定外，原则上不再审批有关部门、地市级以下(不含地市级)政府新建孤立的信息平台和信息系统。到2018年，中央层面构建形成统一的互联网政务数据服务平台；国家信息惠民试点城市实现基础信息集中采集、多方利用，实现公共服务和社会信息服务的全人群覆盖、全天候受理和"一站式"办理。

　　整合分散的数据中心资源。充分利用现有政府和社会数据中心资源，运用云计算技术，整合规模小、效率低、能耗高的分散数据中心，构建形成布局合理、规模适度、保障有力、绿色集约的政务数据中心体系。统筹发挥各部门已建数据中心的作用，严格控制部门新建数据中心。开展区域试点，推进贵州等大数据综合试验区建设，促进区域性大数据基础设施的整合和数据资源的汇聚应用。

　　加快完善国家基础信息资源体系。加快建设完善国家人口基础信息库、法人单位信息资源库、自然资源和空间地理基础信息库等基础信息资源。依托现有相关信息系统，逐步完善健康、社保、就业、能源、信用、统计、质量、国土、农业、城乡建设、企业登记监管等重要领域信息资源。到2018年，跨部门共享校核的国家人口基础信息库、法人单位信息资源库、自然资源和空间地理基础信息库等国家基础信息资源体系基本建成，实现与各领域信息资源的汇聚整合和关联应用。

加强互联网信息采集利用。加强顶层设计，树立国际视野，充分利用已有资源，加强互联网信息采集、保存和分析能力建设，制定完善互联网信息保存相关法律法规，构建互联网信息保存和信息服务体系。

4.支持宏观调控科学化。建立国家宏观调控数据体系，及时发布有关统计指标和数据，强化互联网数据资源利用和信息服务，加强与政务数据资源的关联分析和融合利用，为政府开展金融、税收、审计、统计、农业、规划、消费、投资、进出口、城乡建设、劳动就业、收入分配、电力及产业运行、质量安全、节能减排等领域运行动态监测、产业安全预测预警以及转变发展方式分析决策提供信息支持，提高宏观调控的科学性、预见性和有效性。

5.推动政府治理精准化。在企业监管、质量安全、节能降耗、环境保护、食品安全、安全生产、信用体系建设、旅游服务等领域，推动有关政府部门和企事业单位将市场监管、检验检测、违法失信、企业生产经营、销售物流、投诉举报、消费维权等数据进行汇聚整合和关联分析，统一公示企业信用信息，预警企业不正当行为，提升政府决策和风险防范能力，支持加强事中事后监管和服务，提高监管和服务的针对性、有效性。推动改进政府管理和公共治理方式，借助大数据实现政府负面清单、权力清单和责任清单的透明化管理，完善大数据监督和技术反腐体系，促进政府简政放权、依法行政。

6.推进商事服务便捷化。加快建立公民、法人和其他组织统一社会信用代码制度，依托全国统一的信用信息共享交换平台，建设企业信用信息公示系统和"信用中国"网站，共享整合各地区、各领域信用信息，为社会公众提供查询注册登记、行政许可、行政处罚等各类信用信息的一站式服务。在全面实行工商营业执照、组织机构代码证和税务登记证"三证合一""一照一码"登记制度改革中，积极运用大数据手段，简化办理程序。建立项目并联审批平台，形成网上审批大数据资源库，实现跨部门、跨层级项目审批、核准、备案的统一受理、同步审查、信息共享、透明公开。鼓励政府部门高效采集、有效整合并充分运用政府数据和社会数据，掌握企业需求，推动行政管理流程优化再造，在注册登记、市场准入等商事服务中提供更加便捷有效、更有针对性的服务。利用大数据等手段,密切跟踪中小微企业特别是新设小微企业运行情况,为完善相关政策提供支持。

7.促进安全保障高效化。加强有关执法部门间的数据流通,在法律许可和确保安全的前提下,加强对社会治理相关领域数据的归集、发掘及关联分析,强化对妥善应对和处理重大突发公共事件的数据支持,提高公共安全保障能力,推动构建智能防控、综合治理的公共安全体系,维护国家安全和社会安定。

专栏3　政府治理大数据工程

推动宏观调控决策支持、风险预警和执行监督大数据应用。统筹利用政府和社会数据资源,探索建立国家宏观调控决策支持、风险预警和执行监督大数据应用体系。到2018年,开展政府和社会合作开发利用大数据试点,完善金融、税收、审计、统计、农业、规划、消费、投资、进出口、城乡建设、劳动就业、收入分配、电力及产业运行、质量安全、节能减排等领域国民经济相关数据的采集和利用机制,推进各级政府按照统一体系开展数据采集和综合利用,加强对宏观调控决策的支撑。

推动信用信息共享机制和信用信息系统建设。加快建立统一社会信用代码制度,建立信用信息共享交换机制。充分利用社会各方面信息资源,推动公共信用数据与互联网、移动互联网、电子商务等数据的汇聚整合,鼓励互联网企业运用大数据技术建立市场化的第三方信用信息共享平台,使政府主导征信体系的权威性和互联网大数据征信平台的规模效应得到充分发挥,依托全国统一的信用信息共享交换平台,建设企业信用信息公示系统,实现覆盖各级政府、各类别信用主体的基础信用信息共享,初步建成社会信用体系,为经济高效运行提供全面准确的基础信用信息服务。

建设社会治理大数据应用体系。到2018年,围绕实施区域协调发展、新型城镇化等重大战略和主体功能区规划,在企业监管、质量安全、质量诚信、节能降耗、环境保护、食品安全、安全生产、信用体系建设、旅游服务等领域探索开展一批应用试点,打通政府部门、企事业单位之间的数据壁垒,实现合作开发和综合利用。实时采集并汇总分析政府部门和企事业单位的市场监管、检验检测、违法失信、企业生产经营、销售物流、投诉举报、消费维权等数据,有效促进各级政府社会治理能力提升。

8.加快民生服务普惠化。结合新型城镇化发展、信息惠民工程实施和智慧城市建设,以优化提升民生服务、激发社会活力、促进大数据应用市场化服务为重点,引导鼓励企业和社会机构开展创新应用研究,深入发掘公共服务数据,在城乡建设、人居环境、健康医疗、社会救助、养老服务、劳动就业、社会保障、质量安全、文化教育、交通旅游、消费维权、城乡服务等领域开展大数据

应用示范,推动传统公共服务数据与互联网、移动互联网、可穿戴设备等数据的汇聚整合,开发各类便民应用,优化公共资源配置,提升公共服务水平。

专栏4　公共服务大数据工程

医疗健康服务大数据。构建电子健康档案、电子病历数据库,建设覆盖公共卫生、医疗服务、医疗保障、药品供应、计划生育和综合管理业务的医疗健康管理和服务大数据应用体系。探索预约挂号、分级诊疗、远程医疗、检查检验结果共享、防治结合、医养结合、健康咨询等服务,优化形成规范、共享、互信的诊疗流程。鼓励和规范有关企事业单位开展医疗健康大数据创新应用研究,构建综合健康服务应用。

社会保障服务大数据。建设由城市延伸到农村的统一社会救助、社会福利、社会保障大数据平台,加强与相关部门的数据对接和信息共享,支撑大数据在劳动用工和社保基金监管、医疗保险对医疗服务行为监控、劳动保障监察、内控稽核以及人力资源社会保障相关政策制定和执行效果跟踪评价等方面的应用。利用大数据创新服务模式,为社会公众提供更为个性化、更具针对性的服务。

教育文化大数据。完善教育管理公共服务平台,推动教育基础数据的伴随式收集和全国互通共享。建立各阶段适龄入学人口基础数据库、学生基础数据库和终身电子学籍档案,实现学生学籍档案在不同教育阶段的纵向贯通。推动形成覆盖全国、协同服务、全网互通的教育资源云服务体系。探索发挥大数据对变革教育方式、促进教育公平、提升教育质量的支撑作用。加强数字图书馆、档案馆、博物馆、美术馆和文化馆等公益设施建设,构建文化传播大数据综合服务平台,传播中国文化,为社会提供文化服务。

交通旅游服务大数据。探索开展交通、公安、气象、安监、地震、测绘等跨部门、跨地域数据融合和协同创新。建立综合交通服务大数据平台,共同利用大数据提升协同管理和公共服务能力,积极吸引社会优质资源,利用交通大数据开展出行信息服务、交通诱导等增值服务。建立旅游投诉及评价全媒体交互中心,实现对旅游城市、重点景区游客流量的监控、预警和及时分流疏导,为规范市场秩序、方便游客出行、提升旅游服务水平、促进旅游消费和旅游产业转型升级提供有力支撑。

(二)推动产业创新发展,培育新兴业态,助力经济转型

1.发展工业大数据。推动大数据在工业研发设计、生产制造、经营管理、市场营销、售后服务等产品全生命周期、产业链全流程各环节的应用,分析感知用户需求,提升产品附加价值,打造智能工厂。建立面向不同行业、不同环节的工业大数据资源聚合和分析应用平台。抓住互联网跨界融合机遇,促进大数据、物联网、云计算和三维(3D)打印技术、个性化定制等在制造业全产业链集成运用,推动制造模式变革和工业转型升级。

2.发展新兴产业大数据。大力培育互联网金融、数据服务、数据探矿、数据化学、数据材料、数据制药等新业态,提升相关产业大数据资源的采集获取和分析利用能力,充分发掘数据资源支撑创新的潜力,带动技术研发体系创新、管理方式变革、商业模式创新和产业价值链体系重构,推动跨领域、跨行业的数据融合和协同创新,促进战略性新兴产业发展、服务业创新发展和信息消费扩大,探索形成协同发展的新业态、新模式,培育新的经济增长点。

专栏5　工业和新兴产业大数据工程

工业大数据应用。利用大数据推动信息化和工业化深度融合,研究推动大数据在研发设计、生产制造、经营管理、市场营销、售后服务等产业链各环节的应用,研发面向不同行业、不同环节的大数据分析应用平台,选择典型企业、重点行业、重点地区开展工业企业大数据应用项目试点,积极推动制造业网络化和智能化。

服务业大数据应用。利用大数据支持品牌建立、产品定位、精准营销、认证认可、质量诚信提升和定制服务等,研发面向服务业的大数据解决方案,扩大服务范围,增强服务能力,提升服务质量,鼓励创新商业模式、服务内容和服务形式。

培育数据应用新业态。积极推动不同行业大数据的聚合、大数据与其他行业的融合,大力培育互联网金融、数据服务、数据处理分析、数据影视、数据探矿、数据化学、数据材料、数据制药等新业态。

电子商务大数据应用。推动大数据在电子商务中的应用,充分利用电子商务中形成的大数据资源为政府实施市场监管和调控服务,电子商务企业应依法向政府部门报送数据。

3.发展农业农村大数据。构建面向农业农村的综合信息服务体系,为农民生产生活提供综合、高效、便捷的信息服务,缩小城乡数字鸿沟,促进城乡发展一体化。加强农业农村经济大数据建设,完善村、县相关数据采集、传输、共享基础设施,建立农业农村数据采集、运算、应用、服务体系,强化农村生态环境治理,增强乡村社会治理能力。统筹国内国际农业数据资源,强化农业资源要素数据的集聚利用,提升预测预警能力。整合构建国家涉农大数据中心,推进各地区、各行业、各领域涉农数据资源的共享开放,加强数据资源发掘运用。加快农业大数据关键技术研发,加大示范力度,提升生产智能化、经营网络化、管理高效化、服务便捷化能力和水平。

专栏 6　现代农业大数据工程

农业农村信息综合服务。充分利用现有数据资源,完善相关数据采集共享功能,完善信息进村入户村级站的数据采集和信息发布功能,建设农产品全球生产、消费、库存、进出口、价格、成本等数据调查分析系统工程,构建面向农业农村的综合信息服务平台,涵盖农业生产、经营、管理、服务和农村环境整治等环节,集合公益服务、便民服务、电子商务和网络服务,为农业农村农民生产生活提供综合、高效、便捷的信息服务,加强全球农业调查分析,引导国内农产品生产和消费,完善农产品价格形成机制,缩小城乡数字鸿沟,促进城乡发展一体化。

农业资源要素数据共享。利用物联网、云计算、卫星遥感等技术,建立我国农业耕地、草原、林地、水利设施、水资源、农业设施设备、新型经营主体、农业劳动力、金融资本等资源要素数据监测体系,促进农业环境、气象、生态等信息共享,构建农业资源要素数据共享平台,为各级政府、企业、农户提供农业资源数据查询服务,鼓励各类市场主体充分发掘平台数据,开发测土配方施肥、统防统治、农业保险等服务。

农产品质量安全信息服务。建立农产品生产的生态环境、生产资料、生产过程、市场流通、加工储藏、检验检测等数据共享机制,推进数据实现自动化采集、网络化传输、标准化处理和可视化运用,提高数据的真实性、准确性、及时性和关联性,与农产品电子商务等交易平台互联共享,实现各环节信息可查询、来源可追溯、去向可跟踪、责任可追究,推进实现种子、农药、化肥等重要生产资料信息可追溯,为生产者、消费者、监管者提供农产品质量安全信息服务,促进农产品消费安全。

4.发展万众创新大数据。适应国家创新驱动发展战略,实施大数据创新行动计划,鼓励企业和公众发掘利用开放数据资源,激发创新创业活力,促进创新链和产业链深度融合,推动大数据发展与科研创新有机结合,形成大数据驱动型的科研创新模式,打通科技创新和经济社会发展之间的通道,推动万众创新、开放创新和联动创新。

专栏 7　万众创新大数据工程

大数据创新应用。通过应用创新开发竞赛、服务外包、社会众包、助推计划、补助奖励、应用培训等方式,鼓励企业和公众发掘利用开放数据资源,激发创新创业活力。

大数据创新服务。面向经济社会发展需求,研发一批大数据公共服务产品,实现不同行业、领域大数据的融合,扩大服务范围、提高服务能力。

发展科学大数据。积极推动由国家公共财政支持的公益性科研活动获取和产生的科学数据逐步开放共享,构建科学大数据国家重大基础设施,实现对国家重要科技数据的权威汇集、长期保存、集成管理和全面共享。面向经济社会发展需求,发展科学大数据应用服务中心,支持解决经济社会发展和国家安全重大问题。

知识服务大数据应用。利用大数据、云计算等技术,对各领域知识进行大规模整合,搭建层次清晰、覆盖全面、内容准确的知识资源库群,建立国家知识服务平台与知识资源服务中心,形成以国家平台为枢纽、行业平台为支撑,覆盖国民经济主要领域,分布合理、互联互通的国家知识服务体系,为生产生活提供精准、高水平的知识服务。提高我国知识资源的生产与供给能力。

5.推进基础研究和核心技术攻关。围绕数据科学理论体系、大数据计算系统与分析理论、大数据驱动的颠覆性应用模型探索等重大基础研究进行前瞻布局,开展数据科学研究,引导和鼓励在大数据理论、方法及关键应用技术等方面展开探索。采取政产学研用相结合的协同创新模式和基于开源社区的开放创新模式,加强海量数据存储、数据清洗、数据分析发掘、数据可视化、信息安全与隐私保护等领域关键技术攻关,形成安全可靠的大数据技术体系。支持自然语言理解、机器学习、深度学习等人工智能技术创新,提升数据分析处理能力、知识发现能力和辅助决策能力。

6.形成大数据产品体系。围绕数据采集、整理、分析、发掘、展现、应用等环节,支持大型通用海量数据存储与管理软件、大数据分析发掘软件、数据可视化软件等软件产品和海量数据存储设备、大数据一体机等硬件产品发展,带动芯片、操作系统等信息技术核心基础产品发展,打造较为健全的大数据产品体系。大力发展与重点行业领域业务流程及数据应用需求深度融合的大数据解决方案。

专栏8　大数据关键技术及产品研发与产业化工程

通过优化整合后的国家科技计划(专项、基金等),支持符合条件的大数据关键技术研发。

加强大数据基础研究。融合数理科学、计算机科学、社会科学及其他应用学科,以研究相关性和复杂网络为主,探讨建立数据科学的学科体系;研究面向大数据计算的新体系和大数据分析理论,突破大数据认知与处理的技术瓶颈;面向网络、安全、金融、生物组学、健康医疗等重点需求,探索建立数据科学驱动行业应用的模型。

大数据技术产品研发。加大投入力度,加强数据存储、整理、分析处理、可视化、信息安全与隐私保护等领域技术产品的研发,突破关键环节技术瓶颈。到2020年,形成一批具有国际竞争力的大数据处理、分析、可视化软件和硬件支撑平台等产品。

提升大数据技术服务能力。促进大数据与各行业应用的深度融合,形成一批代表性应用案例,以应用带动大数据技术和产品研发,形成面向各行业的成熟的大数据解决方案。

7.完善大数据产业链。支持企业开展基于大数据的第三方数据分析发掘服务、技术外包服务和知识流程外包服务。鼓励企业根据数据资源基础和业务特色,积极发展互联网金融和移动金融等新业态。推动大数据与移动互联网、物联网、云计算的深度融合,深化大数据在各行业的创新应用,积极探索创新协作共赢的应用模式和商业模式。加强大数据应用创新能力建设,建立政产学研用联动、大中小企业协调发展的大数据产业体系。建立和完善大数据产业公共服务支撑体系,组建大数据开源社区和产业联盟,促进协同创新,加快计量、标准化、检验检测和认证认可等大数据产业质量技术基础建设,加速大数据应用普及。

专栏9　大数据产业支撑能力提升工程

培育骨干企业。完善政策体系,着力营造服务环境优、要素成本低的良好氛围,加速培育大数据龙头骨干企业。充分发挥骨干企业的带动作用,形成大中小企业相互支撑、协同合作的大数据产业生态体系。到2020年,培育10家国际领先的大数据核心龙头企业,500家大数据应用、服务和产品制造企业。

大数据产业公共服务。整合优质公共服务资源,汇聚海量数据资源,形成面向大数据相关领域的公共服务平台,为企业和用户提供研发设计、技术产业化、人力资源、市场推广、评估评价、认证认可、检验检测、宣传展示、应用推广、行业咨询、投融资、教育培训等公共服务。

中小微企业公共服务大数据。整合现有中小微企业公共服务系统与数据资源,链接各省(区、市)建成的中小微企业公共服务线上管理系统,形成全国统一的中小微企业公共服务大数据平台,为中小微企业提供科技服务、综合服务、商贸服务等各类公共服务。

(三)强化安全保障,提高管理水平,促进健康发展

1.健全大数据安全保障体系。加强大数据环境下的网络安全问题研究和基于大数据的网络安全技术研究,落实信息安全等级保护、风险评估等网络安全制度,建立健全大数据安全保障体系。建立大数据安全评估体系。切实加强关键信息基础设施安全防护,做好大数据平台及服务商的可靠性及安全性评测、应用安全评测、监测预警和风险评估。明确数据采集、传输、存储、

使用、开放等各环节保障网络安全的范围边界、责任主体和具体要求，切实加强对涉及国家利益、公共安全、商业秘密、个人隐私、军工科研生产等信息的保护。妥善处理发展创新与保障安全的关系，审慎监管，保护创新，探索完善安全保密管理规范措施，切实保障数据安全。

2.强化安全支撑。采用安全可信产品和服务，提升基础设施关键设备安全可靠水平。建设国家网络安全信息汇聚共享和关联分析平台，促进网络安全相关数据融合和资源合理分配，提升重大网络安全事件应急处理能力；深化网络安全防护体系和态势感知能力建设，增强网络空间安全防护和安全事件识别能力。开展安全监测和预警通报工作，加强大数据环境下防攻击、防泄露、防窃取的监测、预警、控制和应急处置能力建设。

专栏10　网络和大数据安全保障工程

网络和大数据安全支撑体系建设。在涉及国家安全稳定的领域采用安全可靠的产品和服务，到2020年，实现关键部门的关键设备安全可靠。完善网络安全保密防护体系。

大数据安全保障体系建设。明确数据采集、传输、存储、使用、开放等各环节保障网络安全的范围边界、责任主体和具体要求，建设完善金融、能源、交通、电信、统计、广电、公共安全、公共事业等重要数据资源和信息系统的安全保密防护体系。

网络安全信息共享和重大风险识别大数据支撑体系建设。通过对网络安全威胁特征、方法、模式的追踪、分析，实现对网络安全威胁新技术、新方法的及时识别与有效防护。强化资源整合与信息共享，建立网络安全信息共享机制，推动政府、行业、企业间的网络风险信息共享，通过大数据分析，对网络安全重大事件进行预警、研判和应对指挥。

四、政策机制

（一）完善组织实施机制

建立国家大数据发展和应用统筹协调机制，推动形成职责明晰、协同推进的工作格局。加强大数据重大问题研究，加快制定出台配套政策，强化国家数据资源统筹管理。加强大数据与物联网、智慧城市、云计算等相关政策、规划的协同。加强中央与地方协调，引导地方各级政府结合自身条件合理定位、科学谋划，将大数据发展纳入本地区经济社会和城镇化发展规划，制定出台促进大数据产业发展的政策措施，突出区域特色和分工，抓好措施落实,实现科学有序发展。设立大数据专家咨询委员会,为大数据发展应用及相关工程实施提供决策咨询。各有关部门要进一步统一思想,认真落实本行动纲要提出的各项任务, 共同推动形成公共信息资源共享共用和大数据产业健康安全发展的良好格局。

(二)加快法规制度建设

修订政府信息公开条例。积极研究数据开放、保护等方面制度,实现对数据资源采集、传输、存储、利用、开放的规范管理,促进政府数据在风险可控原则下最大程度开放,明确政府统筹利用市场主体大数据的权限及范围。制定政府信息资源管理办法, 建立政府部门数据资源统筹管理和共享复用制度。研究推动网上个人信息保护立法工作,界定个人信息采集应用的范围和方式,明确相关主体的权利、责任和义务,加强对数据滥用、侵犯个人隐私等行为的管理和惩戒。推动出台相关法律法规,加强对基础信息网络和关键行业领域重要信息系统的安全保护,保障网络数据安全。研究推动数据资源权益相关立法工作。

(三)健全市场发展机制

建立市场化的数据应用机制,在保障公平竞争的前提下,支持社会资本参与公共服务建设。鼓励政府与企业、社会机构开展合作,通过政府采购、服务外包、社会众包等多种方式,依托专业企业开展政府大数据应用,降低社会管理成本。引导培育大数据交易市场,开展面向应用的数据交易市场试点,探索开展大数据衍生产品交易,鼓励产业链各环节市场主体进行数据交换和交易,促进数据资源流通,建立健全数据资源交易机制和定价机制,规范交易行为。

(四)建立标准规范体系

推进大数据产业标准体系建设,加快建立政府部门、事业单位等公共机构的数据标准和统计标准体系,推进数据采集、政府数据开放、指标口径、分类目录、交换接口、访问接口、数据质量、数据交易、技术产品、安全保密等关键共性标准的制定和实施。加快建立大数据市场交易标准体系。开展标准验证和应用试点示范,建立标准符合性评估体系,充分发挥标准在培育服务市场、提升服务能力、支撑行业管理等方面的作用。积极参与相关国际标准制定工作。

（五）加大财政金融支持

强化中央财政资金引导，集中力量支持大数据核心关键技术攻关、产业链构建、重大应用示范和公共服务平台建设等。利用现有资金渠道，推动建设一批国际领先的重大示范工程。完善政府采购大数据服务的配套政策，加大对政府部门和企业合作开发大数据的支持力度。鼓励金融机构加强和改进金融服务，加大对大数据企业的支持力度。鼓励大数据企业进入资本市场融资，努力为企业重组并购创造更加宽松的金融政策环境。引导创业投资基金投向大数据产业，鼓励设立一批投资于大数据产业领域的创业投资基金。

（六）加强专业人才培养

创新人才培养模式，建立健全多层次、多类型的大数据人才培养体系。鼓励高校设立数据科学和数据工程相关专业，重点培养专业化数据工程师等大数据专业人才。鼓励采取跨校联合培养等方式开展跨学科大数据综合型人才培养，大力培养具有统计分析、计算机技术、经济管理等多学科知识的跨界复合型人才。鼓励高等院校、职业院校和企业合作，加强职业技能人才实践培养，积极培育大数据技术和应用创新型人才。依托社会化教育资源，开展大数据知识普及和教育培训，提高社会整体认知和应用水平。

（七）促进国际交流合作

坚持平等合作、互利共赢的原则，建立完善国际合作机制，积极推进大数据技术交流与合作，充分利用国际创新资源，促进大数据相关技术发展。结合大数据应用创新需要，积极引进大数据高层次人才和领军人才，完善配套措施，鼓励海外高端人才回国就业创业。引导国内企业与国际优势企业加强大数据关键技术、产品的研发合作，支持国内企业参与全球市场竞争，积极开拓国际市场，形成若干具有国际竞争力的大数据企业和产品。

选自国务院：《关于印发促进大数据发展行动纲要的通知》（国发〔2015〕50号），中国政府网，2015年8月31日。

3.中国工业和信息化部：
《大数据产业发展规划(2016—2020年)》(节选)

强化大数据技术产品研发

以应用为导向,突破大数据关键技术,推动产品和解决方案研发及产业化,创新技术服务模式,形成技术先进、生态完备的技术产品体系。

加快大数据关键技术研发。围绕数据科学理论体系、大数据计算系统与分析、大数据应用模型等领域进行前瞻布局,加强大数据基础研究。发挥企业创新主体作用,整合产学研用资源优势联合攻关,研发大数据采集、传输、存储、管理、处理、分析、应用、可视化和安全等关键技术。突破大规模异构数据融合、集群资源调度、分布式文件系统等大数据基础技术,面向多任务的通用计算框架技术,以及流计算、图计算等计算引擎技术。支持深度学习、类脑计算、认知计算、区块链、虚拟现实等前沿技术创新,提升数据分析处理和知识发现能力。结合行业应用,研发大数据分析、理解、预测及决策支持与知识服务等智能数据应用技术。突破面向大数据的新型计算、存储、传感、通信等芯片及融合架构、内存计算、亿级并发、EB级存储、绿色计算等技术,推动软硬件协同发展。

培育安全可控的大数据产品体系。以应用为牵引,自主研发和引进吸收并重,加快形成安全可控的大数据产品体系。重点突破面向大数据应用基础设施的核心信息技术设备、信息安全产品以及面向事务的新型关系数据库、列式数据库、NoSQL 数据库、大规模图数据库和新一代分布式计算平台等基础产品。加快研发新一代商业智能、数据挖掘、数据可视化、语义搜索等软件产品。结合数据生命周期管理需求,培育大数据采集与集成、大数据分析与挖掘、大数据交互感知、基于语义理解的数据资源管理等平台产品。面向重点行业应用需求,研发具有行业特征的大数据检索、分析、展示等技术产品,形成垂直领域成熟的大数据解决方案及服务。

创新大数据技术服务模式。加快大数据服务模式创新,培育数据即服务新模式和新业态,提升大数据服务能力,降低大数据应用门槛和成本。围绕数据全生命周期各阶段需求,发展数据采集、清洗、分析、交易、安全防护等技术服务。推进大数据与云计算服务模式融合,促进海量数据、大规模分布式计算和智能数据分析等公共云计算服务发展,提升第三方大数据技术服务能力。推动大数据技术服务与行业深度结合,培育面向垂直领域的大数据服务模式。

专栏 1　大数据关键技术及产品研发与产业化工程

突破技术。支持大数据共性关键技术研究,实施云计算和大数据重点专项等重大项目。着力突破服务器新型架构和绿色节能技术、海量多源异构数据的存储和管理技术、可信数据分析技术、面向大数据处理的多种计算模型及其编程框架等关键技术。

打造产品。以应用为导向,支持大数据产品研发,建立完善的大数据工具型、平台型和系统型产品体系,形成面向各行业的成熟大数据解决方案,推动大数据产品和解决方案研发及产业化。

树立品牌。支持我国大数据企业建设自主品牌,提升市场竞争力。引导企业加强产品质量管控,提高创新能力,鼓励企业加强战略合作。加强知识产权保护,推动自主知识产权标准产业化和国际化应用。培育一批国际知名的大数据产品和服务公司。

专栏 2　大数据服务能力提升工程

培育数据即服务模式。发展数据资源服务、在线数据服务、大数据平台服务等模式,支持企业充分整合、挖掘、利用自有数据或公共数据资源,面向具体需求和行业领域,开展数据分析、数据咨询等服务,形成按需提供数据服务的新模式。

支持第三方大数据服务。鼓励企业探索数据采集、数据清洗、数据交换等新商业模式,培育一批开展数据服务的新业态。支持弹性分布式计算、数据存储等基础数据处理云服务发展。加快发展面向大数据分析的在线机器学习、自然语言处理、图像理解、语音识别、空间分析、基因分析和大数据可视化等数据分析服务。开展第三方数据交易平台建设试点示范。

深化工业大数据创新应用

加强工业大数据基础设施建设规划与布局，推动大数据在产品全生命周期和全产业链的应用，推进工业大数据与自动控制和感知硬件、工业核心软件、工业互联网、工业云和智能服务平台融合发展，形成数据驱动的工业发展新模式，支撑中国制造2025，探索建立工业大数据中心。

加快工业大数据基础设施建设。加快建设面向智能制造单元、智能工厂及物联网应用的低延时、高可靠、广覆盖的工业互联网，提升工业网络基础设施服务能力。加快工业传感器、射频识别（RFID）、光通信器件等数据采集设备的部署和应用，促进工业物联网标准体系建设，推动工业控制系统的升级改造，汇聚传感、控制、管理、运营等多源数据，提升产品、装备、企业的网络化、数字化和智能化水平。

推进工业大数据全流程应用。支持建设工业大数据平台，推动大数据在重点工业领域各环节应用，提升信息化和工业化深度融合发展水平，助推工业转型升级。加强研发设计大数据应用能力，利用大数据精准感知用户需求，促进基于数据和知识的创新设计，提升研发效率。加快生产制造大数据应用，通过大数据监控优化流水线作业，强化故障预测与健康管理，优化产品质量，降低能源消耗。提升经营管理大数据应用水平，提高人力、财务、生产制造、采购等关键经营环节业务集成水平，提升管理效率和决策水平，实现经营活动的智能化。推动客户服务大数据深度应用，促进大数据在售前、售中、售后服务中的创新应用。促进数据资源整合，打通各个环节数据链条，形成全流程的数据闭环。

培育数据驱动的制造业新模式。深化制造业与互联网融合发展，坚持创新驱动，加快工业大数据与物联网、云计算、信息物理系统等新兴技术在制造业领域的深度集成与应用，构建制造业企业大数据"双创"平台，培育新技术、新业态和新模式。利用大数据,推动"专精特新"中小企业参与产业链,与中国制造2025、军民融合项目对接,促进协同设计和协同制造。大力发展基于大数据的个性化定制,推动发展顾客对工厂(C2M)等制造模式,提升制造过程智能化和柔性化程度。利用大数据加快发展制造即服务模式,促进生产型制造向服务型制造转变。

专栏3　工业大数据创新发展工程

加强工业大数据关键技术研发及应用。加快大数据获取、存储、分析、挖掘、应用等关键技术在工业领域的应用,重点研究可编程逻辑控制器、高通量计算引擎、数据采集与监控等工控系统,开发新型工业大数据分析建模工具,开展工业大数据优秀产品、服务及应用案例的征集与宣传推广。

建设工业大数据公共服务平台,提升中小企业大数据运用能力。支持面向典型行业中小企业的工业大数据服务平台建设,实现行业数据资源的共享交换以及对产品、市场和经济运行的动态监控、预测预警,提升对中小企业的服务能力。

重点领域大数据平台建设及应用示范。支持面向航空航天装备、海洋工程装备及高技术船舶、先进轨道交通装备、节能与新能源汽车等离散制造企业,以及石油、化工、电力等流程制造企业集团的工业大数据平台开发和应用示范,整合集团数据资源,提升集团企业协同研发能力和集中管控水平。

探索工业大数据创新模式。支持建设一批工业大数据创新中心,推进企业、高校和科研院所共同探索工业大数据创新的新模式和新机制,推进工业大数据核心技术突破、产业标准建立、应用示范推广和专业人才培养引进,促进研究成果转化。

促进行业大数据应用发展

加强大数据在重点行业领域的深入应用,促进跨行业大数据融合创新,在政府治理和民生服务中提升大数据运用能力,推动大数据与各行业领域的融合发展。

推动重点行业大数据应用。推动电信、能源、金融、商贸、农业、食品、文化创意、公共安全等行业领域大数据应用,推进行业数据资源的采集、整合、共享和利用,充分释放大数据在产业发展中的变革作用,加速传统行业经营管理方式变革、服务模式和商业模式创新及产业价值链体系重构。

促进跨行业大数据融合创新。打破体制机制障碍,打通数据孤岛,创新合作模式,培育交叉融合的大数据应用新业态。支持电信、互联网、工业、金融、健康、交通等信息化基础好的领域率先开展跨领域、跨行业的大数据应用,培育大数据应用新模式。支持大数据相关企业与传统行业加强技术和资源对接,共同探索多元化合作运营模式,推动大数据融合应用。

强化社会治理和公共服务大数据应用。以民生需求为导向,以电子政务和智慧城市建设为抓手,以数据集中和共享为途径,推动全国一体化的国家大数据中心建设,推进技术融合、业务融合、数据融合,实现跨层级、跨地域、跨系统、跨部门、跨业务的协同管理和服务。促进大数据在政务、交通、教育、健康、社保、就业等民生领域的应用,探索大众参与的数据治理模式,提升社会治理和城市管理能力,为群众提供智能、精准、高效、便捷的公共服务。促进大数据在市场主体监管与服务领域应用,建设基于大数据的重点行业运行分析服务平台,加强重点行业、骨干企业经济运行情况监测,提高行业运行监管和服务的时效性、精准性和前瞻性。促进政府数据和企业数据融合,为企业创新发展和社会治理提供有力支撑。

专栏4　跨行业大数据应用推进工程

开展跨行业大数据试点示范。选择电信、互联网、工业、金融、交通、健康等数据资源丰富、信息化基础较好、应用需求迫切的重点行业领域,建设跨行业跨领域大数据平台。基于平台探索跨行业数据整合共享机制、数据共享范围、数据整合对接标准,研发数据及信息系统互操作技术,推动跨行业的数据资源整合集聚,开展跨行业大数据应用,选择应用范围广、应用效果良好的领域开展试点示范。

成立跨行业大数据推进组织。支持成立跨部门、跨行业、跨地域的大数据应用推进组织,联合开展政策、法律法规、技术和标准研究,加强跨行业大数据合作交流。

建设大数据融合应用试验床。建设跨行业大数据融合应用试验床,汇聚测试数据、分析软件和建模工具,为研发机构、大数据企业开展跨界联合研发提供环境。

加快大数据产业主体培育

引导区域大数据发展布局,促进基于大数据的创新创业,培育一批大数据龙头企业和创新型中小企业,形成多层次、梯队化的创新主体和合理的产业布局,繁荣大数据生态。

利用大数据助推创新创业。鼓励资源丰富、技术先进的大数据领先企业建设大数据平台,开放平台数据、计算能力、开发环境等基础资源,降低创新创业成本。鼓励大型企业依托互联网"双创"平台,提供基于大数据的创新创业服务。组织开展算法大赛、应用创新大赛、众包众筹等活动,激发创新创业活力。支持大数据企业与科研机构深度合作,打通科技创新和产业化之间的通道,形成数据驱动的科研创新模式。

构建企业协同发展格局。支持龙头企业整合利用国内外技术、人才和专利等资源,加快大数据技术研发和产品创新,提高产品和服务的国际市场占有率和品牌影响力,形成一批具有国际竞争力的综合型和专业型龙头企业。支持中小企业深耕细分市场,加快服务模式创新和商业模式创新,提高中小企业的创新能力。鼓励生态链各环节企业加强合作,构建多方协作、互利共赢的产业生态,形成大中小企业协同发展的良好局面。

优化大数据产业区域布局。引导地方结合自身条件,突出区域特色优势,明确重点发展方向,深化大数据应用,合理定位,科学谋划,形成科学有序的产业分工和区域布局。在全国建设若干国家大数据综合试验区,在大数据制度创新、公共数据开放共享、大数据创新应用、大数据产业集聚、数据要素流通、数据中心整合、大数据国际交流合作等方面开展系统性探索试验,为全国大数据发展和应用积累经验。在大数据产业特色优势明显的地区建设一批大数据产业集聚区,创建大数据新型工业化产业示范基地,发挥产业集聚和协同作用,以点带面,引领全国大数据发展。统筹规划大数据跨区域布局,利用大数据推动信息共享、信息消费、资源对接、优势互补,促进区域经济社会协调发展。

专栏 5　大数据产业集聚区创建工程

建设一批大数据产业集聚区。支持地方根据自身特点和产业基础,突出优势,合理定位,创建一批大数据产业集聚区,形成若干大数据新型工业化产业示范基地。加强基础设施统筹整合,助推大数据创新创业,培育大数据骨干企业和中小企业,强化服务与应用,完善配套措施,构建良好产业生态。在大数据技术研发、行业应用、教育培训、政策保障等方面积极创新,培育壮大大数据产业,带动区域经济社会转型发展,形成科学有序的产业分工和区域布局。建立集聚区评价指标体系,开展定期评估。

推进大数据标准体系建设

加强大数据标准化顶层设计,逐步完善标准体系,发挥标准化对产业发展的重要支撑作用。

加快大数据重点标准研制与推广。结合大数据产业发展需求,建立并不断完善涵盖基础、数据、技术、平台/工具、管理、安全和应用的大数据标准体系。加快基础通用国家标准和重点应用领域行业标准的研制。选择重点行业、领域、地区开展标准试验验证和试点示范,加强宣贯和实施。建立标准符合性评估体系,强化标准对市场培育、服务能力提升和行业管理的支撑作用。加强国家标准、行业标准和团体标准等各类标准之间的衔接配套。积极参与大数据国际标准化工作。加强我国大数据标准化组织与相关国际组织的交流合作。组织我国产学研用资源,加快国际标准提案的推进工作。支持相关单位参与国际标准化工作并承担相关职务,承办国际标准化活动,扩大国际影响。

专栏6 大数据重点标准研制及应用示范工程

加快研制重点国家标准。围绕大数据标准化的重大需求,开展数据资源分类、开放共享、交易、标识、统计、产品评价、数据能力、数据安全等基础通用标准以及工业大数据等重点应用领域相关国家标准的研制。

建立验证检测平台。建立标准试验验证和符合性检测平台,重点开展数据开放共享、产品评价、数据能力成熟度、数据质量、数据安全等关键标准的试验验证和符合性检测。

开展标准应用示范。优先支持大数据综合试验区和大数据产业集聚区建立标准示范基地,开展重点标准的应用示范工作。

完善大数据产业支撑体系

统筹布局大数据基础设施,建设大数据产业发展创新服务平台,建立大数据统计及发展评估体系,创造良好的产业发展环境。

合理布局大数据基础设施建设。引导地方政府和有关企业统筹布局数据中心建设,充分利用政府和社会现有数据中心资源,整合改造规模小、效率低、能耗高的分散数据中心,避免资源和空间的浪费。鼓励在大数据基础设施建设中广泛推广可再生能源、废弃设备回收等低碳环保方式,引导大数据基础设施体系向绿色集约、布局合理、规模适度、高速互联方向发展。加快网络基础设施建设升级,优化网络结构,提升互联互通质量。

构建大数据产业发展公共服务平台。充分利用和整合现有创新资源,形成一批大数据测试认证及公共服务平台。支持建立大数据相关开源社区等公共技术创新平台,鼓励开发者、企业、研究机构积极参与大数据开源项目,增强在开源社区的影响力,提升创新能力。

建立大数据发展评估体系。研究建立大数据产业发展评估体系,对我国及各地大数据资源建设状况、开放共享程度、产业发展能力、应用水平等进行监测、分析和评估,编制发布大数据产业发展指数,引导和评估全国大数据发展。

专栏7 大数据公共服务体系建设工程

建立大数据产业公共服务平台。提供政策咨询、共性技术支持、知识产权、投融资对接、品牌推广、人才培训、创业孵化等服务,推动大数据企业快速成长。

支持第三方机构建立测试认证平台。开展大数据可用性、可靠性、安全性和规模质量等方面的测试测评、认证评估等服务。

建立大数据开源社区。以自主创新技术为核心,孵化培育本土大数据开源社区和开源项目,构建大数据产业生态。

提升大数据安全保障能力

针对网络信息安全新形势,加强大数据安全技术产品研发,利用大数据完善安全管理机制,构建强有力的大数据安全保障体系。

加强大数据安全技术产品研发。重点研究大数据环境下的统一账号、认证、授权和审计体系及大数据加密和密级管理体系,突破差分隐私技术、多方安全计算、数据流动监控与追溯等关键技术。推广防泄露、防窃取、匿名化等大数据保护技术,研发大数据安全保护产品和解决方案。加强云平台虚拟机安全技术、虚拟化网络安全技术、云安全审计技术、云平台安全统一管理技术等大数据安全支撑技术研发及产业化,加强云计算、大数据基础软件系统漏洞挖掘和加固。

提升大数据对网络信息安全的支撑能力。综合运用多源数据,加强大数据挖掘分析,增强网络信息安全风险感知、预警和处置能力。加强基于大数据的新型信息安全产品研发,推动大数据技术在关键信息基础设施安全防护中的应用,保障金融、能源、电力、通信、交通等重要信息系统安全。建设网络信息安全态势感知大数据平台和国家工业控制系统安全监测与预警平台,促进网络信息安全威胁数据采集与共享,建立统一高效、协同联动的网络安全风险报告、情报共享和研判处置体系。

专栏8　大数据安全保障工程

开展大数据安全产品研发与应用示范。支持相关企业、科研院所开展大数据全生命周期安全研究,研发数据来源可信、多源融合安全数据分析等新型安全技术,推动数据安全态势感知、安全事件预警预测等新型安全产品研发和应用。

支持建设一批大数据安全攻防仿真实验室。研究建立软硬一体化的模拟环境,支持工业、能源、金融、电信、互联网等重点行业开展数据入侵、反入侵和网络攻防演练,提升数据安全防护水平和应急处置能力。

选自《工业和信息化部关于印发大数据产业发展规划(2016—2020年)的通知》(工信部规〔2016〕412号,2017年12月18日)。

4.中国信息通信研究院：
大数据产业蓬勃发展

近年来，我国大数据产业蓬勃发展，融合应用不断深化，数字经济量质提升，对经济社会的创新驱动、融合带动作用显著增强。以下将从政策环境、主管机构、产品生态、行业应用等方面对我国大数据产业发展的态势进行简要分析。

大数据产业发展政策环境日益完善

产业发展离不开政策支撑。我国政府高度重视大数据的发展。自2014年以来，我国国家大数据战略的谋篇布局经历了四个不同阶段。

（1）预热阶段：2014年3月，"大数据"一词首次写入政府工作报告，为我国大数据发展的政策环境搭建开始预热。从这一年起，"大数据"逐渐成为各级政府和社会各界的关注热点，中央政府开始提供积极的支持政策与适度宽松的发展环境，为大数据发展创造机遇。

（2）起步阶段：2015年8月31日，国务院正式印发了《促进大数据发展行动纲要》（国发〔2015〕50号），成为我国发展大数据的首部战略性指导文件，对包括大数据产业在内的大数据整体发展作出了部署，体现出国家层面对大数据发展的顶层设计和统筹布局。

（3）落地阶段：《十三五规划纲要》的公布标志着国家大数据战略的正式提出，彰显了中央对于大数据战略的重视。2016年12月，工信部发布《大数据产业发展规划(2016—2020 年)》,为大数据产业发展奠定了重要的基础。

(4)深化阶段:随着国内大数据迎来全面良好的发展态势,国家大数据战略也开始走向深化阶段。2017 年 10 月,党的十九大报告中提出推动大数据与实体经济深度融合,为大数据产业的未来发展指明方向。12 月,中央政治局就实施国家大数据战略进行了集体学习。2019 年 3 月,政府工作报告第六次提到"大数据",并且有多项任务与大数据密切相关。

自 2015 年国务院发布《促进大数据发展行动纲要》系统性部署大数据发展工作以来,各地陆续出台促进大数据产业发展的规划、行动计划和指导意见等文件。截至目前,除港澳台外全国 31 个省级单位均已发布了推进大数据产业发展的相关文件。可以说,我国各地推进大数据产业发展的设计已经基本完成,陆续进入了落实阶段。以下我们将 31 个省级行政单位的典型大数据产业政策进行总结(见表 7-1)。

表 7-1　全国 31 省级行政单位代表性大数据产业政策

省级单位	政策	发布时间
北京	北京市大数据和云计算发展行动计划	2016 年 8 月 3 日
上海	上海市大数据发展实施意见	2016 年 9 月 15 日
天津	天津市促进大数据发展应用条例	2018 年 12 月 14 日
重庆	重庆市以大数据智能化为引领的创新驱动发展战略行动计划(2018—2020 年)	2018 年 8 月 23 日
广东	广东省促进大数据发展行动计划(2016—2020 年)	2016 年 4 月 22 日
福建	福建省促进大数据发展实施方案(2016—2020 年)	2016 年 6 月 18 日
浙江	浙江省促进大数据发展实施计划	2016 年 2 月 18 日
江苏	江苏省大数据发展行动计划	2016 年 8 月 19 日
山东	关于促进大数据发展的实施意见	2017 年 5 月 23 日
河北	河北省大数据产业创新发展三年行动计划(2018—2020 年)	2018 年 3 月 22 日
辽宁	辽宁省运用大数据加强对市场主体服务和监管实施方案	2015 年 10 月 19 日
吉林	关于运用大数据加强对市场主体服务和监管的实施意见	2016 年 5 月 25 日
黑龙江	黑龙江省促进大数据发展三年行动计划	2017 年 12 月 11 日
内蒙古	内蒙古自治区大数据发展总体规划(2017—2020 年)	2017 年 12 月 28 日
甘肃	甘肃省数据信息产业发展专项行动计划	2018 年 6 月 3 日

续表

省级单位	政策	发布时间
新疆	新疆维吾尔自治区云计算与 大数据产业"十三五"发展规划	2016 年 12 月 8 日
云南	关于重点行业和领域大数据开放开发工作的指导意见	2017 年 6 月 23 日
广西	促进大数据发展行动方案	2017 年 5 月 22 日
贵州	关于促进大数据云计算人工智能创新发展 加快建设数字贵州的意见	2018 年 6 月 21 日
四川	四川省促进大数据发展工作方案	2018 年 1 月 4 日
青海	关于印发促进云计算发展培育大数据产业 实施意见的通知	2015 年 8 月 10 日
宁夏	宁夏回族自治区大数据产业发展条例（征求意见稿）	2017 年 5 月 5 日
山西	山西省大数据发展规划（2017—2020 年）	2017 年 3 月 13 日
河南	河南省大数据产业发展三年行动计划（2018—2020 年）	2018 年 5 月 9 日
安徽	安徽省运用大数据加强对市场主体服务和监管实施方案	2015 年 10 月 30 日
江西	江西省大数据发展行动计划	2017 年 7 月 5 日
湖南	湖南省大数据产业发展三年行动计划（2019—2021 年）	2019 年 1 月 24 日
湖北	湖北省大数据发展行动计划（2016—2020 年）	2016 年 9 月 14 日
陕西	大数据与云计算产业示范工程实施方案	2016 年 6 月 17 日
海南	海南省促进大数据发展实施方案	2016 年 11 月 25 日
西藏	西藏自治区人民政府关于推动云计算 应用大数据发展培育经济发展新动力的意见	2017 年 7 月 10 日

需要说明的是，大部分省（区、市）都发布了不止一项大数据相关政策，以上所列的只是其中最主要的一项。可以看出，大部分省（区、市）的大数据政策集中发布于 2016 年至 2017 年。而在近两年发布的政策中，更多的地方将新一代信息技术整体作为考量，并加入了人工智能、数字经济等内容，进一步地拓展了大数据的外延。同时，各地在颁布大数据政策时，除注重大数据产业的推进外，也在更多地关注产业数字化和政务服务等方面，这也体现出了大数据与行业应用结合及政务数据共享开放近年来取得的进展。

各地大数据主管机构陆续成立

近年来，部分省市陆续成立了大数据局等相关机构，对包括大数据产业在内的大数据发展进行统一管理。以省级大数据主管机构为例，从 2014 年广东省设立第一个省级大数据局开始，截至 2019 年 5 月，共有 14 个省级地方

·成立了专门的大数据主管机构(见表7-2)。省级大数据主管机构的设立过程可以分为两个阶段。第一个阶段从2014年2月至2018年上半年。2014年2月,广东省在全国率先成立了广东省大数据管理局,成为第一个省级大数据管理局。2015年,贵州省和浙江省先后成立了贵州省大数据发展管理局和浙江省数据管理中心。其中,贵州省大数据发展管理局是首个省政府直属的大数据治理机构。2017年,省级大数据治理机构又增加了4个,分别是内蒙古自治区大数据发展管理局、重庆市大数据发展局、江西省大数据中心、陕西省政务数据服务局。2018年6月,上海、天津两个直辖市分别成立了上海市大数据中心和天津市大数据管理中心。第二阶段开始于2018年下半年。按照中央部署,新一轮省级机构改革方案陆续发布,各地纷纷以不同的方式组建或调整政府数据治理机构。其中,一部分省(市、自治区)陆续成立了专门的大数据管理机构。另一部分省(市、自治区)则是对原有机构进行了调整组合。

除此之外,上海、天津、江西组建了上海市大数据中心、天津市大数据管理中心、江西省信息中心(江西省大数据中心),承担了一部分大数据主管机

表7-2 省级大数据主管机构

行政区	设立时间	机构名称	隶属机构	机构性质
广东	2018年	广东省政务服务数据管理局	广东省人民政府办公厅	政府部门的管理机构
贵州	2015年	贵州省大数据发展管理局	贵州省人民政府	政府直属机构
浙江	2018年	浙江省人民政府办公厅	政府部门的管理机构	浙江省大数据发展管理局
内蒙古	2017年	内蒙古自治区大数据发展管理局	内蒙古自治区人民政府	政府直属机构
重庆	2018年	重庆市大数据应用发展管理局	重庆市人民政府	政府直属机构
陕西	2017年	陕西省政务数据服务局	陕西省人民政府	政府直属机构
福建	2018年	数字福建建设领导小组办公室(福建省大数据管理局)	福建省发展和改革委员会	政府部门的管理机构
广西	2018年	广西壮族自治区大数据发展局	广西壮族自治区人民政府	政府直属机构
山东	2018年	山东省大数据局	山东省人民政府	政府直属机构

续表

行政区	设立时间	机构名称	隶属机构	机构性质
北京	2018 年	北京市经济和信息化局（北京市大数据管理局）	北京市人民政府	政府组成部门
安徽	2018 年	安徽省数据资源管理局（安徽省政务服务管理局）	安徽省人民政府	政府直属机构
河南	2018 年	河南省大数据管理局	河南省人民政府办公厅	政府部门的管理机构
吉林	2018 年	吉林省政务服务和数字化建设管理局	吉林省人民政府	政府直属机构
海南	2019 年	海南省大数据管理局	海南省人民政府	政府组成部门

构的职能。

部分省级以下的地方政府也相应组建了专门的大数据管理机构。根据黄璜等人的统计，截至 2018 年 10 月已有 79 个副省级和地级城市组建了专门的大数据管理机构。

根据机构隶属关系，地方政府大数据主管机构可以大致分为三类。一是作为政府组成部门。例如，北京市大数据管理局由北京市经济和信息化局加挂牌子，隶属于北京市人民政府，是政府的组成部门。这种情况下，大数据局的行政职能相对较强，级别和权责水平也相对较高。二是作为政府直属机构。例如，内蒙古自治区大数据发展管理局虽隶属于自治区人民政府，但其作为政府的直属机构，更多承担事业单位的相关职能。三是作为政府部门的管理机构。例如，广东省政务服务数据管理局隶属于广东省人民政府办公厅，是政府部门的下属机构。

根据组建模式，地方政府大数据主管机构可以大致分为五类。一是以地方发改委为基础进行组建。这种类型的大数据主管机构较多，其优势在于可以更好地承担地方大数据宏观管理和相关项目审批职能。二是对政府办公室（厅）相关职能进行重组。这种类型的大数据主管机构的优势在于政府系统信息化建设经验丰富，对于推动电子政务建设优势突出。三是对原有信息中心进行重组。这种类型的大数据主管机构的优势在于直接接触数据资源较多,便于开展区域内大数据资源的统筹管理工作。四是以地方经信委 / 工信厅为基础进行组建。这种类型的大数据主管机构在推动大数据产业发展方面具有得天独厚的优势。五是对原有机构增加相关职能,即原有机构基础上加挂牌子,但可能会专门设立几个承担大数据管理职能的处室。这种类型的大数据主管机构其核心职能仍然是原有机构的主要职能,便于与原有工作的衔接。

由于地方大数据主管机构在隶属机构和组建模式上的不同,其机构职责也不尽相同。大多数机构都包含制订地方大数据战略规划的职能,但在产业发展政策制订、数据资源整合、数据资源开放共享、电子政务系统建设、信息安全、政府网站建设等方面的职能则并非所有大数据主管机构都具备。

大数据技术产品水平持续提升

从产品角度来看,目前大数据技术产品主要包括大数据基础类技术产品(承担数据存储和基本处理功能,包括分布式批处理平台、分布式流处理平台、分布式数据库、数据集成工具等)、分析类技术产品(承担对于数据的分析挖掘功能,包括数据挖掘工具、AI 工具、可视化工具等)、管理类技术产品(承担数据在集成、加工、流转过程中的管理功能,包括数据管理平台、数据流通平台等)等。我国在这些方面都取得了一定的进展。

我国大数据基础类技术产品市场成熟度相对较高。一是供应商越来越多,从最早只有几家大型互联网公司发展到目前的近 60 家公司可以提供相应产品,覆盖了互联网、金融、电信、电力、铁路、石化、军工等不同行业。二是产品功能日益完善,根据中国信通院的测试,分布式批处理平台、分布式流处理平台类的参评产品功能项通过率均在 95% 以上。三是大规模部署能力有很大突破,例如阿里云 MaxCompute 通过了 10000 节点批处理平台基础能力测试,华为 GuassDB 通过了 512 台物理节点的分析型数据库基础能力测试。四是自主研发意识不断提高,目前有很多基础类产品源自对于开源产品进行的二次开发,特别是分布式批处理平台、流处理平台等产品 90% 以上基于已有开源产品开发。

我国大数据分析类技术产品发展迅速，个性化与实用性趋势明显。一是满足跨行业需求的通用数据分析工具类产品逐渐应运而生，如百度的机器学习平台 Jarvis、阿里云的机器学习平台 PAI 等。二是随着深度学习技术的相应发展，数据挖掘平台从以往只支持传统机器学习算法转变为额外支持深度学习算法以及 GPU 计算加速能力。三是数据分析类产品易用性进一步提升，大部分产品都拥有直观的可视化界面以及简洁便利的交互操作方式。

我国大数据管理类技术产品还处于市场形成的初期。目前，国内常见的大数据管理类软件有 20 多款。数据管理类产品虽然涉及的内容庞杂，但技术实现难度相对较低，一些开源软件如 Kettle、Sqoop 和 Nifi 等，为数据集成工具提供了开发基础。测试结果显示，参照囊括功能全集的大数据管理软件评测标准，所有参评产品符合程度均在 90% 以下。随着数据资产的重要性日益突出，数据管理类软件的地位也将越来越重要，未来将机器学习、区块链等新技术与数据管理需求结合，还有很大的发展空间。

大数据行业应用不断深化

前几年，大数据的应用还主要在互联网、营销、广告领域。而随着大数据工具的门槛降低以及企业数据意识的不断提升，越来越多的行业开始尝到大数据带来的"甜头"。这几年，无论是从新增企业数量、融资规模还是应用热度来说，与大数据结合紧密的行业逐步向工业、政务、电信、交通、金融、医疗、教育等领域广泛渗透，应用逐渐向生产、物流、供应链等核心业务延伸，涌现了一批大数据典型应用，企业应用大数据的能力逐渐增强。电力、铁路、石化等实体经济领域龙头企业不断完善自身大数据平台建设，持续加强数据治理，构建起以数据为核心驱动力的创新能力，行业应用"脱虚向实"趋势明显，大数据与实体经济深度融合不断加深。

电信行业方面，电信运营商拥有丰富的数据资源，除了传统经营模式下的结构化数据，还包括移动互联网业务经营形成的文本、图片、音视频等非结构化数据。数据来源涉及移动通话和固定电话、无线上网、有线宽带接入等所有业务，也涵盖线上线下渠道在内的渠道经营相关信息，所服务的客户涉及个人客户、家庭客户和政企客户。三大运营商2019年以来在大数据应用方面都走向了更加专业化的阶段。电信行业在发展大数据上有明显的优势，主要体现数据规模大、数据应用价值持续凸显、数据安全性普遍较高。2019年，三大运营商都已经完成了全集团大数据平台的建设，设立了专业的大数据运营部门或公司，开始了数据价值释放的新举措。通过对外提供领先的网络服务能力，深厚的数据平台架构和数据融合应用能力，高效可靠的云计算基础设施和云服务能力，打造数字生态体系，加速非电信业务的变现能力。

金融行业方面，随着金融监管日趋严格，通过金融大数据规范行业秩序并降低金融风险逐渐成为金融大数据的主流应用场景。同时，各大金融机构由于信息化建设基础好、数据治理起步早，使得金融业成为数据治理发展较为成熟的行业。

互联网营销方面，随着社交网络用户数量的不断扩张，利用社交大数据来做产品口碑分析、用户意见收集分析、品牌营销、市场推广等"数字营销"应用，将会是未来大数据应用的重点。电商数据直接反映用户的消费习惯，具有很高的应用价值。伴随着移动互联网流量见顶，以及广告主营销预算的下降，如何利用大数据技术帮助企业更高效地触达目标用户成为行业最为热衷的话题。"线下大数据""新零售"的概念日渐火热。但其对于个人信息保护方面容易存在漏洞，也使得合规性成为这一行业发展的核心问题。

工业方面，工业大数据是指在工业领域里，在生产链过程包括研发、设计、生产、销售、运输、售后等各个环节中产生的数据总和。工业大数据来源主要有三类，一是生产经营相关数据，主要存储于企业信息系统内部，涵盖传统工业设计和制造类软件、客户关系管理（CRM）、供应链管理（SCM）、产品生命周期管理（PLM）等。二是设备物联数据，主要包括物联网运行模式下工业生产设备和目标产品实时运行数据、设备和产品运行状态相关数据。三是外部相关数据，主要涵盖与工业主体生产活动和产品相关的企业外部数据。设备故障预测、能耗管理、智能排产、库存管理和供应链协同一直是工业大数据应用的主攻方向。随着工业大数据成熟度的提升,工业大数据的价值挖掘也逐渐深入。目前,各个工业企业已经开始面向数据全生命周期的数据资产管理,逐步提升工业大数据成熟度,深入工业大数据价值挖掘。

能源行业方面,2019年5月,国家电网大数据中心正式成立,该中心旨在打通数据壁垒、激活数据价值、发展数字经济,实现数据资产的统一运营,推进数据资源的高效使用。这是传统能源行业拥抱大数据应用的一次机制创新。

医疗健康方面,医疗大数据成为2019年大数据应用的热点方向。2018年7月颁布的《国家健康医疗大数据标准、安全和服务管理办法》为健康行业大数据服务指导了方向。电子病历、个性化诊疗、医疗知识图谱、临床决策支持系统、药品器械研发等成为行业热点。

除以上行业之外,教育、文化、旅游等各行各业的大数据应用也都在快速发展。我国大数据的行业应用更加广泛,正加速渗透到经济社会的方方面面。

选自中国信息通信研究院:《大数据白皮书(2019)》,中国信息通信研究院网,2019年12月。

版权说明

1. 本系列丛书所有选编内容,均已明确标明文献来源;

2. 由于本系列丛书选编所涉及的版权所有者非常多,我们虽尽力联系,但不能完全联系上并取得授权;

3. 如版权所有者有版权要求,欢迎联系我们,并敬请谅解。

本丛书编委会

(复旦大学马克思主义学院,上海,邮编200433)

2020 年春